Canva 零基礎入門

圖文設計、影音動畫、簡報編輯 行銷素材、AI 應用快速上手

鄭苑鳳 著

從 0 到 1，快速掌握設計．
全能應用 + AI，新手也能玩

- ▶ 完整剖析 Canva 核心功能
- ▶ 社群、簡報、影片、網站與行銷素材設計主題全收錄
- ▶ 實作導向、步驟清晰，設計小白也能輕鬆上手
- ▶ 圖文並茂、版型精美，學習設計同時提升審美力
- ▶ 掌握 Canva AI 工具，設計流程再進化
- ▶ 收錄常見錯誤排除，打造高效率工作流
- ▶ 適用職場簡報、個人品牌、社群經營

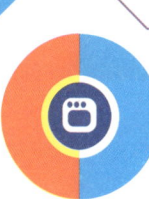

作　　　者：鄭苑鳳
責任編輯：Cathy

董　事　長：曾梓翔
總　編　輯：陳錦輝

出　　　版：博碩文化股份有限公司
地　　　址：221 新北市汐止區新台五路一段 112 號 10 樓 A 棟
　　　　　　電話 (02) 2696-2869　傳真 (02) 2696-2867

郵撥帳號：17484299　戶名：博碩文化股份有限公司
博碩網址：http://www.drmaster.com.tw
讀者服務信箱：dr26962869@gmail.com
讀者服務專線：(02) 2696-2869 分機 238、519
（週一至週五 09:30 ～ 12:00；13:30 ～ 17:00）

版　　　次：2025 年 5 月初版
　　　　　　2025 年 8 月初版二刷
博碩書號：MP22523
建議零售價：新台幣 620 元
Ｉ Ｓ Ｂ Ｎ：978-626-414-209-0
律師顧問：鳴權法律事務所 陳曉鳴 律師

本書如有破損或裝訂錯誤，請寄回本公司更換

國家圖書館出版品預行編目資料

Canva 零基礎入門：圖文設計、影音動畫、簡報編輯、
行銷素材、AI 應用快速上手 / 鄭苑鳳作 . -- 初版 . -- 新
北市 : 博碩文化股份有限公司 , 2025.05
　面 ；　公分
ISBN 978-626-414-209-0(平裝)

1.CST: 數位媒體 2.CST: 平面設計 3.CST: 人工智慧

312.837　　　　　　　　　　　　　　114005693

Printed in Taiwan

歡迎團體訂購，另有優惠，請洽服務專線
博 碩 粉 絲 團　(02) 2696-2869 分機 238、519

商標聲明

本書中所引用之商標、產品名稱分屬各公司所有，本書引用
純屬介紹之用，並無任何侵害之意。

有限擔保責任聲明

雖然作者與出版社已全力編輯與製作本書，唯不擔保本書及
其所附媒體無任何瑕疵；亦不為使用本書而引起之衍生利益
損失或意外損毀之損失擔保責任。即使本公司先前已被告知
前述損毀之發生。本公司依本書所負之責任，僅限於台端對
本書所付之實際價款。

著作權聲明

本書著作權為作者所有，並受國際著作權法保護，未經授權
任意拷貝、引用、翻印，均屬違法。

序

人人能設計的時代已經來臨

曾幾何時,「設計」對許多人而言,是一件門檻高、需要專業工具與技術的事情。過去的我們,可能會被繁雜的軟體操作介面嚇退,或是在面對空白畫布時無所適從。但隨著 Canva 的誕生,設計變得不再遙不可及,而是觸手可及的日常技能。

Canva,不只是設計工具,更是創意的民主化

本書正是為了幫助你在這個創意自主的時代中,快速上手、深入應用、甚至成為設計引領者所編寫。無論你是剛踏入設計世界的新手、需要製作提案與簡報的職場工作者,還是追求品牌一致性與美學精準的行銷人員,本書都將是你最佳的參考夥伴。

在撰寫這本書的過程中,我們不僅整理了 Canva 各項強大功能的使用技巧,也特別納入了以下幾個關鍵特色:

- **從基礎到進階**:從帳戶註冊、範本選擇,到文字、圖像、動畫、影片、簡報、社群行銷設計,循序漸進,幫你打好設計根基。
- **AI 工具與未來趨勢**:完整介紹 Canva 最新的 AI 功能,如魔法文案工具、AI 圖像與影片生成,帶領你掌握最先進的自動化創作流程。
- **實用操作與常見問題解析**:包含常見錯誤排除、效能優化、排版建議等單元,幫助你少走冤枉路,提高設計效率。
- **適用各行各業的設計實例**:不論你是教師、創作者、企業主或社群經營者,都能從中找到適合你的實用案例與靈感來源。

我們深信,每個人都能成為設計師;而 Canva,正是這個理念最強有力的實踐者。透過這本書的引導,你不僅能掌握工具,更能培養視覺思維與美感邏輯,進而設計出屬於你、也能打動人心的作品。

目錄

01 Canva 與設計基礎 1-1

1-1 Canva 的簡介與歷史 1-2
- 1-1-1 Canva 的起點：從構想到實現的旅程 1-2
- 1-1-2 發展之路：從本地創業到全球佈局 1-3
- 1-1-3 全球影響力：重新定義設計文化 1-3
- 1-1-4 展望未來：技術創新與社會責任 1-4

1-2 Canva 的核心功能 1-4
- 1-2-1 直觀的拖放式編輯：降低設計門檻 1-4
- 1-2-2 豐富的範本庫：快速解決多元設計需求 1-6
- 1-2-3 圖像與文字設計的靈活性：讓每個細節符合需求 1-7
- 1-2-4 強大的協作功能：提升團隊設計效率 1-7

1-3 Canva 特色 1-8
- 1-3-1 設計內容包羅萬象 1-9
- 1-3-2 設計與所有團隊完美契合 1-9
- 1-3-3 成千上萬的範本提供使用 1-11
- 1-3-4 一處完成設計和印製工作 1-11
- 1-3-5 與他人一起設計 1-12

1-4 常見設計錯誤與如何避免 1-12
- 1-4-1 排版亂象：讓人眼花撩亂的設計災難 1-12
- 1-4-2 配色危機：色彩選擇不當的視覺錯誤 1-16
- 1-4-3 沒有焦點：視覺層次錯亂的設計錯誤 1-18
- 1-4-4 濫用特效：花俏不等於好設計 1-20
- 1-4-5 內容資訊過載：讓設計變得難以理解 1-20

02 Canva 帳戶管理與個人化設定 2-1

- 2-1 註冊與帳戶設定 2-2
- 2-2 免費版與付費版的差異 2-3
- 2-3 網頁版與桌面版的比較分析 2-4
  - 2-3-1 網頁版的彈性與桌面版的穩定性 2-4
  - 2-3-2 操作體驗的比較 2-5
  - 2-3-3 選擇合適的版本 2-6
- 2-4 第一次使用 Canva 設計就上手 2-6
  - 2-4-1 認識首頁及範本資源 2-6
  - 2-4-2 建立設計 2-7
  - 2-4-3 選擇與套用範本 2-8
  - 2-4-4 替換圖片與編輯圖片 2-9
  - 2-4-5 編輯文字內容 2-10
  - 2-4-6 搜尋元素 2-12
  - 2-4-7 調整圖層先後順序 2-13
  - 2-4-8 新增文字方塊 2-14
  - 2-4-9 變更設計名稱 2-15

03 範本的選擇與管理 3-1

- 3-1 以類別篩選主題設計 3-2
- 3-2 如何搜尋與篩選合適的範本 3-3
  - 3-2-1 以關鍵字快速搜尋範本 3-3
  - 3-2-2 以篩選器篩選條件 3-4
- 3-3 保存喜愛的範本與元素 3-5
  - 3-3-1 標記喜歡的範本 3-6
  - 3-3-2 保留喜歡的元素 3-6
  - 3-3-3 取消標記星號 3-7

3-4 媒體素材的整理與分類 3-8
- 3-4-1 將常用素材／範本新增至指定資料夾 3-8
- 3-4-2 將分類素材加入至新範本 3-11
- 3-4-3 管理與刪除素材／範本 3-12
- 3-4-4 從垃圾桶救回被刪除的素材 3-13

04 文字與圖像設計的基礎 4-1

4-1 文字處理與創意排版 4-2
- 4-1-1 複製文字與樣式 4-2
- 4-1-2 一鍵全部變更指定的字型／色彩 4-3
- 4-1-3 大量文字翻譯 4-4
- 4-1-4 美化文字編排 4-6
- 4-1-5 為文字加入效果與形狀 4-7
- 4-1-6 靈活運用文字效果 4-8

4-2 圖片／圖像元素的使用 4-9
- 4-2-1 圖片或圖像元素的搜尋 4-9
- 4-2-2 圖片色彩調整與顏色編輯 4-12
- 4-2-3 圖片裁剪與調整大小 4-14
- 4-2-4 調整圖片透明度 4-15
- 4-2-5 圖層順序的調整 4-16
- 4-2-6 圖像式英文字母 4-17

4-3 背景設置與漸層效果 4-19
- 4-3-1 以背景色設定漸層 4-19
- 4-3-2 設定多色漸層 4-21
- 4-3-3 由「元素」搜尋漸層色彩 4-21
- 4-3-4 為影像去除背景 4-22

4-4 魔法工具的應用 4-23
- 4-4-1 魔法橡皮擦 4-24
- 4-4-2 魔法抓取 4-26

	4-4-3	魔法編輯工具	4-28
	4-4-4	魔法展開	4-29
4-5		手繪設計	4-31

05 影像視覺設計、編輯與特效 5-1

5-1 濾鏡與圖像效果應用 5-2
- 5-1-1 套用濾鏡 5-2
- 5-1-2 套用陰影效果 5-3
- 5-1-3 套用雙色調效果 5-4
- 5-1-4 套用模糊化效果 5-5
- 5-1-5 套用自動對焦效果 5-6
- 5-1-6 套用面部修圖效果 5-6

5-2 實用的影像視覺設計 5-7
- 5-2-1 照片拼貼 5-7
- 5-2-2 善用透明片 5-9
- 5-2-3 倒影效果 5-10

5-3 圖表與數據視覺化技巧 5-12
- 5-3-1 選用圖表類型 5-13
- 5-3-2 從試算表匯入圖表資料 5-14
- 5-3-3 編輯圖表資料 5-15
- 5-3-4 變更圖表類型 5-16
- 5-3-5 變更圖表色彩與間距 5-17
- 5-3-6 套用其他圖表範本 5-18

5-4 超好用的應用程式 5-19
- 5-4-1 樣張設計 Mockups 5-19
- 5-4-2 變換影像背景 5-22
- 5-4-3 快速生成 QR Code 5-24
- 5-4-4 影像放大器 Image upscaler 5-25

06 簡報與影音動畫的處理 6-1

6-1 簡報設計製作 6-2
6-1-1 建立簡報 6-2
6-1-2 變更簡報的版面配置 6-3
6-1-3 使用「樣式」統一多款風格的簡報 6-5
6-1-4 以「魔法動畫工具」套用頁面動畫 6-6
6-1-5 拖曳元素自訂動畫路徑 6-8
6-1-6 設定動畫播放時間點 6-10
6-1-7 簡報中插入 YouTube 影片 6-12
6-1-8 錄製語音旁白 6-14

6-2 影片的基礎編輯技巧 6-17
6-2-1 輕鬆設計影片 6-17
6-2-2 為影片調整尺寸 6-19
6-2-3 影片去頭去尾 6-20
6-2-4 分割影片片段 6-21
6-2-5 調整播放速度 6-22
6-2-6 加入轉場效果 6-24
6-2-7 調整影片色彩 6-25
6-2-8 影片套用濾鏡效果 6-25
6-2-9 加入背景音樂 6-26
6-2-10 分享與下載影片 6-27

6-3 影音進階編輯技巧 6-29
6-3-1 自動為影片加上字幕 6-29
6-3-2 去除影片背景 6-34
6-3-3 音訊的淡入淡出 6-35
6-3-4 控制音量大小 6-36
6-3-5 設定為同步節拍 6-36

07 網站專案與課程設計 7-1

7-1 網站專案設計 7-2
- 7-1-1 建立一頁式專案 7-2
- 7-1-2 檢視模式切換 7-4
- 7-1-3 替換素材與文字 7-5
- 7-1-4 設定頁面標題 7-5
- 7-1-5 設定外部連結 7-6
- 7-1-6 跨平台網站預覽與調整 7-7
- 7-1-7 網站發佈至免費網域 7-10
- 7-1-8 重新發佈或取消發佈 7-13

7-2 課程清單的建立與管理 7-14
- 7-2-1 建立課程 7-14
- 7-2-2 新增設計至課程資料夾 7-16
- 7-2-3 以學習者身分檢視課程 7-17
- 7-2-4 排序課程先後順序 7-19
- 7-2-5 移除課程 7-19

08 社交媒體與行銷材料設計 8-1

8-1 社群圖片設計－ Facebook 封面 8-2
- 8-1-1 建立 Facebook 封面 8-3
- 8-1-2 以關鍵字搜尋範本 8-3
- 8-1-3 以關鍵字搜尋元素 8-4
- 8-1-4 以「背景移除工具」去除圖片背景 8-5
- 8-1-5 加入「陰影」效果增加立體感 8-6
- 8-1-6 加入標題文字 8-7
- 8-1-7 上傳標誌與標準字 8-8
- 8-1-8 輸出圖片 8-9

8-2 IG 行銷宣傳品製作－ Instagram 貼文 8-10
- 8-2-1 建立 Instagram 貼文 8-10

8-2-2	編修設計版面	8-11
8-2-3	加入與調整 Google 地圖	8-12
8-2-4	加入 QR Code	8-14

8-3 快速生成品牌一致性的素材 8-15
- 8-3-1 建立副本 8-15
- 8-3-2 調整畫面尺寸 8-16
- 8-3-3 自由編排版面設計 8-18
- 8-3-4 使用樣式統一色彩與字型 8-19

8-4 製作拼貼短影片 8-21
- 8-4-1 選定設計範本 8-21
- 8-4-2 上傳與嵌入影片素材 8-23
- 8-4-3 修剪影片長度 8-24
- 8-4-4 裁切與旋轉影片 8-25
- 8-4-5 控制音量播放與否 8-26
- 8-4-6 替換標題文字 8-27
- 8-4-7 搜尋與加入背景音樂 8-28
- 8-4-8 聲音淡出淡入 8-29
- 8-4-9 下載影片分享 8-30

8-5 設計 YouTube 影片 8-32
- 8-5-1 選擇範本與設定版面 8-32
- 8-5-2 複製頁面與版面編排 8-35
- 8-5-3 使用「魔法動畫工具」設定動畫 8-38
- 8-5-4 新增與變更轉場效果 8-39
- 8-5-5 音樂同步節拍 8-40

09 Canva 的 AI 應用與自動化工具 9-1

9-1 提供建議的 AI Canva 小幫手 9-2

9-2 文字生成的魔法文案工具 9-5
- 9-2-1 開始使用魔法文案工具 9-5

9-2-2	修改文案	9-7
9-2-3	瀏覽更多類似的範本	9-9

9-3 Canva Docs 視覺文件 9-10
- 9-3-1 文件轉簡報 9-10
- 9-3-2 文件內容轉成設計 9-12
- 9-3-3 文件翻譯成其他語言 9-14

9-4 Canva 的 AI 圖像與影片生成技術 9-15
- 9-4-1 「魔法媒體工具」的文字生成圖片 9-15
- 9-4-2 產生更多類似圖片 9-17
- 9-4-3 設定生成圖像的版面配置 9-18
- 9-4-4 生成圖像套用樣式 9-20
- 9-4-5 「魔法媒體工具」的文字生成影片 9-21

9-5 其他實用的 AI 工具 9-22
- 9-5-1 文字轉語音 AI 工具 9-23
- 9-5-2 D-ID AI Avatars 虛擬主播 9-27
- 9-5-3 Sketch To Life 將線條畫變實體化 9-29
- 9-5-4 Replace Background 替換背景 9-31
- 9-5-5 魔法變形工具 9-33

10 輸出與分享設計成果 10-1

10-1 展示簡報與分享 10-2
- 10-1-1 以全螢幕展示簡報 10-2
- 10-1-2 自動播放簡報 10-3
- 10-1-3 簡報者檢視畫面 10-4
- 10-1-4 展示並錄製影片 10-5
- 10-1-5 簡報互動式工具 10-9
- 10-1-6 分享遙控器 10-11

10-2 選擇正確的下載格式與尺寸 10-12
- 10-2-1 JPG 格式 10-13

	10-2-2 PNG 格式	10-14
	10-2-3 GIF 格式	10-15
	10-2-4 SVG 格式	10-15
	10-2-5 PDF 格式	10-15
	10-2-6 MP4 影片格式	10-16
	10-2-7 PPTX 格式	10-16
10-3	分享設計方式	10-17
	10-3-1 以電子郵件分享	10-17
	10-3-2 以連結分享設計	10-19
	10-3-3 分享至社群平台	10-20

11 常見問題與疑難排解 11-1

11-1 Canva 使用過程中的常見問題 11-2
- 11-1-1 帳戶與訂閱相關常見問題 11-2
- 11-1-2 設計與素材使用常見問題 11-3
- 11-1-3 進階操作與協作常見問題 11-5
- 11-1-4 Canva 常見問題 Q&A 一覽表 11-8

11-2 排版錯誤與如何修正 11-9
- 11-2-1 常見排版錯誤解析 11-9
- 11-2-2 如何利用 Canva 工具修正排版錯誤 11-11
- 11-2-3 設計實例與進階排版建議 11-15

11-3 速度與效能優化技巧 11-18
- 11-3-1 常見效能問題與成因解析 11-18
- 11-3-2 提升 Canva 使用效能的實用技巧 11-19
- 11-3-3 硬體與系統層面的優化建議 11-21

11-4 專業設計師的常見建議 11-22
- 11-4-1 建立正確的設計流程與思維模式 11-22
- 11-4-2 掌握色彩與字型搭配的技巧 11-23
- 11-4-3 維持品牌一致性與高效協作 11-24

01

認識 Canva 與設計基礎

在當今數位時代,設計已成為我們日常生活的一部分,無論是社群貼文、報告簡報,還是個人品牌形象,設計的力量無處不在。然而,傳統的設計軟體對於新手來說可能過於複雜,這正是 Canva 大放異彩的原因。Canva 憑藉其直觀的介面、豐富的功能以及海量的範本,讓每個人都能輕鬆創造專業級的設計作品。本章將帶您深入了解 Canva,從它的背景故事到設計基礎,讓您為後續的進階應用打下堅實的基礎。

1-1 Canva 的簡介與歷史

在現代數位設計領域,Canva 的出現無疑為設計世界帶來了一場變革。過去需要專業技能與昂貴軟體才能完成的設計,如今透過 Canva,任何人都能輕鬆上手,創造出堪比專業的作品。這款工具不僅是技術創新的結晶,更是一種滿足設計需求與用戶體驗之間的深刻互動。這小節將全方位探討 Canva 的創建歷程、發展軌跡,以及它如何快速崛起成為全球最具影響力的設計平台之一。

1-1-1 Canva 的起點:從構想到實現的旅程

Canva 的故事起源於澳洲,一位設計系學生 Melanie Perkins 對傳統設計工具的學習困難產生了深刻的共鳴。對於許多新手來說,像 Adobe Photoshop 或 Illustrator 這

樣專業工具雖然功能強大，但學習門檻極高。這種挫折感啟發了她，萌生了開發一款直觀、易用的設計平台的念頭。

2007 年，Perkins 與夥伴 Cliff Obrecht 一起創立了首款產品 Fusion Books，一個專為校園年鑑設計的線上工具。這款產品讓用戶能輕鬆地設計、列印年鑑，並在教育市場中取得了顯著成功。從這個經驗中，他們看到了線上設計的巨大潛力，進而開始醞釀一個更加普及的設計平台 —— 這正是 Canva 的雛形。

1-1-2 發展之路：從本地創業到全球佈局

2013 年，Canva 正式面世，憑藉簡單易懂的拖放式操作，與豐富的模板資源迅速打入市場。與複雜的傳統設計工具相比，Canva 不僅降低了設計的技術門檻，還以跨平台的特性吸引了廣大用戶。無論是在電腦、平板，還是手機上，Canva 都提供了流暢的設計體驗，讓使用者隨時隨地釋放創意。

此外，Canva 的成功也得益於其創新的商業模式。相較於需要一次性購買高額授權的傳統軟體，Canva 採取了「免費 + 付費訂閱」的策略，用戶可選擇免費使用基本功能，或升級至 Pro 版以解鎖更多高級資源。這種靈活的模式成功吸引了學生、小企業主，乃至專業設計師等不同層次的用戶。

1-1-3 全球影響力：重新定義設計文化

短短幾年內，Canva 在全球 190 多個國家累積了超過 1 億活躍用戶，並支援超過 100 種語言。無論是簡報、名片，還是社群媒體貼文，Canva 的模板庫都能滿足不同場合的需求。更重要的是，它讓原本高不可攀的設計領域變得觸手可及，讓普通人也能擁有設計師般的創作能力。這種核心理念，使 Canva 成為設計文化的一部分，而不僅僅是設計工具。

此外，Canva 的影響力也超越了設計本身。它為 SaaS（軟體即服務）模式樹立了成功範例，許多新創公司紛紛借鑒其使用者導向的產品哲學，試圖在其他領域複製這一模式。

1-1-4　展望未來：技術創新與社會責任

　　作為全球設計領域的領導者，Canva 並未止步於現有成就，而是積極探索新的發展方向。它推出了多項公益計畫，為非營利組織和教育機構提供優惠支持，並努力讓其平台變得更加包容與多元化，以滿足全球不同文化背景的用戶需求。

　　未來，Canva 計畫進一步引入人工智慧技術，例如自動配色建議、智慧排版以及 AI 文字生成，進一步簡化設計流程，讓創作變得更加高效且富有靈感。

　　總而言之，Canva 的故事告訴我們，一個偉大的產品往往源於對用戶需求的深刻洞察和對極致用戶體驗的追求。從一個小型創業構想到全球設計工具的領導者，Canva 的成功不僅是一場技術革命，更是對創新精神的生動詮釋。無論你是設計新手還是專業人士，都可以從中汲取靈感，開啟屬於自己的創意旅程。

1-2　Canva 的核心功能

　　Canva 以其多樣化的功能，讓使用者能輕鬆創造出專業的視覺設計，並且成為全球數位設計愛好者的首選工具，核心原因就在於它提供了功能強大且操作簡單的使用體驗。不論是全新創建設計，還是利用現成範本進行調整，Canva 的工具能幫助用戶，以極低的學習門檻完成專業水準的設計。

　　以下將簡介 Canva 的主要功能，這些功能不僅對初學者友好，還能滿足專業設計師高效工作的需求。

1-2-1　直觀的拖放式編輯：降低設計門檻

　　Canva 最具代表性的特色就是其拖放式編輯功能，讓設計過程變得前所未有的簡單直觀。用戶只需選中設計元素，透過拖放操作便能實現調整大小、改變位置或重新排版等設計需求，完全免去傳統設計軟體繁瑣的操作和陡峭的學習曲線。

例如，當需要製作簡報時，用戶可以從範本庫中選擇喜歡的設計，隨後透過拖放功能快速替換文字、圖片和圖示。對於圖片部分，用戶還可以直接調整透明度、亮度及對比度，甚至應用多種濾鏡效果，使設計更加生動且專業。這樣的操作模式，讓即便沒有設計經驗的用戶，也能輕鬆完成優質作品。

▲ 點選圖片，顯示圖片相關工具　　　　▲ 點選文字，顯示文字相關工具

更進一步地，Canva 的拖放功能也支援動畫設計，用戶只需簡單設定元素的動畫效果，如淡入淡出、滑動或放大縮小，就能讓設計作品更具動態魅力。這對於製作社群貼文或簡報來說，無疑是吸引目光的絕佳方式。

1-2-2　豐富的範本庫：快速解決多元設計需求

　　Canva 擁有數十萬個範本，涵蓋多種設計需求，從簡報、名片到社群媒體貼文一應俱全。無論是學生需要製作報告封面，小企業設計行銷物料，或是個人創建婚禮邀請卡，Canva 都能提供合適的範本解決方案。

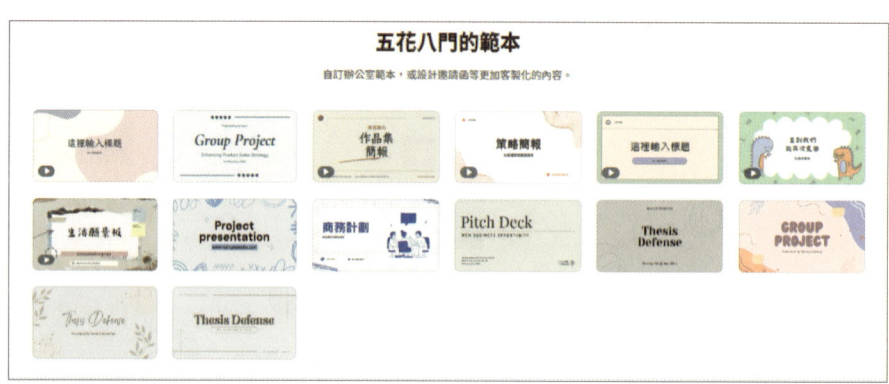

　　這些範本風格多樣，包括極簡、復古、現代、藝術等設計元素，用戶可以根據需求進行客製化修改。例如，變更文字內容、字型樣式、配色方案，甚至完全重組排版，讓設計既專業又能反映個人特色。特別是針對特定節日或流行趨勢（如春節、購物節），Canva 也會定期更新相關範本，幫助用戶節省大量設計時間。

▲ 各種節慶的設計範本

1-2-3 圖像與文字設計的靈活性：讓每個細節符合需求

Canva 提供一個龐大的素材庫，內含數百萬張高解析度圖片、插圖和圖標，並且有許多資源可免費使用，這對於缺乏設計資源的用戶來說是一大優勢。在文字設計上，Canva 提供數百種字體選擇，並支援多語言編輯，用戶可以輕鬆調整文字大小、間距、顏色等參數，還能使用陰影、浮雕等特效增添視覺層次感。

▲ 由「元素」搜尋各類素材

▲ 由「字型」可選擇或上傳各類字型

此外，Canva 的「背景移除工具」能快速刪除圖片背景，讓用戶更便捷地將元素嵌入作品中，而內建的配色工具則能協助生成視覺統一且吸引人的設計配色。

▲ 一鍵完成圖像去背

▲ 去背結果

1-2-4 強大的協作功能：提升團隊設計效率

Canva 不僅是個人設計工具，更是團隊合作的利器。透過協作功能，用戶能邀請成員即時參與設計項目，無論分布在哪裡，都能在平台上進行查看、評論和編輯。這對需要快速響應的行銷或設計團隊而言極為實用。

例如，行銷專案的海報設計可以即時分享給其他成員進行審核，並根據建議直接在 Canva 上修改，避免文件反覆傳送的繁瑣。此外，Canva 也支援權限管理，確保只有指定成員才能進行編輯操作，提升安全性。

對於企業用戶，Canva 提供「品牌工具組」功能，能將品牌的專屬色彩、標誌與字體進行統一管理，讓團隊在製作素材時始終保持品牌一致性。

總而言之，從直覺操作的拖放式編輯，到多樣化的範本資源，與高度客製化的設計選項，再加上強大的協作功能，Canva 的每項核心功能，都能讓設計變得更高效且充滿樂趣。不論是個人創作還是企業專案，Canva 都能讓用戶輕鬆實現設計目標，創造出專業且具吸引力的視覺作品。

1-3 Canva 特色

一個設計工具的成功，往往取決於它的特色和其易用性。Canva 以簡潔而強大的介面設計，為用戶提供了流暢的使用體驗。即使不會設計的人，也可以製作出好看的版面，而會設計的人更可以加速美編的作業。此處我們將簡要說明 Canva 的特色，讓你對它有更深入的認識。

1-3-1 設計內容包羅萬象

Canva 提供各種的設計內容，舉凡海報、履歷、標誌、文件、白板、簡報、社交、影片、印刷品、網站、Instagram 貼文、小冊子、照片編輯器等設計，它都可以幫你輕鬆建立、分享或列印專業設計。

1-3-2 設計與所有團隊完美契合

Canva 是一個非常良善的公司，對於教育機構或非營利組織的單位，都可免費使用付費版的 Canva 功能，中小學教師及其學生是 100% 免費，可製作引人入勝的個人化教案、項目、影片等，幫助學生輕鬆學習並表達自己，且這項多合一的創意和通訊也可適用整個學區。至於高等教育則提供校園版的特惠價，讓教職員工與學生都能創作、共同製作和溝通。

另外也有是用個人或團隊使用的版本,如果你尚未領略過 Canva 的設計功能,不妨先從免費版開始,零成本就可以開始執行創意。等你覺得想要解鎖更多更強大的設計工具和 AI 功能,或是想要改變為團隊合作的模式,發展品牌並簡化工作流程,就可以考慮 Canva Pro 或團隊版。

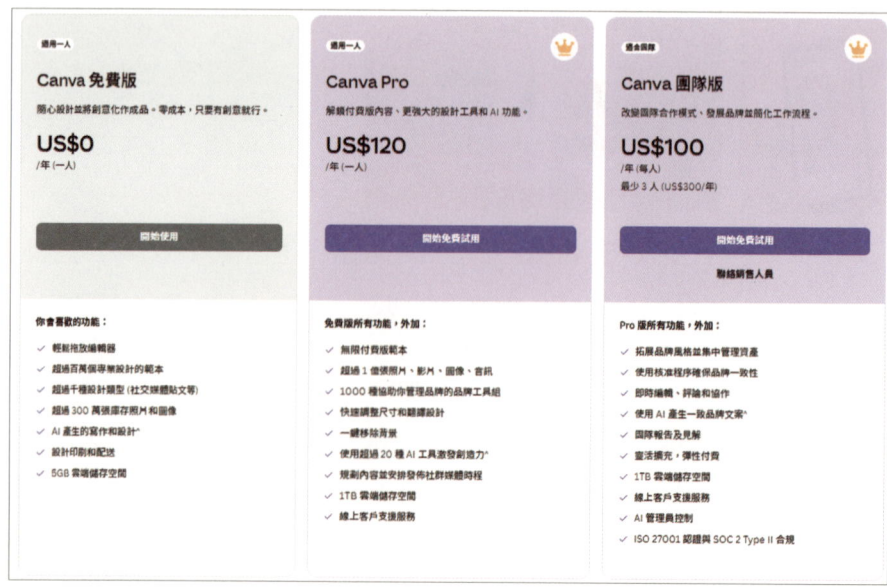

1-3-3　成千上萬的範本提供使用

對於免費的用戶，提供數千款精美的免費範本，而付費會員更高達 200 萬以上的範本可供選用。範本依類別、新產品、Docs、白板、簡報、標誌、影片、Zoom 虛擬背景、視覺資料圖表、名片、T恤、Instagram 限時動態等分類呈現，也可以透過關鍵字搜尋來找尋範本，非常方便。

1-3-4　一處完成設計和印製工作

想要製作相簿，設計製作成 T 恤，或為商家製作名片傳單及邀請函，都可以直接在 Canva 中完成所有印刷工作，它會直接將設計發送到專業的印刷店，服務還附帶滿意保障，並免費配送到府，無須擔心營業時間、檔案類型或解析度等問題。

1-3-5 與他人一起設計

在 Canva 裡，可以邀請朋友和家人與你一起設計，或者讓整個團隊共同合作。共同製作的功能讓你可以在簡報、白板、文件、影片或生日派對規劃中，即時進行討論和工作，除了掌控個人權限、指派任務，以及分享作品外，也可以為團隊設計設定品牌工具組和範本。不過此功能必須使用 Canva 團隊版，才能讓所有人共同設計。

1-4 常見設計錯誤與如何避免

設計不只是創意，更是視覺溝通的藝術。對於初次接觸設計的小白，這一小節分享最常見的設計錯誤，並提供一些改善策略，讓你的作品質感提升，不再讓人一眼看出是「新手作」！底下示意圖是常見設計錯誤的五種類型：

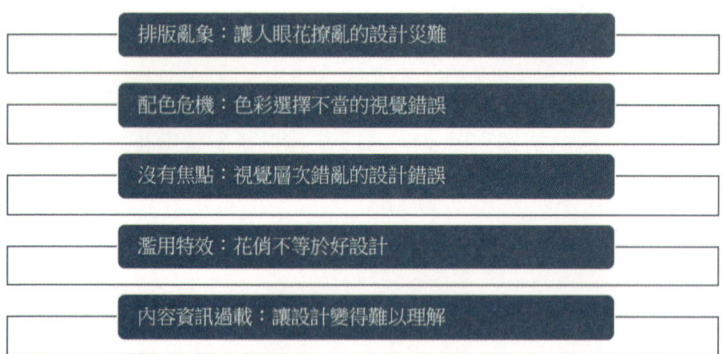

1-4-1 排版亂象：讓人眼花撩亂的設計災難

良好的排版不只是讓內容變得美觀，更是提升可讀性與資訊傳遞效率的關鍵。然而，許多新手在設計時，往往忽略排版的基本原則，導致視覺混亂，甚至讓觀看者

難以專注於內容。這裡將探討幾種常見的排版錯誤，並提供具體的改善策略，幫助你創造更清晰、專業且具吸引力的設計。

文字擁擠 vs. 間距過大─閱讀體驗的致命傷

當畫面「塞爆」或「鬆散」時，閱讀體驗大打折扣。在排版設計中，行距（Line Spacing）、字距（Letter Spacing）、段落間距（Paragraph Spacing）都是影響可讀性的關鍵因素。許多新手設計師在處理排版時，常常會犯兩種極端錯誤：文字擁擠或間距過大。當行距太小、字距過於密集時，讀者會感到視覺疲勞，閱讀過程變得困難；相反地，若字距和行距過大，則會讓內容過於分散，難以建立閱讀的流暢感，甚至降低設計的專業度。

字距過於密集易造成視覺疲勞

字距和行距過大，會降低閱讀的流暢性

至於如何快速調整間距，使畫面更易讀？請把握以下幾個原則：

- 調整行距與字距，使文字排版更為均勻
- 分段適當留白，避免文字擠在一起造成壓迫感

透過這些調整，可以讓畫面更有層次感，同時改善閱讀流暢度，使觀看者更容易理解設計所要傳遞的訊息。

字體混亂：過多種類、風格不統一

字體（Font）是視覺設計中至關重要的元素，但許多設計新手會犯下「字體過多」或「風格混亂」的錯誤。過多的字體種類會讓畫面變得沒有統一性，而不同字體的風格若搭配不當，則會影響品牌形象與設計質感。

例如，在同一張海報或簡報中，若同時使用手寫體以及裝飾性字體，會讓畫面顯得凌亂、不專業，甚至影響訊息傳遞的清晰度。為了避免字體混亂，建議在設計時，使用 2-3 種字體，避免超過 3 種，確保字體風格與品牌調性相符，同時保持風格一致，不要混用風格衝突的字體。透過這些原則的應用，可以讓設計作品更具專業感，避免因字體過多或風格不統一而影響整體美感。

▲ 選用過多的字體，看起來會很凌亂

留白不足，讓畫面「窒息」

許多新手設計師會覺得「留白」是浪費空間，於是試圖填滿畫面中的每一處，結果反而讓設計變得壓迫、混亂。其實適當的留白能夠讓視覺焦點更明確，提升畫面的層次感與可讀性。如果一張海報、簡報或社群貼文沒有足夠的留白，觀看者會無法聚焦於關鍵資訊，甚至感到疲勞而選擇跳過。透過適當的留白，能夠讓畫面看起來更有設計感，並提升可讀性，讓讀者在短時間內快速吸收資訊。

至於如何運用空間創造高級感？首先確保文字與邊界之間至少有適當的空間，例如標題與內文之間應保留適當距離，不要貼得太近。另外，適度留白，使視覺層次更明確。在區塊之間留白，可讓內容更加分明，幫助觀看者更快掌握重點。

文字層次不明確，無法強調重點

在任何設計作品中，視覺層次（Visual Hierarchy）扮演著極為關鍵的角色。它決定了讀者在瀏覽內容時的閱讀順序，並幫助他們迅速辨識重點資訊。然而，許多新手設計師在排版時，往往沒有建立明確的層次，導致所有文字看起來都「一樣重要」。當視覺焦點不明確時，觀看者可能需要額外的時間才能理解設計的主要訊息，甚至可能因為資訊混亂而失去興趣。

接著我們將透過以下三項來探討如何提升文字的層次感，讓你的設計能夠清楚地傳達訊息，並吸引目標受眾的注意力。

- 字重（Font Weight）：是設計中最直覺也最容易運用的層次技巧之一。適當地調整字重，可以有效地引導讀者的視線，讓他們自然地關注關鍵字或重要資訊。例如：粗體（Bold）常用來強調標題或重要資訊，吸引讀者的目光；細體（Light）可用於輔助性內容，使其不會搶走主視覺焦點；正常字重（Regular）則適合用於正文，確保可讀性。

- 字體大小（Font Size）：是最直接影響閱讀順序的元素之一。適當地變化字體大小，可以幫助讀者快速理解哪些資訊是最重要的，哪些是次要的。例如：標題（Headline）可為內文的 2 至 3 倍大小，副標題（Sub Headline）通常比標題略小，但仍需比內文大，內文（Body Text）應確保可讀性最優，一般建議在 14px 至 18px 之間。確保標題、副標題、內文的大小有明顯區別。

- 顏色（Color）：不僅能夠影響情感與品牌識別，也能用來建立視覺層次，使重點內容更為突出。然而，許多新手設計師會使用過多顏色，導致畫面混亂，反而削弱了文字的可讀性。各位可以使用對比色來區分層次，避免使用過多顏色，另外，運用顏色來引導視線。

1-4-2　配色危機：色彩選擇不當的視覺錯誤

顏色是一種強大的設計工具，不僅影響視覺美感，還決定了資訊的可讀性、品牌的識別度以及觀看者的情緒反應。色彩搭配得當，可以讓作品更具吸引力、提升專業感，甚至讓觀看者更容易理解內容；相反地，如果配色錯誤，不僅會影響畫面的整體協調性，還可能讓設計顯得混亂、難以閱讀，甚至失去品牌該有的形象與氛圍。此處我們將探討幾種常見的配色錯誤，並提供解決方法，幫助你建立正確的色彩應用觀念，提升作品的視覺質感與表達效果。

用色過度，讓畫面變「五彩繽紛」

許多設計新手在創作時，會認為「顏色越多越好」，希望藉由豐富的配色來增加設計的吸引力，然而，當顏色過多時，畫面反而容易變得雜亂，讓觀看者無法聚焦於主要資訊。特別是在海報、簡報或社群貼文等應用場景中，過度使用顏色會讓視覺焦點分散，使讀者難以找到主要訊息，降低溝通效率。

例如，一張宣傳海報如果同時使用紅、藍、綠、黃、紫等五種以上的顏色，觀看者的視線會不停地在不同色塊間跳動，無法迅速理解設計的核心內容。這樣的結果不僅影響視覺的舒適度，也可能讓人對品牌或內容留下「不專業」、「過於花俏」的印象。

為了避免配色過於雜亂，我們可以運用「三色原則（Three-Color Rule）」，讓設計更具一致性與專業感。這個原則建議我們在設計時，主要使用三種顏色，並適當分配比例：

- 主要色（Primary Color）：占整體設計的大部分（約 60%），通常為品牌的代表色或主視覺的基調色，例如企業 LOGO 的主要色。
- 輔助色（Secondary Color）：約占 30%，用來支撐主要色，使畫面更有層次感，通常是與主要色相容的顏色，例如冷色系或暖色系的搭配。
- 點綴色（Accent Color）：約占 10%，用於強調重點，如 CTA（Call to Action，行動呼籲按鈕）或標題中的關鍵字，讓畫面更有吸引力。

至於選擇適合的三色組合，可參考品牌色彩。如果是企業或個人品牌設計，可以從 LOGO 的顏色延伸，確保整體視覺風格一致。如果想要營造柔和感，可以選擇同色系（如不同深淺的藍色）；如果希望創造對比感，可以選擇對比色系（如藍與橘）。

色彩對比不足，影響可讀性

色彩不僅影響美感，更直接影響可讀性。如果畫面的文字與背景顏色對比不足，觀看者就會很難閱讀內容，甚至可能直接忽略訊息。適當的對比不僅能讓設計更加清晰，也能幫助使用者快速理解內容，提升視覺傳達的效率。例如，淺灰色的文字搭配白色背景，或者深藍色的文字搭配黑色背景，這些組合都會讓文字的可視度大幅下降，影響閱讀體驗。

此外，若標題與內文的顏色太過相近，也可能讓資訊的層次感變得模糊，導致視覺焦點不清楚。這類問題在簡報、網站設計、社群貼文中尤為常見，特別是當用戶使用不同裝置（如手機、電腦）瀏覽時，對比不足的文字更容易被忽略。至於如何透過對比吸引視線、提升重點呢？

各位可以參考底下幾個重點：

- 確保文字與背景有足夠的對比度
- 運用強烈對比來創造視覺焦點
- 使用透明度與陰影增加層次感

缺乏色彩心理學應用，無法傳遞品牌感

不同的顏色會引發不同的心理反應，例如紅色能傳達激情與能量，藍色則象徵信任與專業。因此，在設計時，如果沒有考慮色彩心理學，可能會讓作品無法準確傳達品牌訊息。例如，一家高端金融公司若選擇使用大量亮粉色，可能會讓人產生錯誤的品牌聯想，而非專業、穩重的形象。

色彩應用不只是裝飾，而是視覺傳達的關鍵工具。透過合理的色彩搭配、對比運用以及色彩心理學的應用，我們可以創造更具吸引力的設計，確保資訊能夠清晰傳

達,同時提升品牌形象。掌握色彩原則,你的設計將能更具層次感,並有效引導觀看者的視線!

在 Canva 裡,也有提供「調色盤」的功能,你可以依照專案的特性來進行搜尋,只要輸入關鍵字,就可以幫你找到合適的配色供你選用。

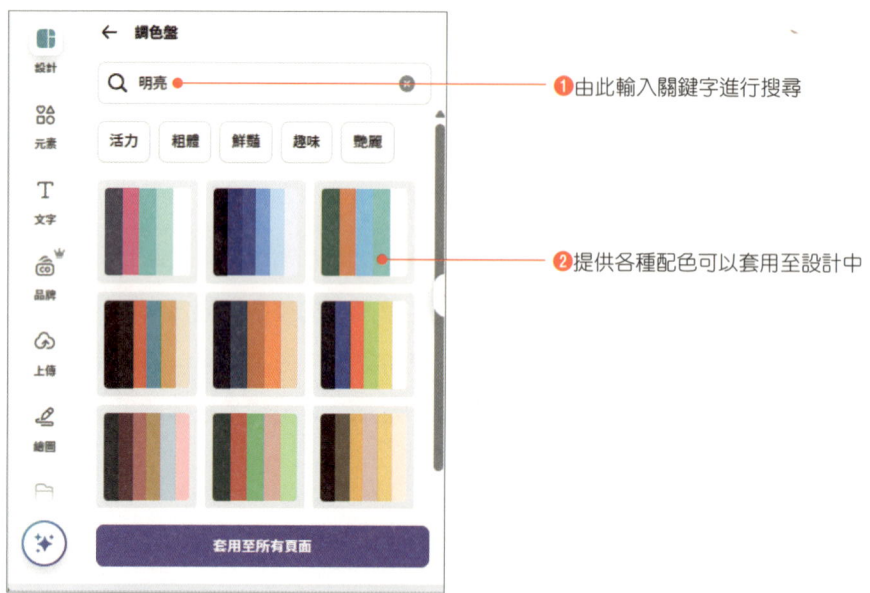

❶ 由此輸入關鍵字進行搜尋
❷ 提供各種配色可以套用至設計中

1-4-3　沒有焦點:視覺層次錯亂的設計錯誤

視覺設計的核心目標是有效傳達訊息,讓觀看者在最短時間內理解重點內容。然而,許多新手設計師在排版時,常常忽略視覺層次(Visual Hierarchy),導致畫面缺乏明確的焦點,所有元素看起來「同等重要」。這樣的設計讓觀看者無法確定該先關注哪個部分,閱讀順序混亂,不僅降低了可讀性,也影響了設計的專業度。

在一張設計作品中,哪些資訊應該最先被看到?哪些是輔助內容?這是每位設計師在創作時必須思考的問題。然而,許多新手在編排時,可能會讓標題、內文、圖片、裝飾元素等所有元素都擁有相同的視覺權重,導致畫面過於擁擠且缺乏層次。當觀看者無法快速辨識設計的核心資訊時,他們往往會選擇直接略過,讓設計失去了原本應有的溝通價值。

例如,一張活動海報如果標題與內文字體大小相近,且色彩對比不明顯,那麼讀者可能需要額外的時間才能理解這場活動的重點資訊。這樣的設計不僅降低了閱讀效率,還可能影響活動的推廣效果。

為了確保畫面擁有明確的焦點,可以運用視覺引導法則(Visual Hierarchy Principles),讓資訊層級清晰可辨。以下是幾種建立視覺層次的有效技巧:

- 利用「大小對比」強調重點:標題應該最大、次標題次之,內文最小,讓讀者能自然按照大小順序閱讀內容。
- 透過「字重」強化視覺焦點:粗體(Bold)用於標題與關鍵字,吸引讀者目光。細體(Light)則適用於輔助內容,避免畫面過度雜亂。
- 適當運用「留白」,確保資訊區隔:刻意留出適當的空間,讓不同資訊區塊之間有明顯區分,避免所有內容擠在一起,影響可讀性。

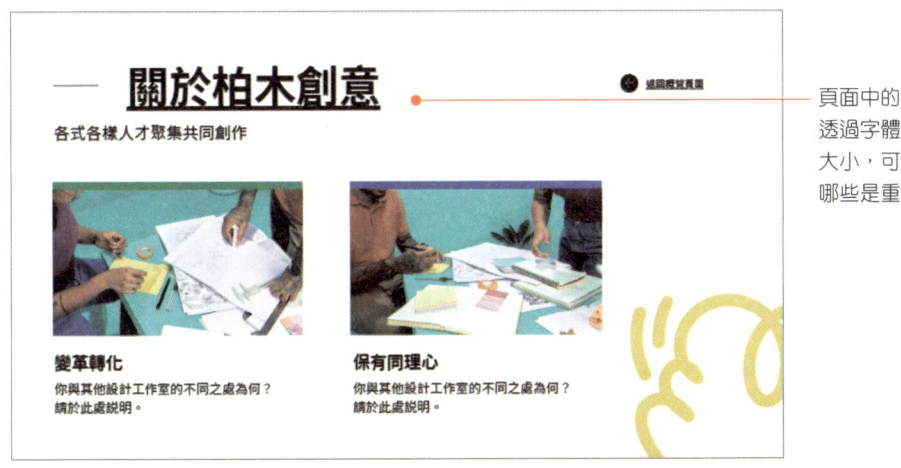

頁面中的文字,透過字體的粗細大小,可以知道哪些是重點

透過這些技巧,可以讓設計中的資訊層次變得更加清晰,確保觀看者能夠輕鬆地從重要到次要依序吸收資訊。

構圖(Composition)是影響視覺層次的關鍵之一。如果設計缺乏良好的視線引導,觀看者可能無法直覺地理解資訊,甚至會感到混亂。各位可以運用「三分法則」,將主要標題放在左上或右上的三分點,而非正中央,這樣可以讓視線自然流動。

1-4-4　濫用特效：花俏不等於好設計

許多新手設計師在創作時，往往希望透過大量的陰影、漸變、動畫與濾鏡來讓畫面顯得更有層次或增加吸引力。然而，不當的特效使用往往會讓畫面顯得雜亂無章，甚至降低設計的專業感。特效的真正目標應該是輔助內容，而非成為畫面的主角，如果使用過度，反而可能會干擾閱讀體驗，甚至影響品牌形象。

下面提供動畫與特效的適當使用原則，供各位參考：

減少不必要的動畫與動態元素

只在需要吸引注意力的地方使用動畫，例如，網站的標題動畫應保持簡潔流暢，而不是使用過於誇張的飛入效果。

確保動畫有助於資訊傳遞，而非干擾

影片或簡報中，使用漸變效果來柔和地呈現新資訊，而非突兀地跳動。避免讓動畫過快或過慢，影響觀看體驗。

控制動畫節奏，維持設計的一致性

動態效果應該與品牌風格一致，例如科技品牌可以使用流暢的淡入淡出效果，而高端品牌則適合使用優雅的縮放動畫。適度使用動畫與特效，能夠提升設計的吸引力與互動性，但關鍵在於「適量」，避免讓動畫影響資訊的可讀性與專業感。

1-4-5　內容資訊過載：讓設計變得難以理解

在視覺設計中，資訊的清晰度與可讀性遠比裝飾效果來得重要。許多設計新手會認為「資訊越多越好」，希望能夠在一張海報、一張簡報或一個網站上塞滿所有細節，確保觀看者不會錯過任何資訊。然而，這樣的做法往往適得其反 —— 當設計充滿過多的文字、圖像與裝飾元素時，觀看者反而難以聚焦，導致閱讀體驗下降，甚至直接放棄理解內容。資訊過載的問題在各類設計中都十分常見，例如：

▲ 版面中過多的文字會讓人降低閱讀的欲望

- **簡報設計**：一頁投影片塞滿了密密麻麻的文字，導致觀眾無法快速抓住重點。
- **海報設計**：過多的資訊與視覺元素相互競爭，使畫面顯得雜亂，無法有效傳遞關鍵訊息。
- **網站介面**：過多的選單、按鈕與視覺元素讓使用者感到壓力，影響使用體驗。

在設計時，我們常常面臨這樣的挑戰：該如何在有限的空間內放入所有必要的資訊？許多人誤以為，設計應該讓所有資訊都能一目了然，因此不斷地填充內容，試圖塞滿每個可用空間。但結果卻是，畫面變得混亂無章，反而讓觀看者無法有效接收資訊。例如，一張活動海報如果塞滿了所有活動時間、場地資訊、講者介紹、贊助商標誌與各種裝飾圖案，最終觀眾可能完全無法辨識這場活動的主要重點。

我們可以運用簡約設計（Minimalist Design）來提升整體質感，使畫面更加乾淨俐落。透過這些方法，能夠有效減少資訊過載的問題，讓觀看者可以在短時間內理解設計所要傳達的重點。這裡將介紹幾個如何運用「簡化」提升設計質感實用的技巧：

- 以「**核心資訊**」為優先：先思考這份設計的主要目的是什麼？例如，活動海報的核心資訊應該是活動名稱、時間與地點，其他資訊（如講者簡介）可以放在較次要的位置或提供 QR Code 讓觀看者進一步查閱。

- **善用階層式資訊呈現**：「標題→副標題→內文」的結構能幫助觀看者快速理解層級關係。例如，簡報投影片應該只包含標題與 3-5 個要點，避免一大段文字影響可讀性。
- **刪減不必要的裝飾元素**：避免過多的邊框、底紋或裝飾圖案，讓視覺焦點能夠集中在核心內容上。

設計的另一個常見問題是圖像與文字比例的失衡，有些設計師會過度依賴文字，使得畫面顯得沉悶、缺乏吸引力；相反地，有些人則過度依賴圖片，讓畫面變得過於裝飾性，卻缺乏實質內容。例如：文字過多的海報，滿滿的段落文字，觀眾一看到就不想讀。純圖片的簡報，如果沒有適當的標題與文字說明，觀眾可能無法理解圖片想表達的意涵。理想的設計應該在文字與圖像之間找到平衡點，讓兩者能夠互補，而非互相競爭。

▲ 圖文之間必須要相輔相成

透過這些排版技巧，可以讓設計更加有序，減少視覺負擔，確保資訊能夠被清楚理解。資訊過載是設計中常見的問題，但透過資訊簡化、圖文比例調整與良好的排版規則，可以讓設計更具可讀性與吸引力。設計的重點不在於「塞滿所有內容」，而是在於讓觀看者能夠輕鬆吸收重點資訊，這才是真正成功的設計！

02

Canva 帳戶管理與個人化設定

成功運用 Canva 進行創意設計的第一步，就是建立一個適合自己需求的帳戶並進行相關設定。本章將帶你了解如何輕鬆完成註冊及帳戶基本設定，探討免費版與付費版的差異，幫助各位選擇最合適的版本。此外，我們還會比較網頁版與桌面版的特色，並提供簡單易懂的操作指引，讓各位在第一次使用 Canva 就能快速上手，並展開創作之旅。

2-1 註冊與帳戶設定

要使用 Canva 首先必須註冊一個帳號，在其官方首頁按下「註冊」鈕，網址為 https://www.canva.com/zh_tw/，就可以使用個人的常用帳戶，如 Google、Facebook、電子郵件等進行登入或註冊。

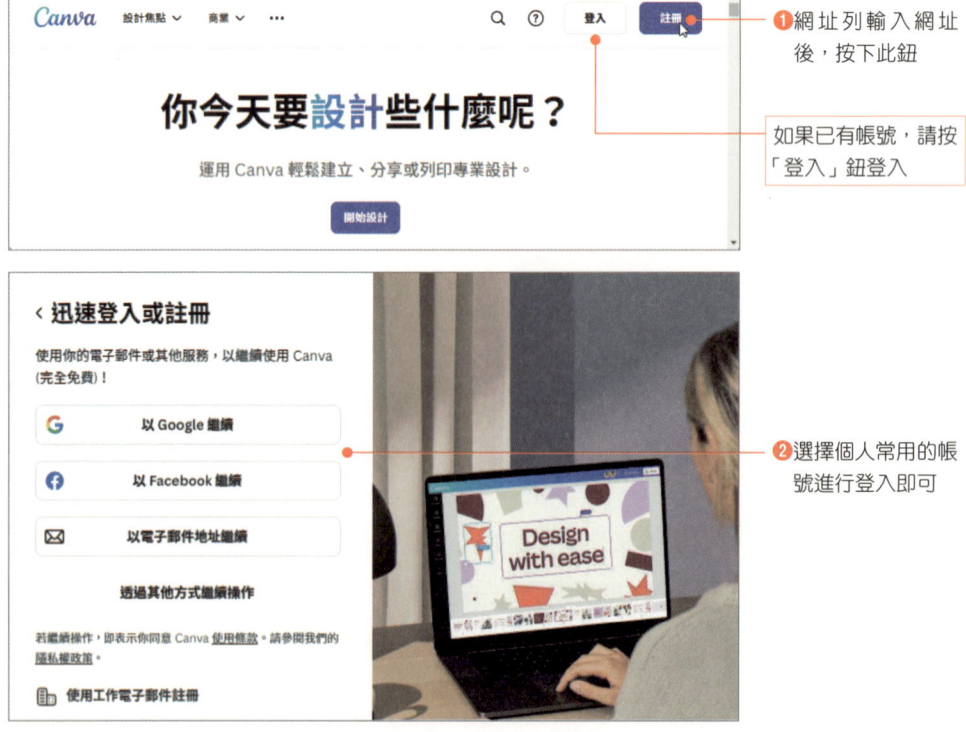

❶ 網址列輸入網址後，按下此鈕

如果已有帳號，請按「登入」鈕登入

❷ 選擇個人常用的帳號進行登入即可

2-2　免費版與付費版的差異

Canva 提供的功能非常強大，可供個人與團隊使用，也有教育版本，學校和教師免費使用。針對個人而言，可以選用「Canva 免費版」，不需花費任何費用，只要有創意，就能隨心所欲地進行設計。如果想要使用更多的範本、設計工具和 AI 功能，可選用「Canva Pro」版本，一個人 1 個月的費用是 15 塊美金，採用年繳方案的費用較便宜，一年可省下 60 元的美金。

請由右上角的個人大頭貼，下拉選擇「方案和定價」指令，就可以看到以下的內容，並開始免費使用或試用 Canva Pro 版本。

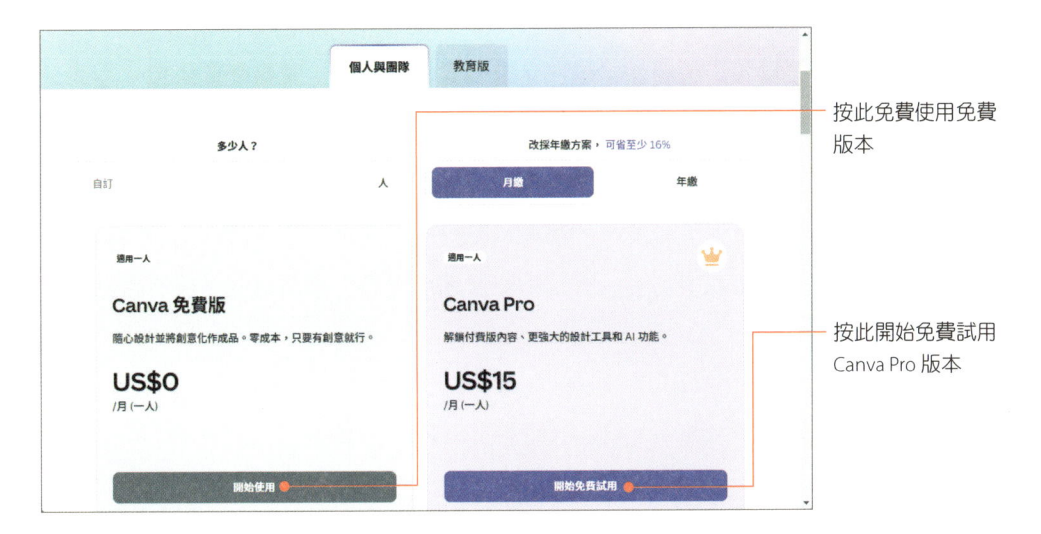

Canva Pro 版本有 30 天的免費試用期，你可以隨心所欲的體驗它的各項功能，包括：

- 1 億多種的付費版照片、影片和素材。3000 多種付費版字型、610000 多種付費版範本。
- 調整尺寸與魔法轉換、背景移除工具和付費版動畫讓你輕鬆創作。
- 運用品牌工具組、內容規劃表和 1TB 的儲存空間，讓一切保持井井有條。

- 利用品牌工具組維持品牌一致的網路形象。
- 有了調整尺寸與魔法轉換和內容規劃表，就能輕鬆創作並張貼至社交媒體。
- 利用無限使用的付費版內容、付費版動畫和背景移除工具，能進一步提升設計質感。

你可以先試用軟體，試用時它會要求你輸入信用卡資料，並選擇月繳或年繳方式。你不用擔心，因為在試用期結束前 7 天，它會以電子郵件提醒你，試用期間隨時都可以取消訂閱。

2-3 網頁版與桌面版的比較分析

隨著數位創作需求的快速增長，Canva 提供了不同的使用平台，以滿足用戶多元化的需求。不論是在網頁版中快速進行即時設計，還是在桌面版中享受穩定且專業的操作環境，每種版本都擁有獨特的功能特點與適用場景。本章將深入探討這兩種版本的主要差異，包括功能特色、操作體驗及應用場景，幫助你找到最符合自身需求的選擇。

2-3-1 網頁版的彈性與桌面版的穩定性

網頁版：靈活與便利並重

網頁版 Canva 的最大亮點在於其隨時隨地的使用彈性。只需開啟瀏覽器並進入 Canva 網站，用戶即可立即展開設計工作，無需額外下載或安裝軟體。這對於需要快速完成任務或偶發性修改的情境來說尤其實用。例如，在旅途中需要更新簡報或調整設計時，使用筆電或行動裝置連接網路即可迅速完成。此外，網頁版不會占用裝置存儲空間，對於硬碟容量有限的用戶極為友善。

桌面版：專注與穩定的選擇

相比之下，桌面版更適合專注於長時間設計工作的用戶。由於 Canva 是安裝於本地環境，不僅操作更加穩定，還能避免網路中斷對工作進程的影響。尤其在進行需要大量運算資源的高解析度圖片編輯或動畫製作時，桌面版的性能表現更為優越。此外，桌面版能有效減少瀏覽器多分頁操作帶來的干擾，為用戶提供一個更加專注的創作空間。

2-3-2 操作體驗的比較

網頁版：雲端同步與即時存取

網頁版完全依賴於瀏覽器，操作介面設計輕量化，讓用戶能迅速訪問範本、素材和編輯工具。其最大的優勢在於即時雲端同步，適合經常切換裝置工作的用戶。例如，你可以在公司電腦上開始設計，回到家後透過平板接續進行修改，所有變更都會自動儲存並同步。此外，網頁版支援多裝置存取，對於需要靈活工作的設計師或行動辦公者來說，無疑是極大的便利。

桌面版：本地存儲與進階功能支持

桌面版則提供更加完整的本地端操作體驗。用戶可以選擇將設計檔案儲存在本地硬碟，這在需要更高隱私性或無網路環境下工作時特別實用。同時，桌面版對進階功能的支援更加優化，例如高畫質圖片的處理或動畫的流暢渲染，都能在桌面端展現出更好的效果。此外，桌面版快捷鍵的豐富性顯著提升了操作效率，對於需要大量編輯的專業用戶來說極具吸引力。

2-3-3 選擇合適的版本

網頁版適合的情境

如果你注重設計的靈活性，並且常需在不同裝置之間切換，網頁版是理想選擇。即開即用的特性，讓你能在任何具網路連接的地方快速完成設計工作。此外，對於硬碟空間有限或設計需求相對輕量的用戶，網頁版無需安裝的特性也是一大優勢。

桌面版適合的情境

如果你的工作內容偏向專業設計，且需要長時間穩定的工作環境，桌面版則較為適合。它不僅在高效能運算上表現出色，還能避免因網路或瀏覽器干擾而中斷工作。對於企業用戶或重視資料安全性的人來說，本地存儲功能也更具吸引力。

總之，網頁版與桌面版各自針對不同需求進行優化，提供獨特的使用體驗。網頁版以靈活、快速為主，適合需要即時設計、臨時修改或多裝置同步的使用者；而桌面版則以穩定、高效為核心，適合長時間的專業創作，或對隱私性有較高需求的情境。不論選擇哪一版本，Canva 都能為你的創意提供強大的支援與便捷的工具，讓設計變得輕鬆而愉快。

2-4 第一次使用 Canva 設計就上手

想要開始使用 Canva 來進行設計，首先就是對它的介面功能與範本有所了解。

2-4-1 認識首頁及範本資源

當你登入 Canva 帳號後，所看到的首頁介面如下：

各位可以直接從「設計類型選單」的按鈕中，挑選自己想要設計的類型，或者按下左上方的 ➕ 建立設計 鈕，一樣可選擇設計的類型。

另外從左側點選「範本」🎨 鈕，這裡提供各式各樣的範本，有邀請卡、文件、簡報、傳單、臉書貼文、IG 限時動態、卡片、標籤、影片…等，看到喜歡的範本，即可套用和修改，讓你輕鬆解決編排版面的問題。

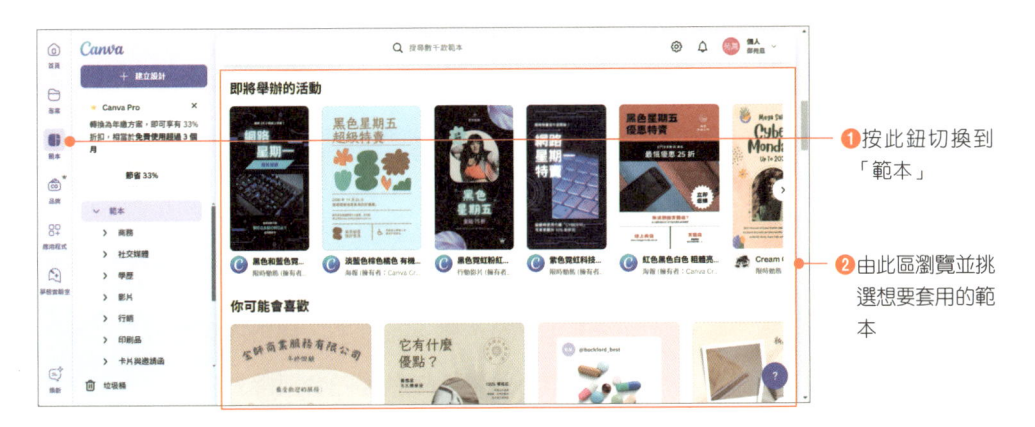

2-4-2 建立設計

為了讓各位對於 Canva 的設計有所了解，我們實際來建立一個邀請函，讓各位體驗一下文字與圖片的編輯技巧。

▲ 原 Canva 範本　　　　　　　　　　　▲ 套用修改範本

2-4-3 選擇與套用範本

請由左上方按下 ➕ 建立設計 鈕，然後選擇自己喜歡的一個版面設計。

❶ 按下此鈕

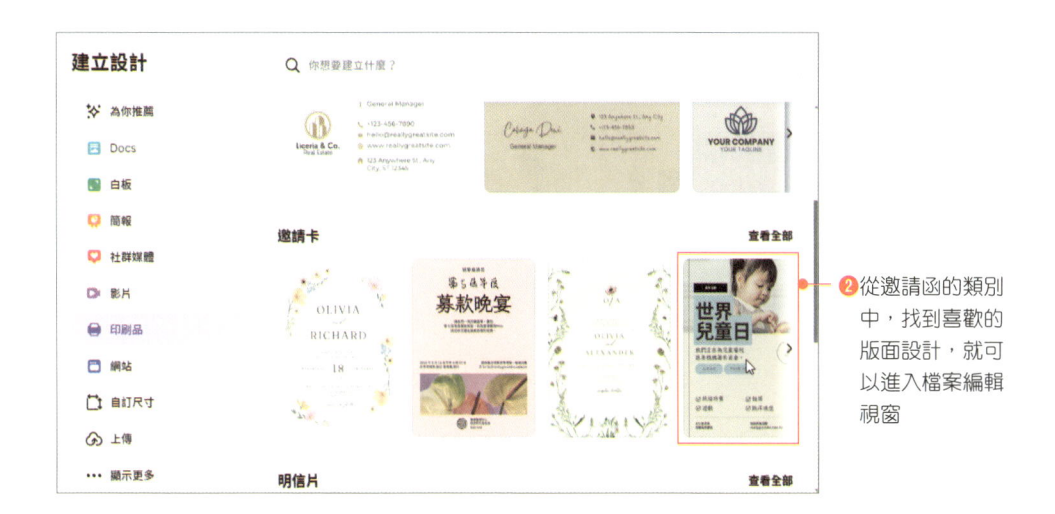

Canva 帳戶管理與個人化設定 **02**

❷ 從邀請函的類別中，找到喜歡的版面設計，就可以進入檔案編輯視窗

2-4-4　替換圖片與編輯圖片

不管選定何種範本，通常版面中都會包含圖片與文字。針對圖片部分，你可以上傳自己的圖片並進行替換，而按滑鼠兩下於圖片上，可做圖片的「裁切」或「展開」，在圖片框選取的狀態下，也可以對圖片進行位移、放大、縮小或旋轉的動作。

首先我們上傳要替換的圖片，請先找好要使用的相片素材。

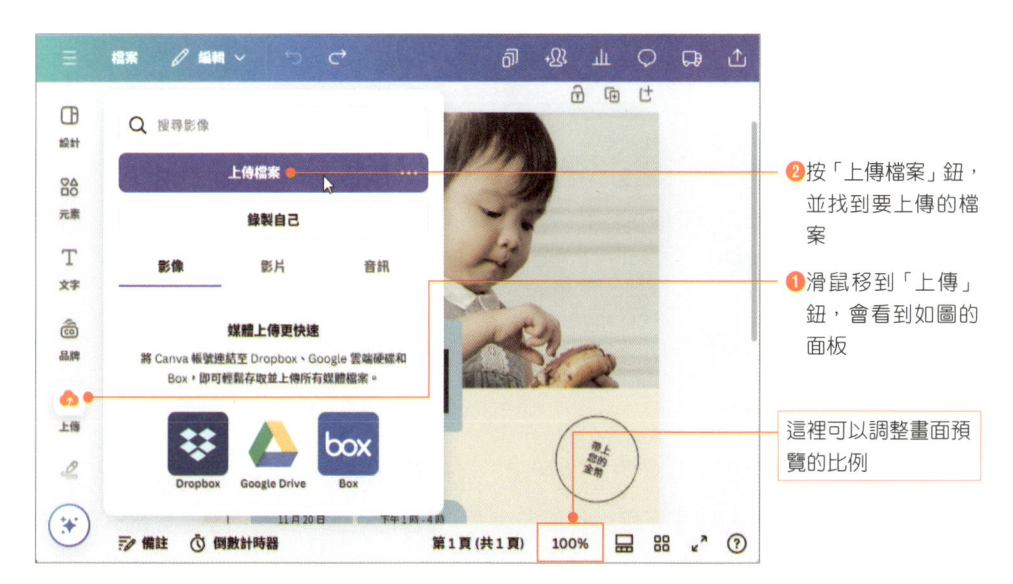

❷ 按「上傳檔案」鈕，並找到要上傳的檔案

❶ 滑鼠移到「上傳」鈕，會看到如圖的面板

這裡可以調整畫面預覽的比例

2-9

❹將圖片拖曳到範本的圖框中,即可替換成功

❸由面板下方點選剛剛上傳的圖片

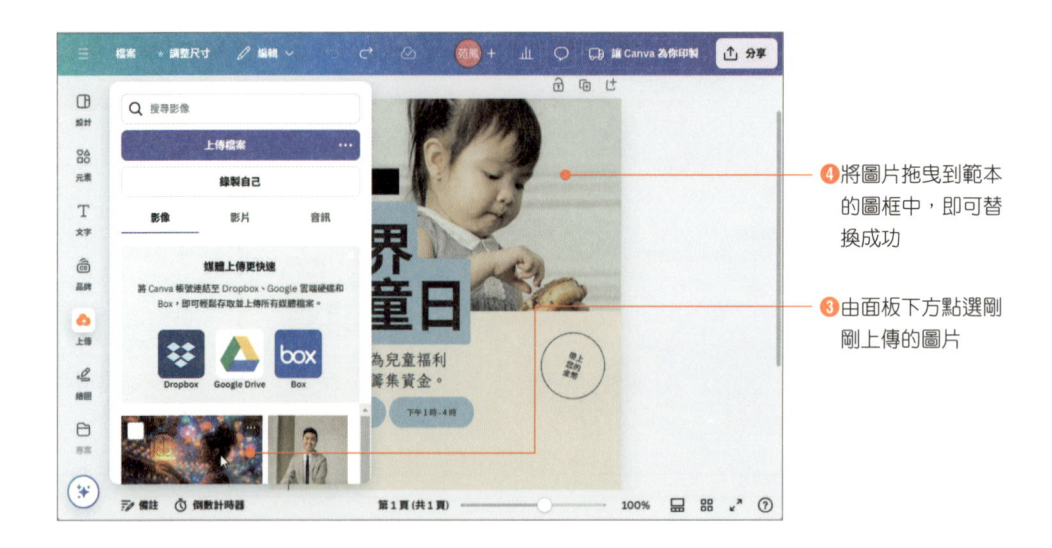

圖框替換成剛剛上傳的圖片後,透過以下方式可進行圖片的縮放、旋轉、裁切等處理。

需要裁切圖片,可由此選擇

按住圖片不放,進行拖曳可調整放置的位置

按此鈕縮放圖片大小

按此鈕可旋轉圖片

2-4-5 編輯文字內容

在套用的範本中有許多預設的文字字塊,直接點選文字方塊即可變更文字內容,字塊上方還有格式工具列,可提供你設定字型、文字大小、顏色…等各種格式。

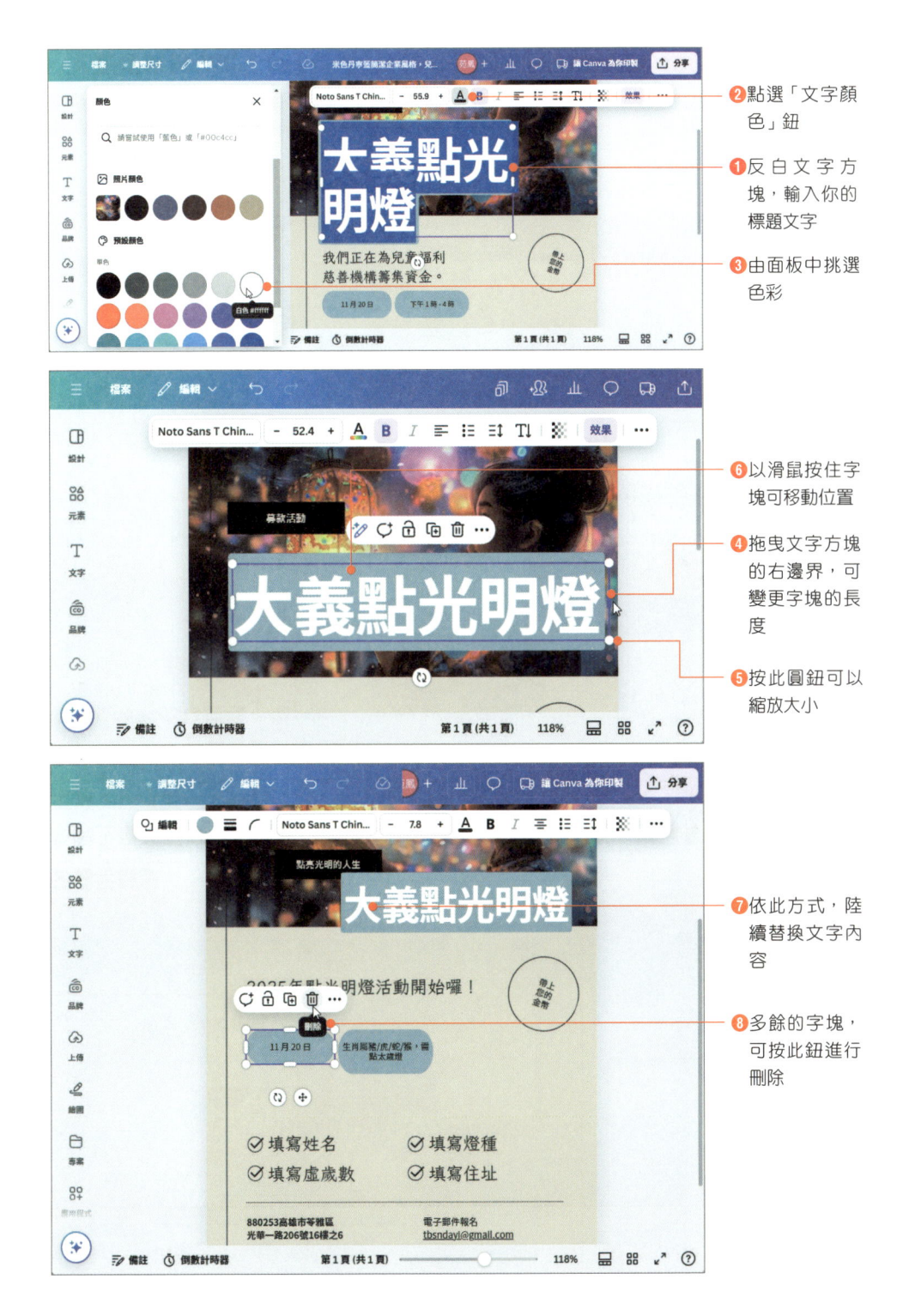

Canva 帳戶管理與個人化設定 02

❷ 點選「文字顏色」鈕

❶ 反白文字方塊，輸入你的標題文字

❸ 由面板中挑選色彩

❻ 以滑鼠按住字塊可移動位置

❹ 拖曳文字方塊的右邊界，可變更字塊的長度

❺ 按此圓鈕可以縮放大小

❼ 依此方式，陸續替換文字內容

❽ 多餘的字塊，可按此鈕進行刪除

2-4-6 搜尋元素

雖然邀請卡已經套用了美美的範本，但是總覺得缺少一些點綴的插圖，這裡就利用「元素」鈕來搜尋插圖，增加版面的亮點吧！

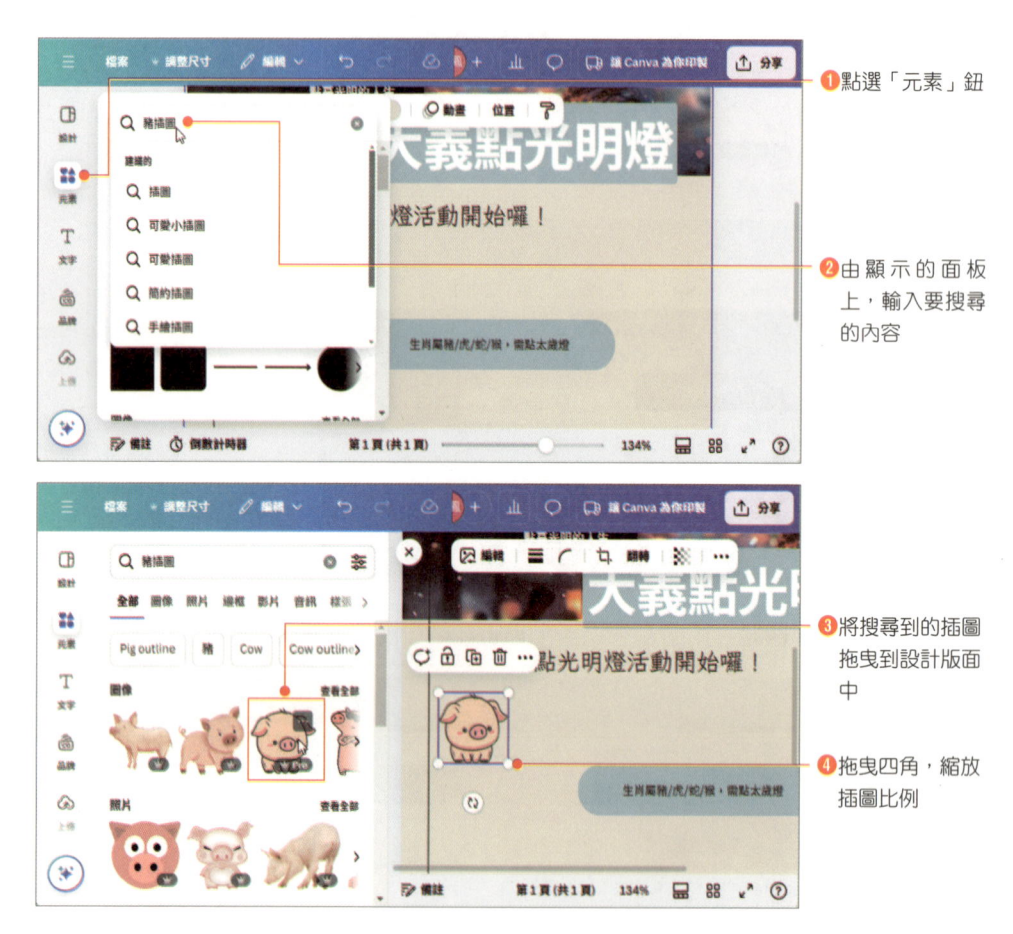

❶ 點選「元素」鈕

❷ 由顯示的面板上，輸入要搜尋的內容

❸ 將搜尋到的插圖拖曳到設計版面中

❹ 拖曳四角，縮放插圖比例

❺ 依序加入插圖與圓形標籤等所需的元素

2-4-7 調整圖層先後順序

在進行圖文的編排時,每一個物件都是一個圖層,如果需要調整圖片或文字的先後順序,可按右鍵執行「圖層」指令來進行順序的前移或後移,或是利用右鍵執行「圖層／顯示圖層」指令,開啟「位置」面板來調整順序。

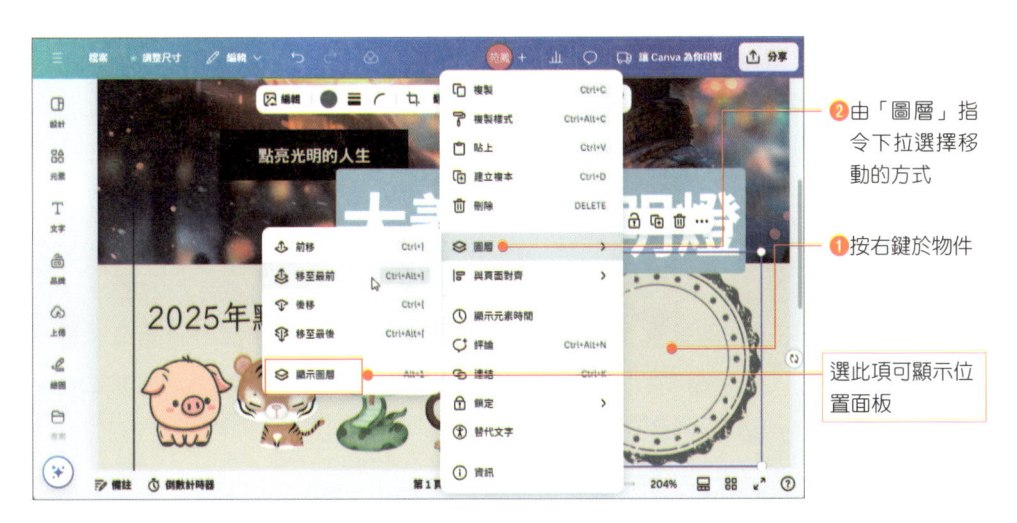

❷ 由「圖層」指令下拉選擇移動的方式

❶ 按右鍵於物件

選此項可顯示位置面板

2-4-8 新增文字方塊

套用設計範本，如果文字方塊不敷使用怎麼辦，很簡單！按下左側的 T 鈕，在顯示的面板中點選「新增文字方塊」鈕，即可加入新的文字。

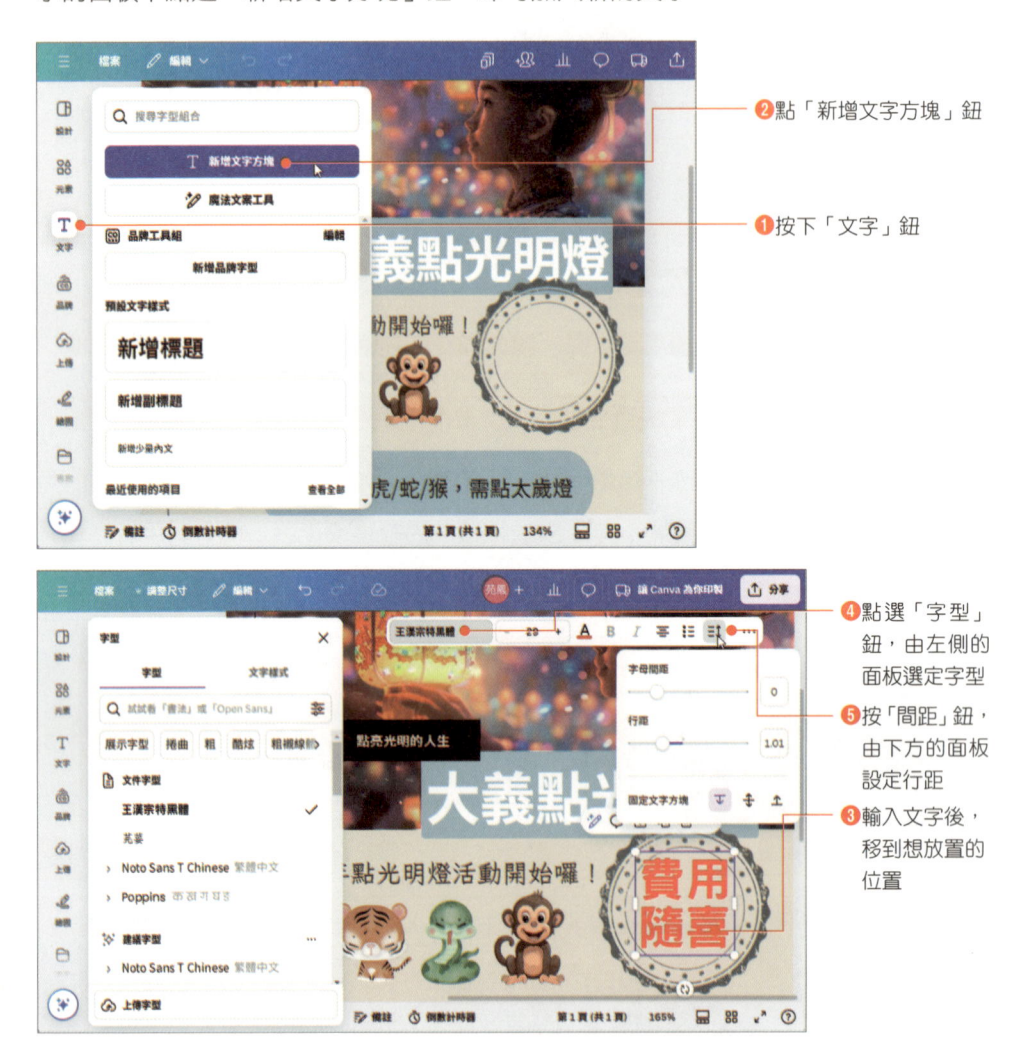

❷ 點「新增文字方塊」鈕

❶ 按下「文字」鈕

❹ 點選「字型」鈕，由左側的面板選定字型

❺ 按「間距」鈕，由下方的面板設定行距

❸ 輸入文字後，移到想放置的位置

透過以上的方式與技巧，任何的圖文編輯，你都可以輕鬆上手編輯，並完成美美的版面編排。

2-4-9 變更設計名稱

各位所設計的文件,通常都會在 Canva 的首頁上顯示,不過它顯示的是原先範本的名稱,為了方便各位管理自己的檔案,你可以變更設計文件的名稱。變更方式如下:

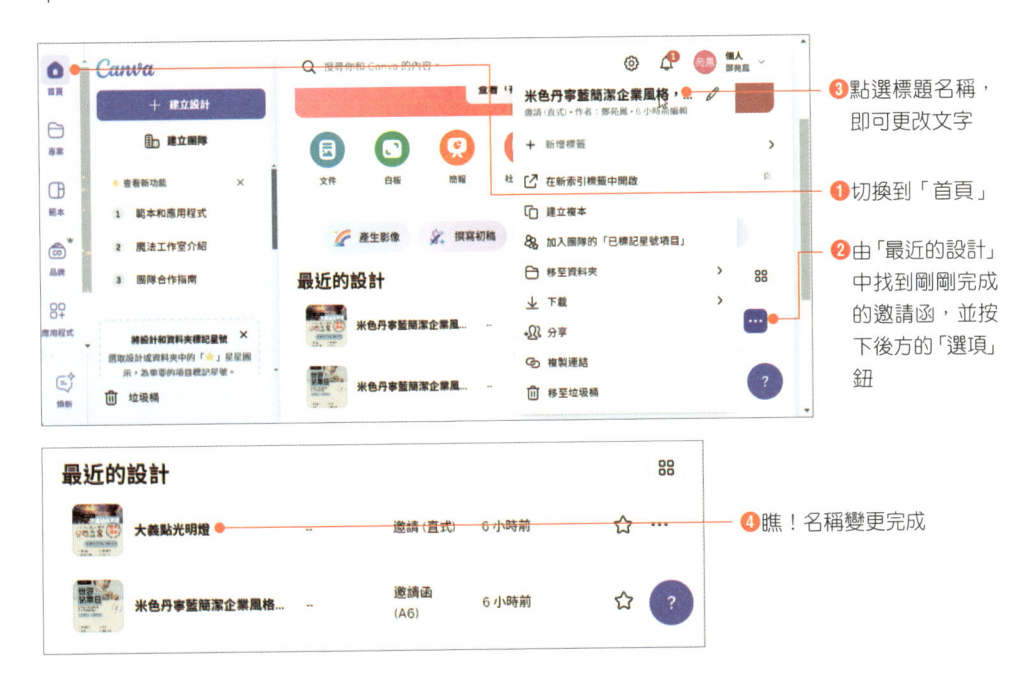

❸ 點選標題名稱,即可更改文字

❶ 切換到「首頁」

❷ 由「最近的設計」中找到剛剛完成的邀請函,並按下後方的「選項」鈕

❹ 瞧!名稱變更完成

從上面的範例中,相信各位對於範本的圖文編輯有了基礎的了解,想要加入文字與元素也沒有問題,是不是覺得設計編排很簡單又上手!有了這些編輯經驗,後面的章節我們再依序為各位介紹更深入的功能。

MEMO

03

範本的選擇與管理

前面的章節中，各位已經了解到範本常用的編輯技巧，相信各位要快速修改範本設計已經沒有什麼問題。接下來的章節，我們要來了解如何有效的選擇和管理範本，讓你快速找到所需的設計範本，同時學會如何保存喜愛的範本與元素，並有效地進行整理與分類。

3-1 以類別篩選主題設計

Canva 所提供的範本種類相當多，除了從首頁的「設計類型選單」快速選取設計類型外，按下左側的「範本」鈕，就可以看到範本所包含的各項類別，包含商務、社交媒體、學歷、影片…等，按下 > 鈕可看到更多的細項分類。依此方式，可透過類別來篩選出想要的設計範本。

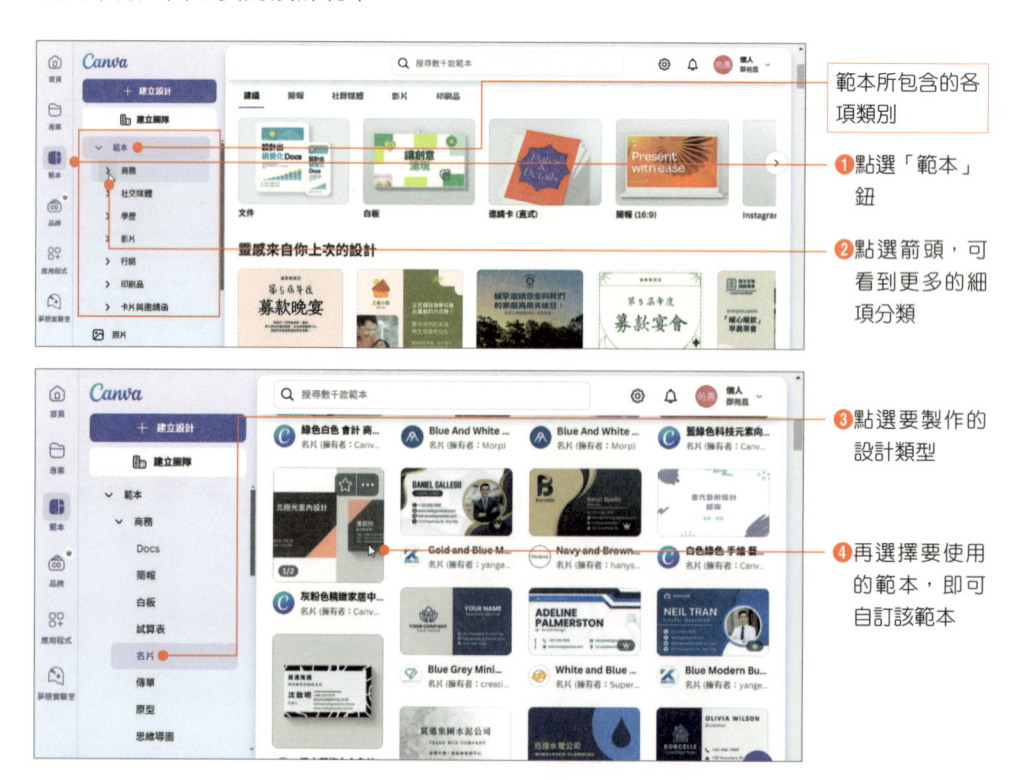

範本所包含的各項類別

❶ 點選「範本」鈕

❷ 點選箭頭，可看到更多的細項分類

❸ 點選要製作的設計類型

❹ 再選擇要使用的範本，即可自訂該範本

當你切換到「範本」時，在右側的區塊中，除了有 Canva 建議的各種設計作品外，它也有針對你上次設計的靈感、即將舉辦的活動、你可能喜歡的設計、Canva 新產品、你鄰近區域的熱門流行…等，提供直觀的設計版面讓你選用，讓你可以輕鬆激發各種的創意，把創意和點子化為實際的成品。

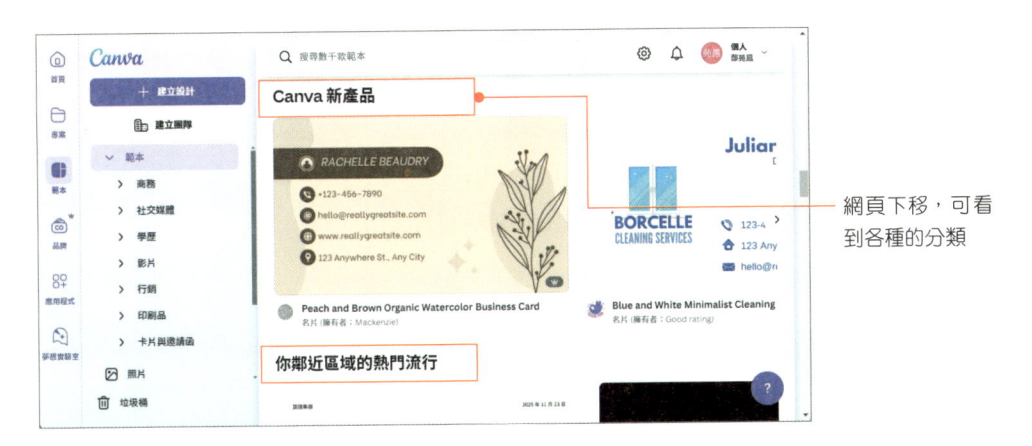

Canva 新產品

網頁下移，可看到各種的分類

你鄰近區域的熱門流行

3-2 如何搜尋與篩選合適的範本

當你接到案子時，想要針對特定的節日或主題來進行設計時，可以透過範本中的搜尋列來進行搜尋，另外也可以利用「篩選器」來指定篩選的條件，以便快速找到適合的範本。

3-2-1 以關鍵字快速搜尋範本

這裡我們示範以關鍵字來搜尋母親節的卡片。

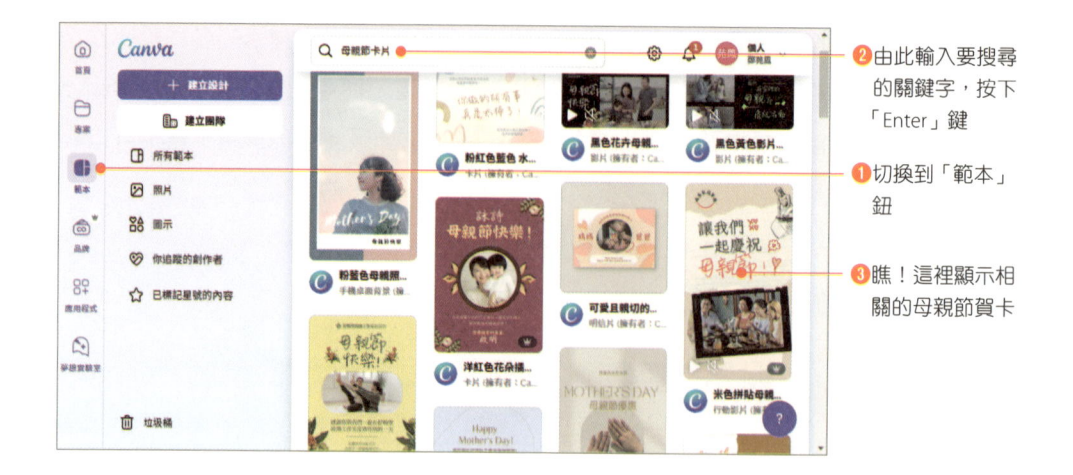

❷ 由此輸入要搜尋的關鍵字，按下「Enter」鍵

❶ 切換到「範本」鈕

❸ 瞧！這裡顯示相關的母親節賀卡

3-2-2 以篩選器篩選條件

雖然利用「搜尋列」可以快速搜尋到所需要的設計主題，但是範本還是非常的多樣化，因此想要針對特定的類別、風格、主題、語言、功能、年級、學科、顏色等條件進行篩選，就可以透過搜尋列下方的 更多篩選器 鈕來進行指定。這裡以「影片」功能作示範，設定方式如下：

❶ 按下「更多篩選器」鈕

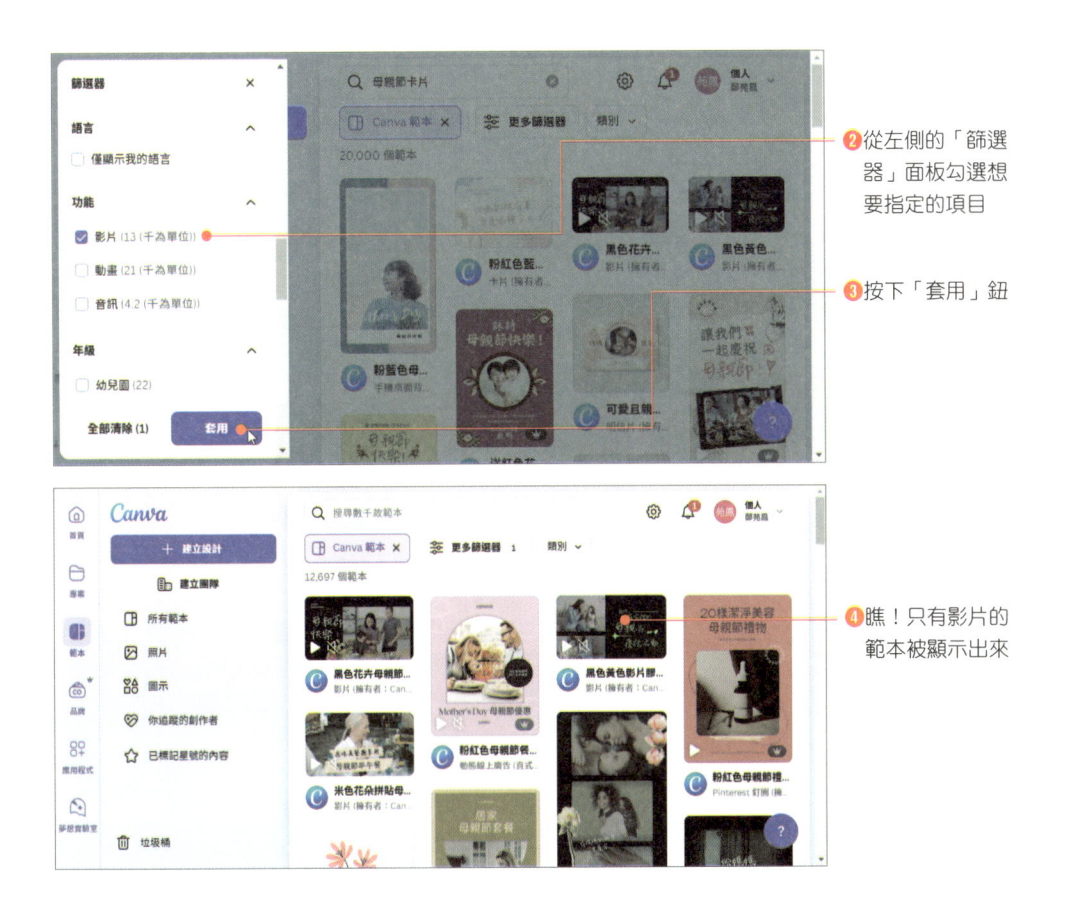

❷從左側的「篩選器」面板勾選想要指定的項目

❸按下「套用」鈕

❹瞧！只有影片的範本被顯示出來

3-3 保存喜愛的範本與元素

　　Canva 有無限量的設計範本，也有無限量的元素可以下載下來使用。對於喜歡的範本或是常用的元素，如果想要將它們保存下來，以便日後快速的使用，可以透過以下的技巧來處理。

3-3-1 標記喜歡的範本

如果你看到喜歡範本想要保留下來，以便日後可以套用，那麼可以透過範本右上角的 ☆ 鈕將其標記下來。

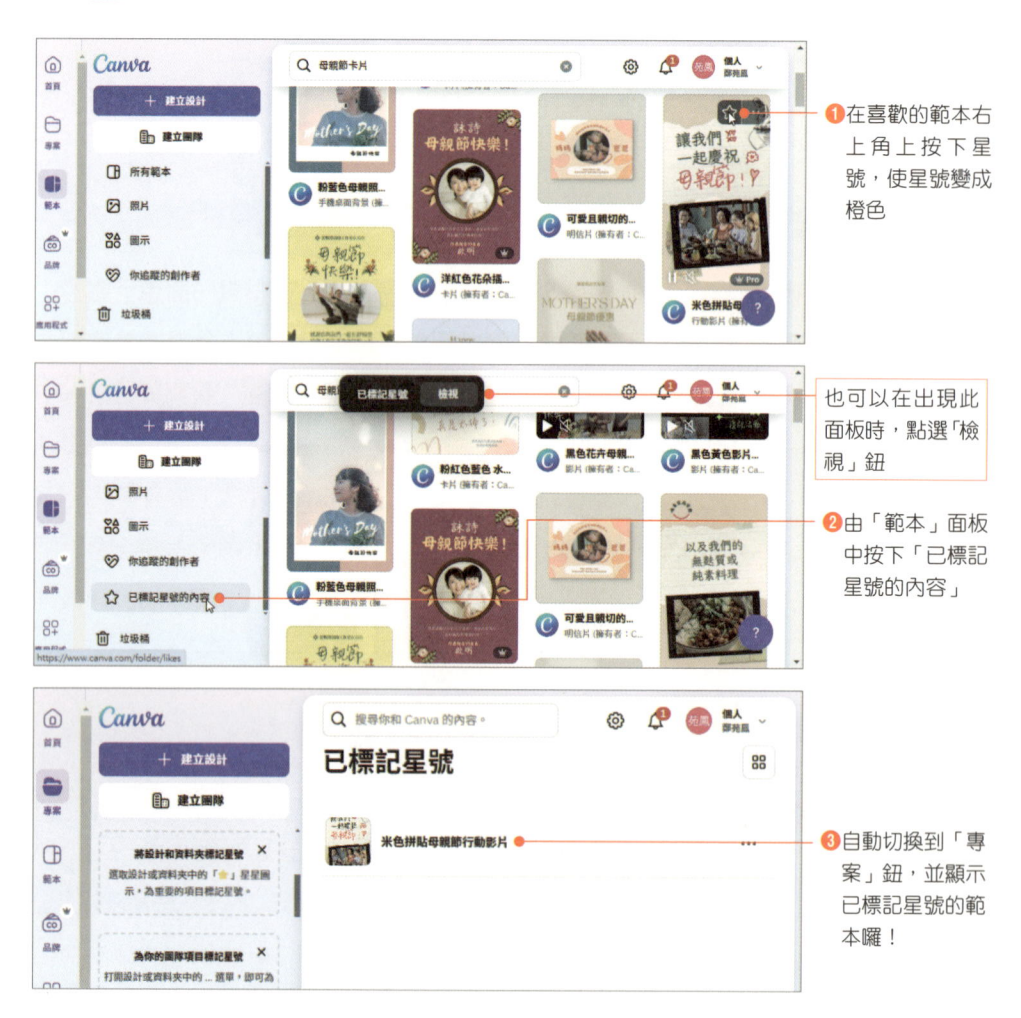

❶ 在喜歡的範本右上角上按下星號，使星號變成橙色

也可以在出現此面板時，點選「檢視」鈕

❷ 由「範本」面板中按下「已標記星號的內容」

❸ 自動切換到「專案」鈕，並顯示已標記星號的範本囉！

3-3-2 保留喜歡的元素

已設計的文件中，如果要將喜歡或可能常用的元素保存下來，可透過右鍵執行「資訊」指令，再點選「星號標記」☆ 即可。

❶ 按右鍵於喜歡的元素上

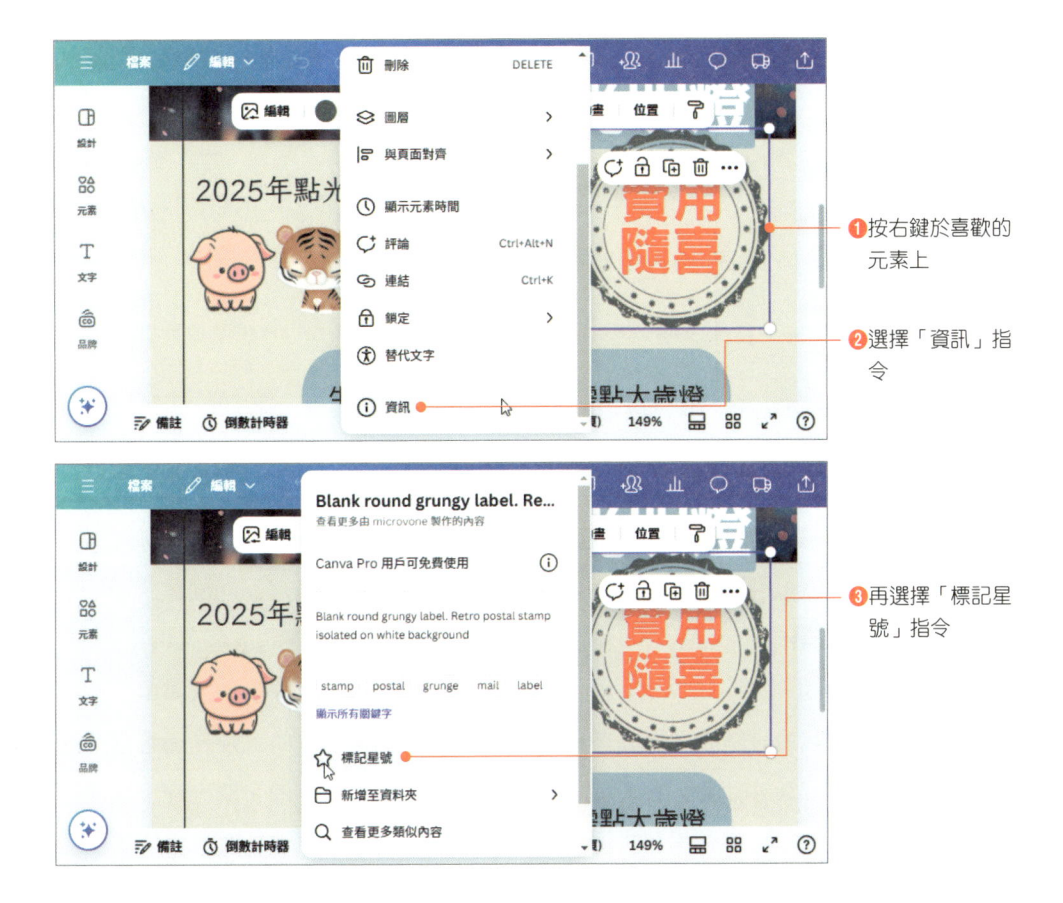

❷ 選擇「資訊」指令

❸ 再選擇「標記星號」指令

設定完成後，由「範本」面板中按下「已標記星號的內容」，一樣會切換到「專案」面板，即可看到剛剛標記的元素。

3-3-3 取消標記星號

已標記的範本或元素，如果不想要再保存，可以在該項目的右側按下「選項」來取消標記星號。

❶ 按「選項」鈕

❷ 點選此項即可刪除標記

3-4 媒體素材的整理與分類

在進行各項專案的設計時，很多時候公司的標誌是不可或缺的，或是一些常用的插圖、從「元素」中所應用的元素，你都可以妥善的分類管理，讓你在下次的設計時，可以有效地找到這些素材。同樣地，當你設計的一份文件，會應用在多個語系上，或是經常性的宣傳文件，也可以將該設計範本儲存下來喔！

3-4-1 將常用素材 / 範本新增至指定資料夾

要將常用的素材新增至指定的資料夾，請先開啟你的設計作品，然後依照如下的方式進行設定，就可以隨時運用這些元素：

範本的選擇與管理 03

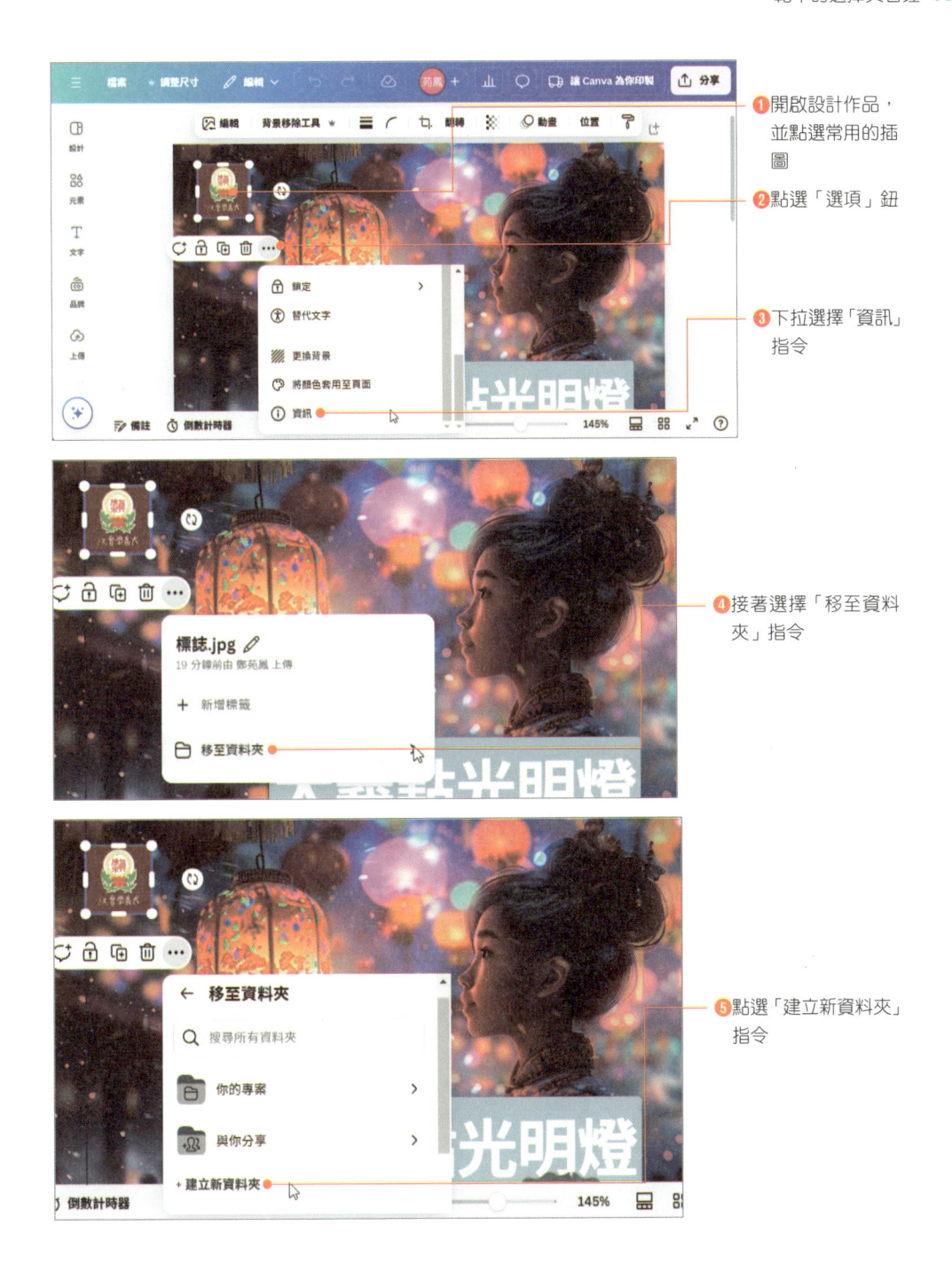

1. 開啟設計作品，並點選常用的插圖

2. 點選「選項」鈕

3. 下拉選擇「資訊」指令

4. 接著選擇「移至資料夾」指令

5. 點選「建立新資料夾」指令

3-9

❻ 輸入資料夾名稱

❼ 按下「移至新資料夾」鈕

經過如上的步驟，該素材就會存在「專案」裡。請先重新整理網頁，切換到「專案」，就可以在「資料夾」標籤中看到剛剛新增的資料夾與元素。

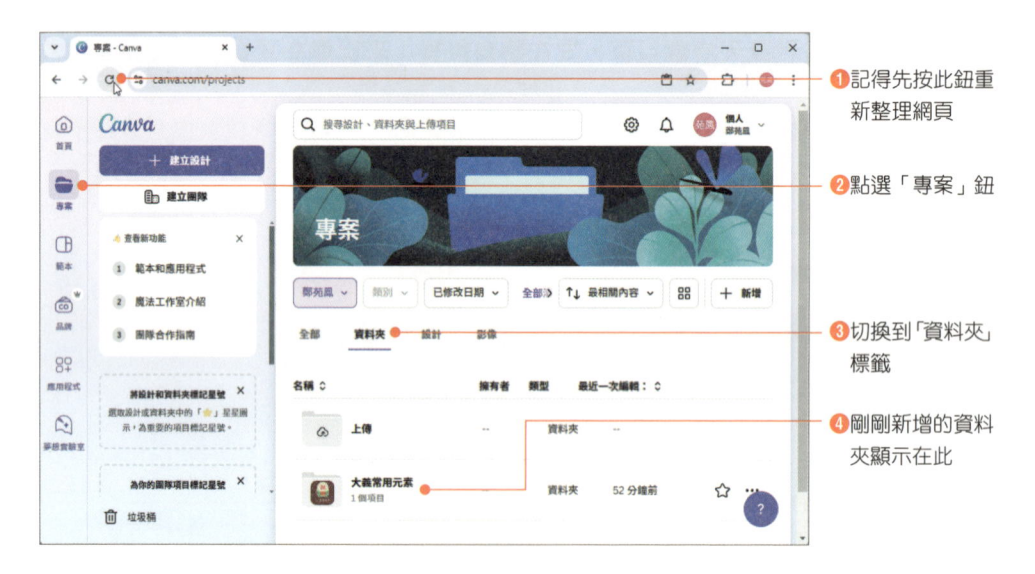

❶ 記得先按此鈕重新整理網頁

❷ 點選「專案」鈕

❸ 切換到「資料夾」標籤

❹ 剛剛新增的資料夾顯示在此

如果你要將常用的設計範本儲存在一個資料夾中，只要在範本縮圖的右側按下「選項」鈕，即可移至資料夾。

範本的選擇與管理 **03**

❶ 專案範本右側按下「選項」鈕

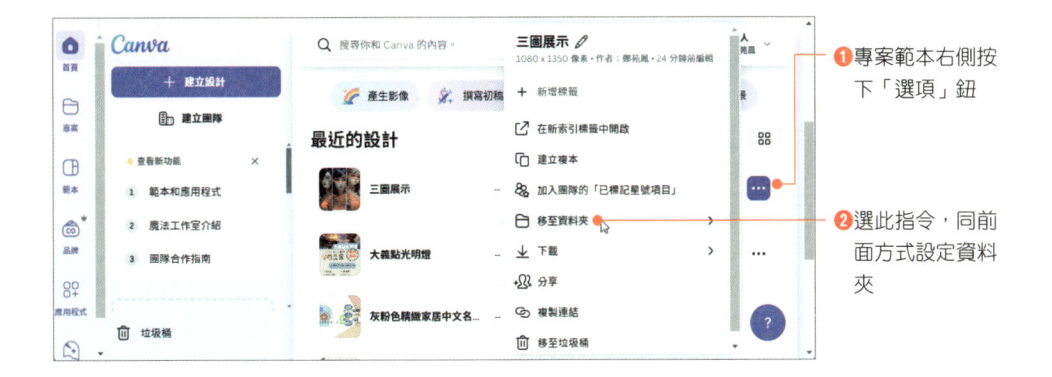

❷ 選此指令，同前面方式設定資料夾

3-4-2 將分類素材加入至新範本

對於已經分類整理過的常用元素，要如何運用到新的設計範本中呢？很簡單，只要你按下「專案」面板，將面板切換到「資料夾」標籤，就可以將選定的素材加入至範本中。這裡我們以名片做為示範說明：

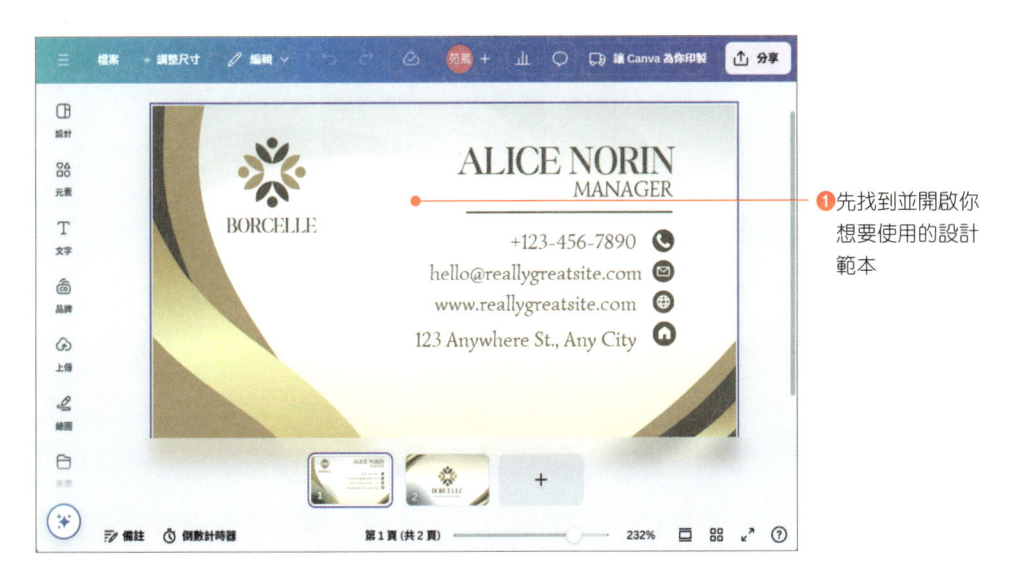

❶ 先找到並開啟你想要使用的設計範本

3-11

❷ 由左側按鈕列下移,找到「專案」鈕

❸ 切換到「資料夾」

❹ 再點選已分類的資料夾

❺ 將選定的元素拖曳至範本中,即可進行編排

3-4-3 管理與刪除素材／範本

對於整理過的素材、設計範本或資料夾,按下「選項」 鈕就可以執行各項管理工作,諸如:建立複本、下載、移至垃圾桶、從資料夾中移除…等。

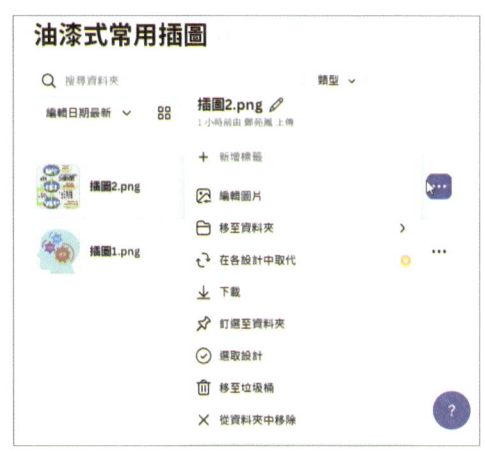

▲ 設計範本的管理　　　　　　　　　　　　▲ 素材的管理

3-4-4　從垃圾桶救回被刪除的素材

對於已經丟到垃圾桶的設計、影像素材或是視訊，只要丟棄的素材尚未超過 30 天，你都有機會從垃圾桶中還原回來。請點選「專案」 鈕，在面板中點選「垃圾桶」，就可以在右側看到「設計」、「影像」、「視訊」等標籤。按下素材右側的「選項」鈕，即可選擇「還原」指令。

❶ 按「專案」鈕
❷ 點選「垃圾桶」
❸ 依素材類型找到檔案
❹ 按「選項」鈕，並選擇「還原」指令

透過這個章節的介紹，相信各位對於如何在百千種範本中，快速找到合適的設計範本，即使無意中觀看到的喜歡的範本和元素，也能夠保存下來，方便日後的使用。

MEMO

04

文字與圖像設計
的基礎

當各位對於設計範本選擇有進一步的了解，也學會如何保存喜愛的範本與元素，接下來的章節則是要和各位探討各種文字、圖像、背景及魔法工具的應用，讓你輕鬆創造出更多樣的視覺效果，即使是與他人使用相同的一個範本，也不會出現「撞衫」的窘境。

4-1 文字處理與創意排版

文字是宣傳中不可或缺的資訊，當你選取文字後，即可利用上方的「格式工具列」來設定文字的格式。而要加快文字的編輯，複製文字樣式的技巧當然要知道，另外我們還會介紹文字效果的設定，讓標題可以成為注目的焦點，也會告知各位如何將文件快速翻譯成各國的語言，一個設計樣本擁有多國語系，當然行銷全球就不用發愁囉！

4-1-1 複製文字與樣式

在設計文件時，當你透過「格式工具列」設定好某一標題或內文的字型、大小、色彩與樣式後，如果希望將此設定的文字效果，套用到其他頁面中的文字，可以透過滑鼠右鍵的「複製樣式」功能來完成，這樣可以讓同一階層的文字顯示相同的效果，不但視覺效果更鮮明，也可以加快編輯的速度。

❶ 選取要設定的標題文字

❷ 由此工具列，依序點選字型、文字尺寸、文字顏色等按鈕，並設定喜歡的格式

❸ 按右鍵於文字方塊上,選擇「複製樣式」指令

❺ 再點選相同層級的標題,即可將文字樣式複製過來

❹ 切換到下一張投影片

4-1-2　一鍵全部變更指定的字型／色彩

　　除了利用「複製樣式」的功能來複製文字格式外,當你在變更字體和文字顏色時,在左側的面板上還會有「全部變更」鈕,可以讓你一次就完成所有的字型或文字顏色的變更。

全部變更指定的文字顏色

　　會將文件中選定的相同文字顏色,變更成新指定的顏色。

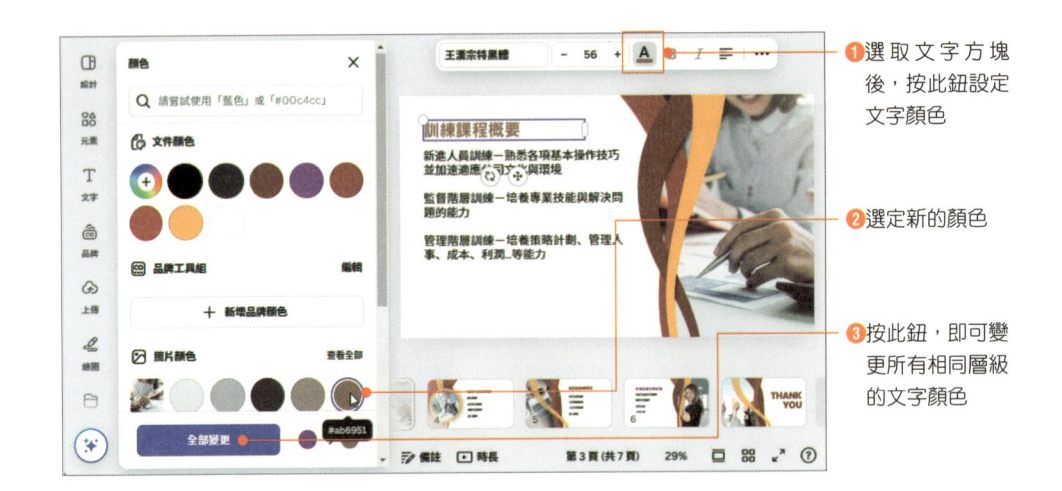

①選取文字方塊後，按此鈕設定文字顏色

②選定新的顏色

③按此鈕，即可變更所有相同層級的文字顏色

全部變更指定的字型

會將文件中所有的文字，變更成指定的新字型。

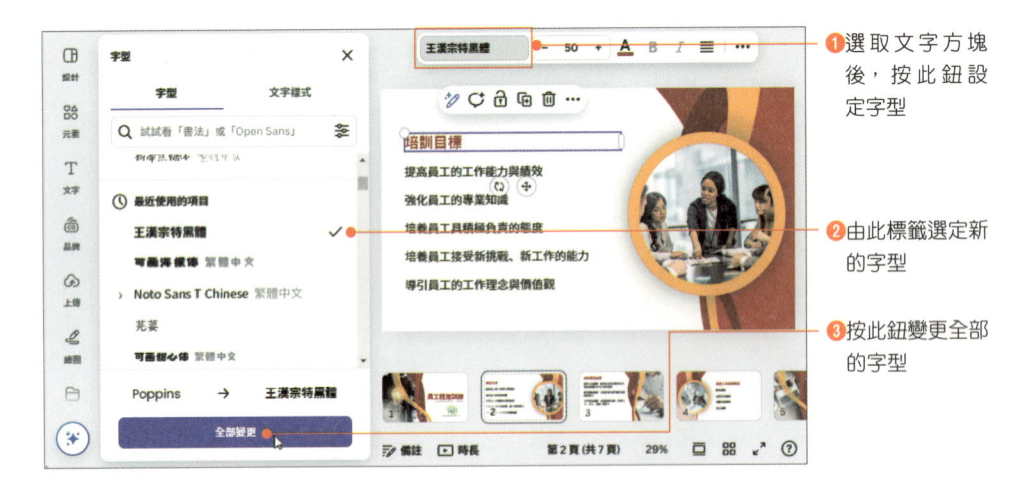

①選取文字方塊後，按此鈕設定字型

②由此標籤選定新的字型

③按此鈕變更全部的字型

4-1-3 大量文字翻譯

當你製作好一份文件，如果之後需要以其他語系來進行展示或行銷，在 Canva 裡是很容易辦到的。各位可以按下視窗上方的「調整尺寸」鈕，下拉選擇「翻譯」指令，即可設定翻譯的語系及所要套用的頁面。透過這種方式，Canva 會自動將翻譯的內容顯示在新的文件上，而不會影響到原有的文件喔！設定方式如下：

文字與圖像設計的基礎 **04**

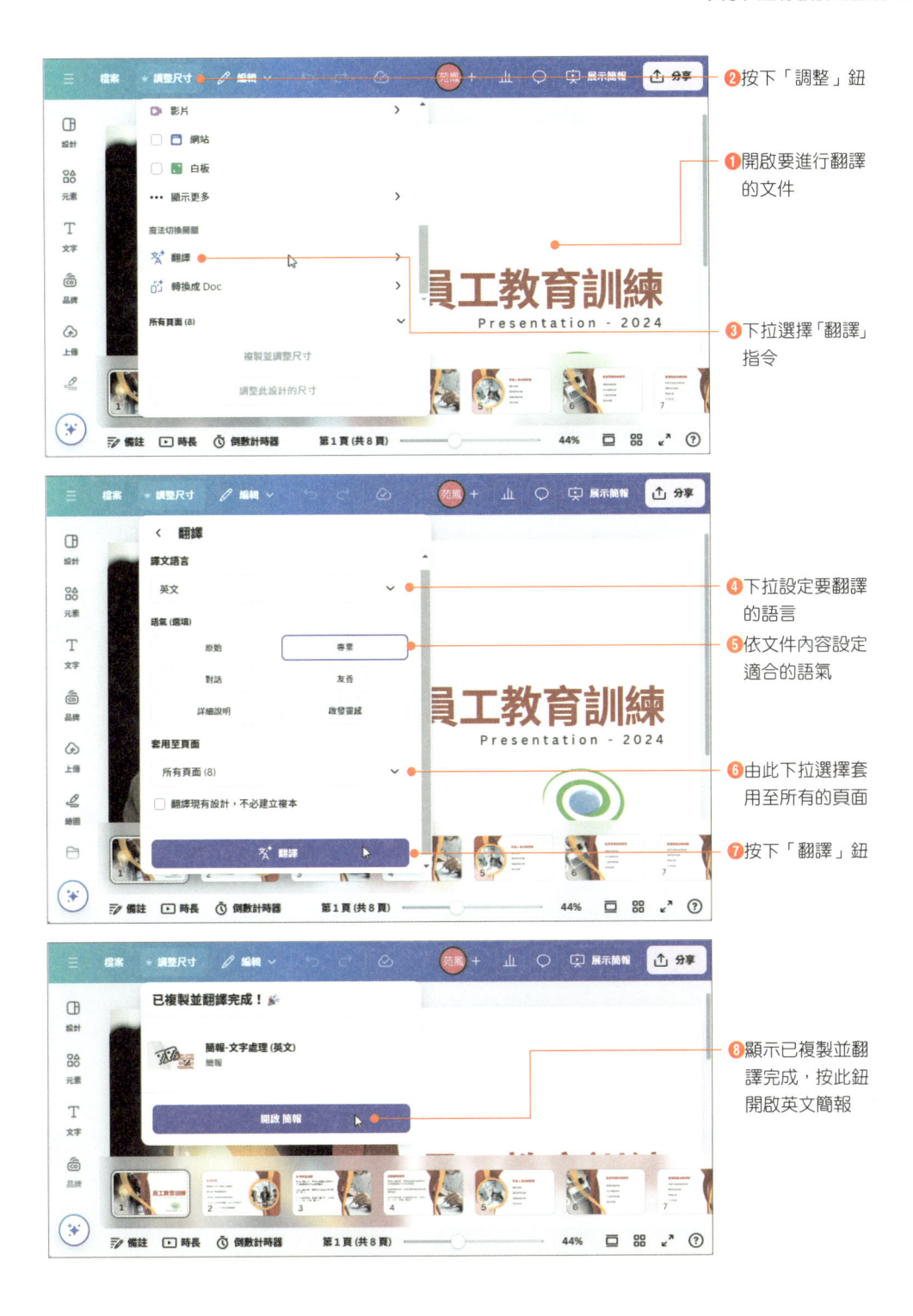

❷ 按下「調整」鈕

❶ 開啟要進行翻譯的文件

❸ 下拉選擇「翻譯」指令

❹ 下拉設定要翻譯的語言

❺ 依文件內容設定適合的語氣

❻ 由此下拉選擇套用至所有的頁面

❼ 按下「翻譯」鈕

❽ 顯示已複製並翻譯完成，按此鈕開啟英文簡報

4-5

翻譯完成的文件,還必須自行調整一下文字方塊的大小和位置,才能以最佳的比例顯示畫面喔!

4-1-4 美化文字編排

當你套用了 Canva 的設計範本,並將原有的文字方塊更換成你所需的文字內容後,想要美化文字編排,可以透過格式工具列上的「對齊」、「清單」、「間距」等功能鈕來加以美化。

- **對齊**:包含靠左對齊、置中對齊、靠右對齊、分散對齊等,按下該鈕就會依序切換。

- **清單**:包含實心圓形項目符號、編號、空心方形項目符號、無清單等,按下該鈕就會依序切換。

- **間距**:可同時調整「字母間距」和「行距」,拉動滑鈕即可看到設定結果。

選取文字範圍後，即可進行設定

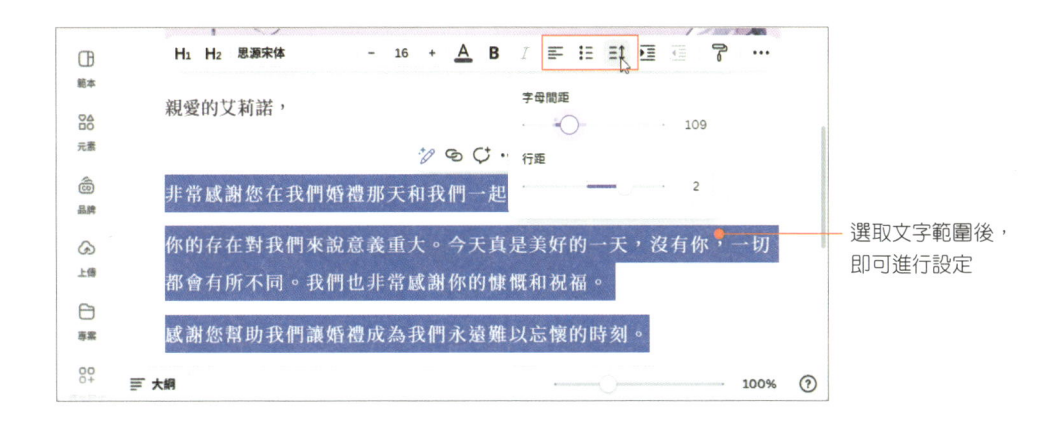

4-1-5 為文字加入效果與形狀

要讓範本中的標題文字吸睛，成為關注的焦點，「效果」的應用是不可或缺的關鍵。當各位從「格式工具列」上點選 **效果** 鈕，左側便會顯示「效果」面板，讓你套用各種的風格或性狀。

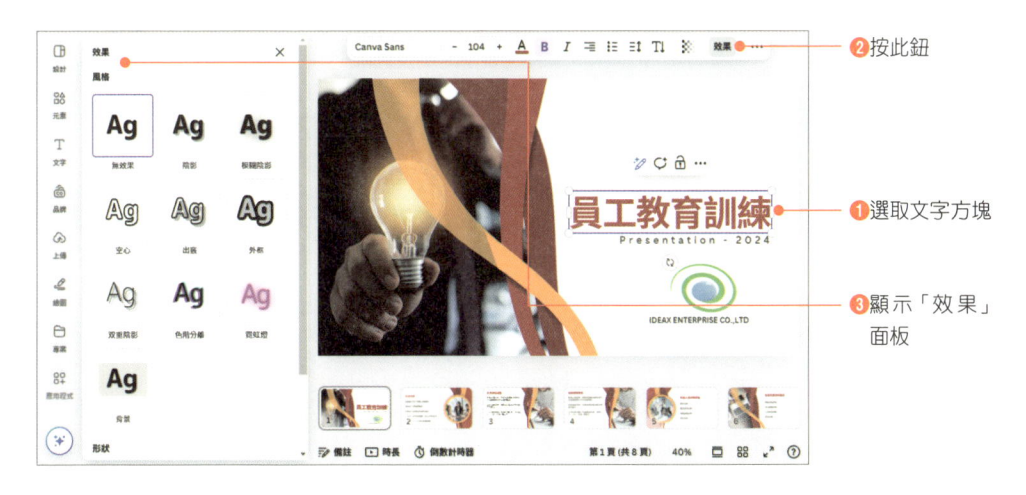

❶ 選取文字方塊
❷ 按此鈕
❸ 顯示「效果」面板

「效果」面板中包括「風格」和「形狀」兩種類別：

- **風格**：包含無效果、陰影、模糊陰影、空心、出竅、外框、雙重陰影、色階分離、霓虹燈、背景等風格。
- **形狀**：包含無效果、彎曲兩種形狀。

選取任一縮圖效果後，下方還會提供相關的屬性可供設定。

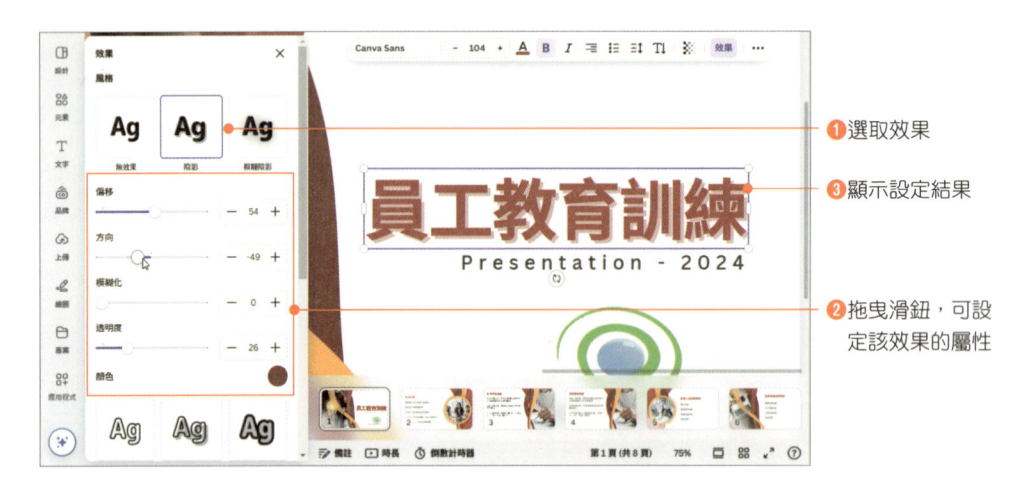

- ❶ 選取效果
- ❸ 顯示設定結果
- ❷ 拖曳滑鈕，可設定該效果的屬性

你也可以同時套用「風格」和「形狀」兩種效果，選用「彎曲」時可設定文字往上或往下彎曲。

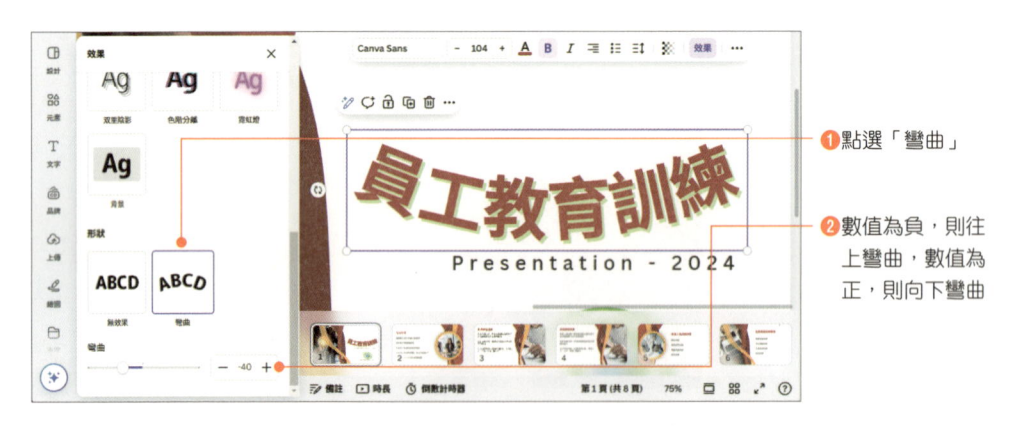

- ❶ 點選「彎曲」
- ❷ 數值為負，則往上彎曲，數值為正，則向下彎曲

4-1-6　靈活運用文字效果

Canva 所提供的風格效果相當多，從它的名稱上就可以看出每一個風格的特徵，每一個風格也有自己的屬性可以調整，各位可以透過「複製」方式，將兩組相同的文字進行不同風格的重疊，即可產生千萬種的文字效果。如下圖所示：灰色的「雙重陰影」加上黃色的「模糊陰影」，可產生多重陰影的文字效果。

又如「彎曲」形狀，文字內容較長時，調大彎曲值可形成環狀的文字，而接續的兩組文字，利用正負值的彎曲屬性，也能形成波浪狀的文字。

▲ 環狀文字設計　　　　　　　　　　▲ 波浪文字設計

4-2　圖片／圖像元素的使用

圖片具有吸睛的作用，在 Canva 裡，成千上萬的相片只要你善用關鍵字搜尋，就可以輕而易舉的找到適合的圖片或元素，也不用擔心圖像版權的問題。這個小節我們針對圖像的搜尋、色彩調整、剪裁、調整大小、透明度、圖層順序等問題做說明，讓你編輯圖片或元素再沒有障礙！

4-2-1　圖片或圖像元素的搜尋

在 Canva 中，要針對照片、圖片、圖像元素等進行搜尋，主要有兩個地方：

- 進入 Canva 首頁後,點選左側的「範本」鈕,就可以進行「照片」或「圖示」的搜尋。

❶ 點選「範本」

❷ 由此進行「照片」或「圖示」的搜尋

- 選取範本進行設計時,左側的「元素」鈕可進行插圖的搜尋。另外,點選下方的「應用程式」鈕,也可以選擇「照片」的選項來進行搜尋。

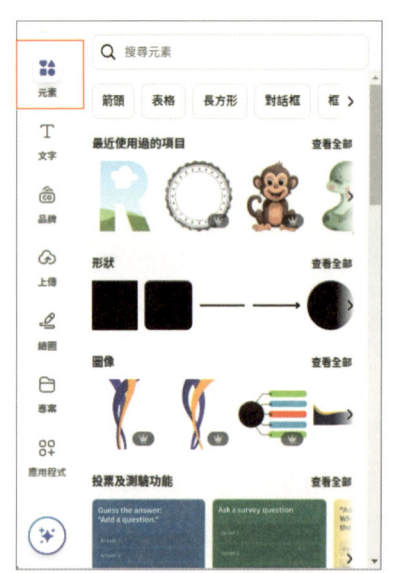

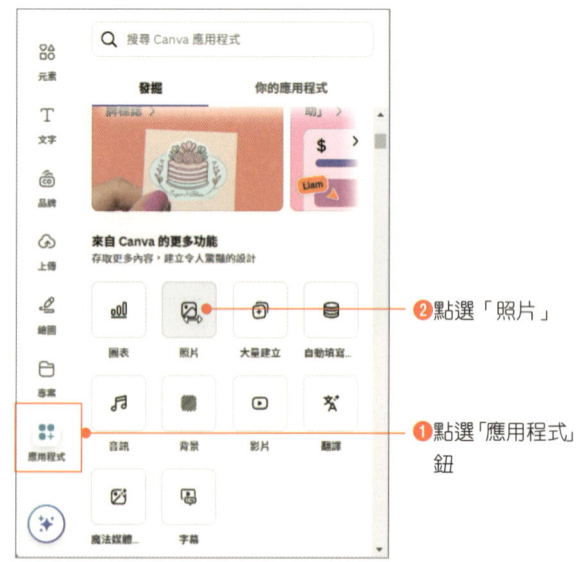

❷ 點選「照片」

❶ 點選「應用程式」鈕

Canav 提供大量令人驚艷的視覺元素和影像,可讓使用者作個人或商業用途,避免了圖像權侵權的煩惱。想要製作什麼樣的主題,直接在搜尋列上輸入關鍵詞及可找到。這裡以「範本」鈕的「照片」功能為例:

文字與圖像設計的基礎 04

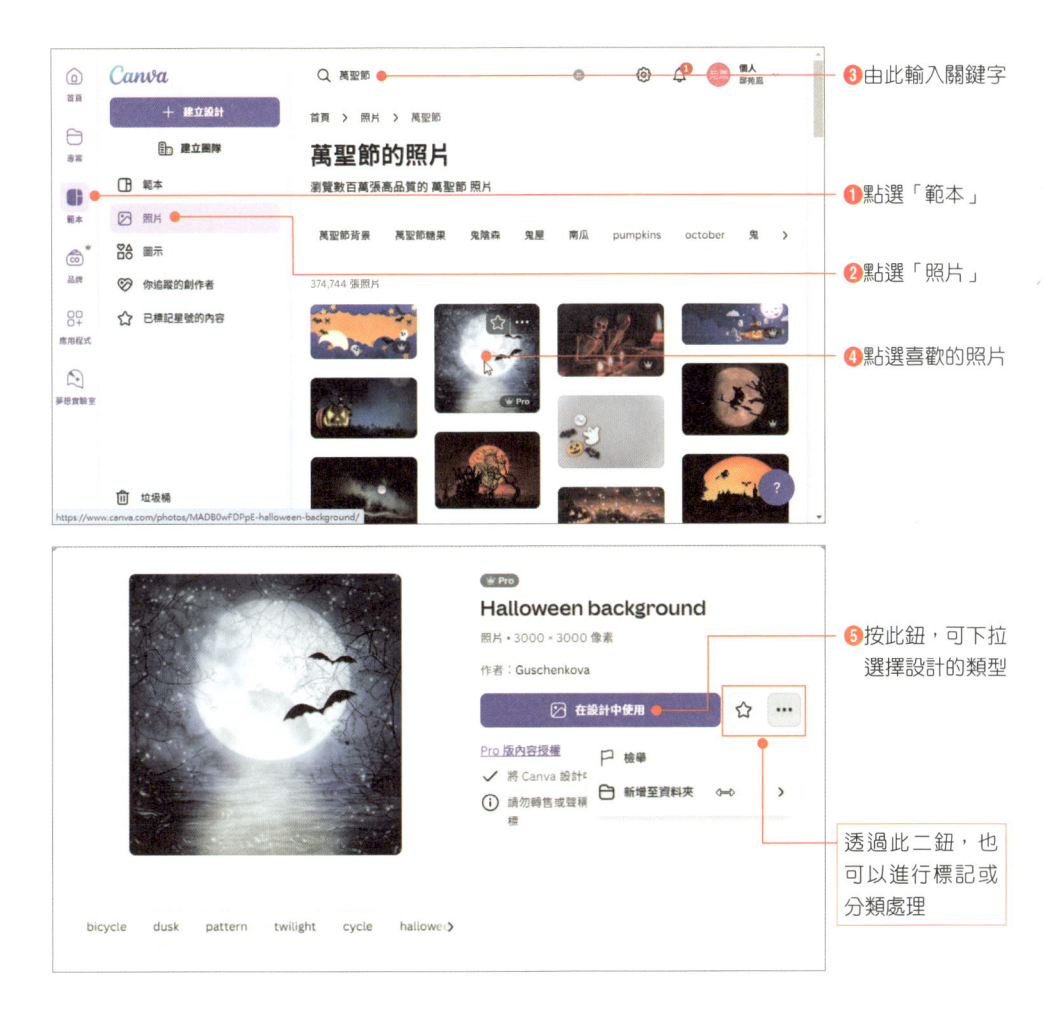

❸ 由此輸入關鍵字
❶ 點選「範本」
❷ 點選「照片」
❹ 點選喜歡的照片
❺ 按此鈕，可下拉選擇設計的類型
透過此二鈕，也可以進行標記或分類處理

　　如果已在設計範本中進行設計，那麼先點選圖片，由左側「應用程式」鈕，再由面板下方按下「照片」鈕，輸入搜尋的關鍵字，以拖曳的方式即可將選定圖片，替換至範本中的圖片。

4-11

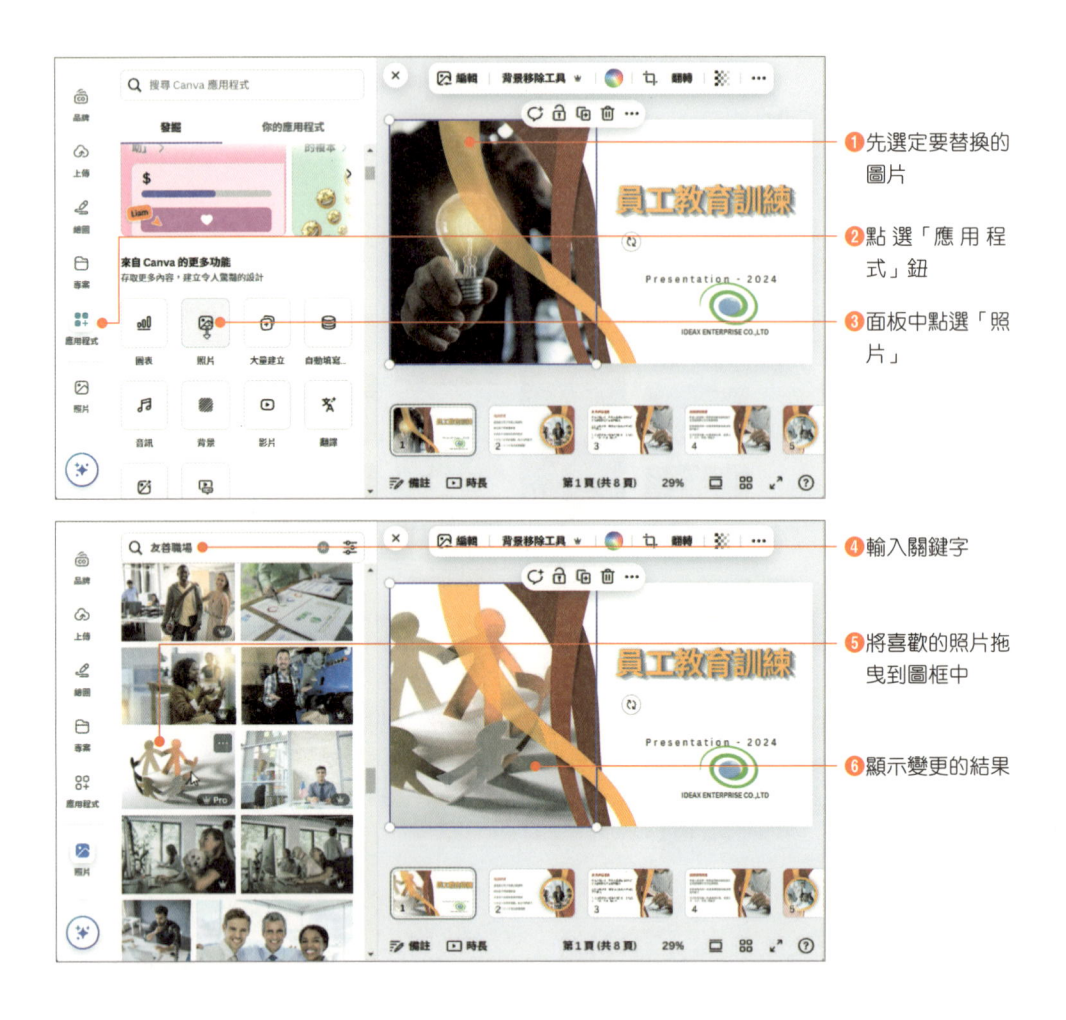

① 先選定要替換的圖片
② 點選「應用程式」鈕
③ 面板中點選「照片」
④ 輸入關鍵字
⑤ 將喜歡的照片拖曳到圖框中
⑥ 顯示變更的結果

4-2-2 圖片色彩調整與顏色編輯

設計的文件中如果有圖像，你可以在上方的工具列上點選 編輯 鈕，來針對影像的色溫、色調、亮度、對比度、亮部、陰影、白色、黑色、明亮度、飽和度等屬性進行調整。特別是在你替換後的圖片，新圖片的色調與設計版面不協調時，這項調整功能就可以派上用場。

文字與圖像設計的基礎 04

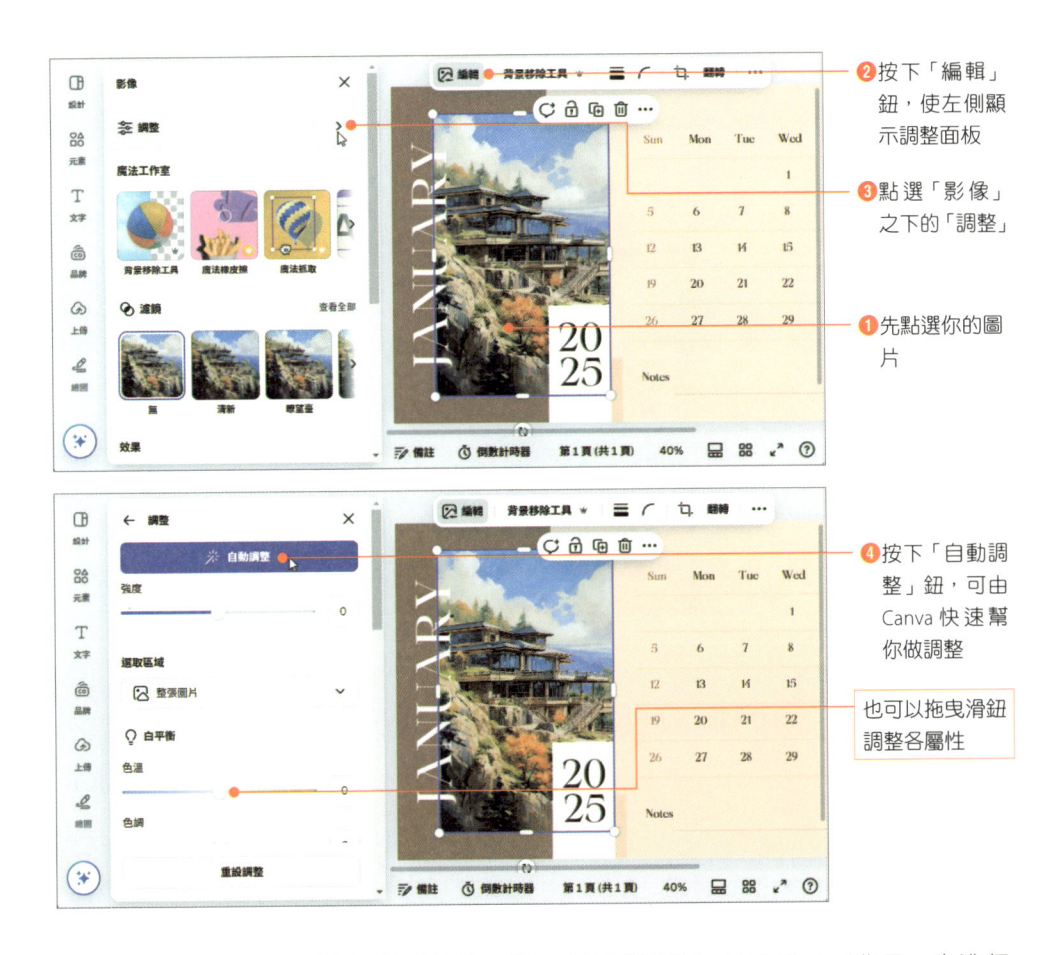

❷ 按下「編輯」鈕，使左側顯示調整面板

❸ 點選「影像」之下的「調整」

❶ 先點選你的圖片

❹ 按下「自動調整」鈕，可由 Canva 快速幫你做調整

也可以拖曳滑鈕調整各屬性

除了自動由 Canva 幫你調整照片外，還可以針對整張圖片或前景／背景，來進行各屬性調整。

4-13

另外,Canva 允許你針對相片中的顏色進行色調、飽和度、及亮度的局部調整,如圖所示,筆者選取畫面中淡藍色色塊,可以改變天空的色調。

❶ 點選畫面中的淡藍色色塊

❸ 瞧!天空的顏色與版面更協調囉!

❷ 調整色調滑鈕,使藍色變成紅色

4-2-3　圖片裁剪與調整大小

在編輯照片時,有時候會發現拖曳至圖框中的相片位置擺設不好,特別是人像的頭被切到了,如下圖範例。遇到這種情況時,可以考慮使用「裁切」功能,來對選取的相片進行智慧型裁剪。

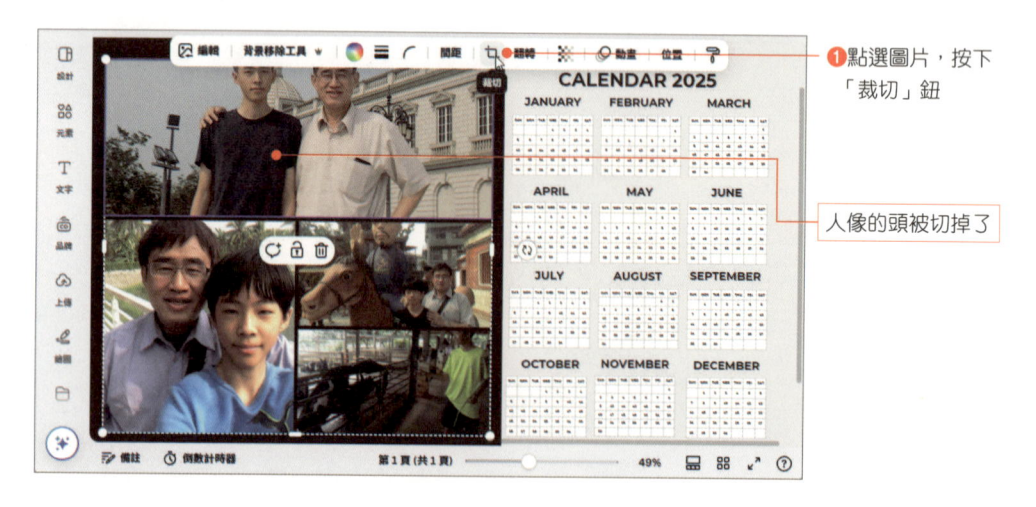

❶ 點選圖片,按下「裁切」鈕

人像的頭被切掉了

❷ 按下「智慧裁切」鈕

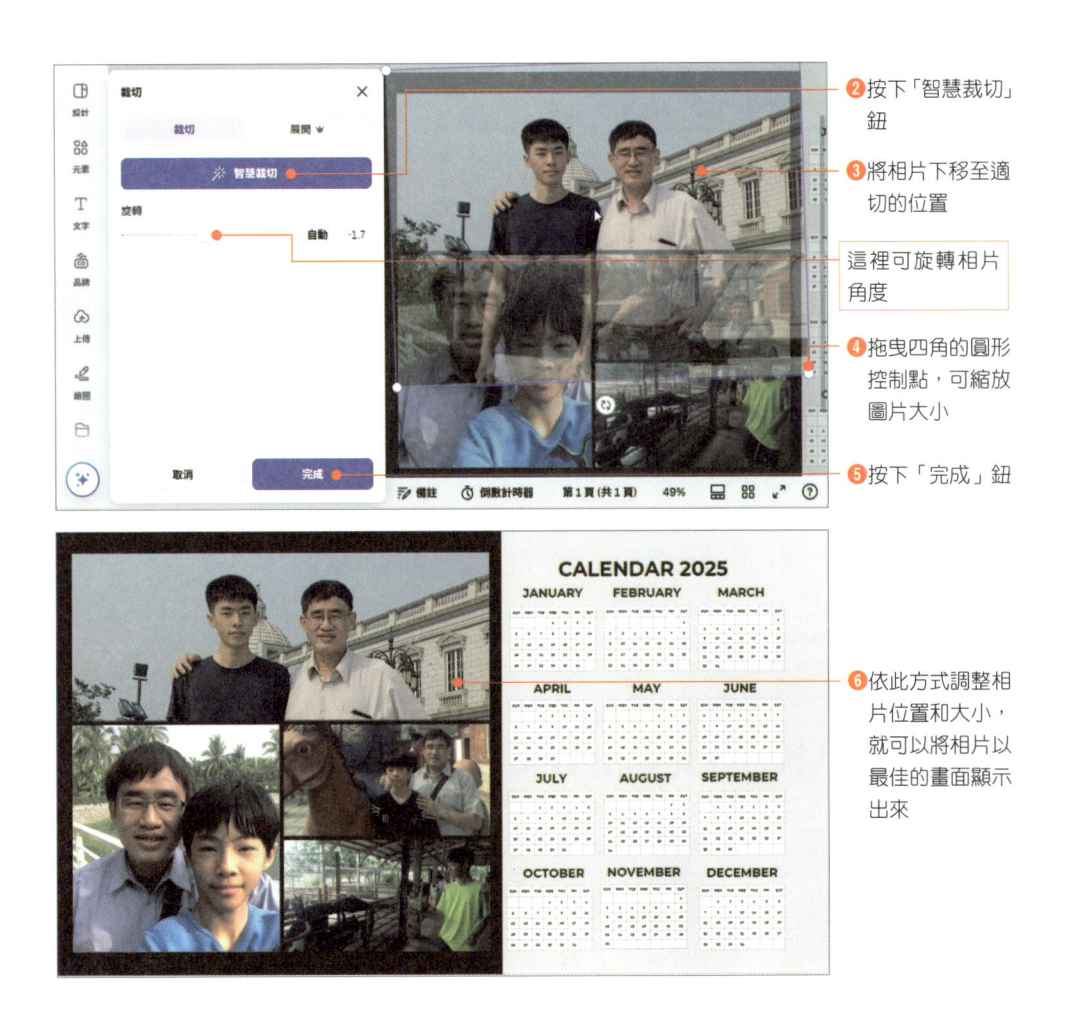

❸ 將相片下移至適切的位置

這裡可旋轉相片角度

❹ 拖曳四角的圓形控制點,可縮放圖片大小

❺ 按下「完成」鈕

❻ 依此方式調整相片位置和大小,就可以將相片以最佳的畫面顯示出來

4-2-4 調整圖片透明度

當你以圖片作為背景時,如果畫面上有多重物相互堆疊時,特別是圖片與文字的對比不明顯時,有可能造成上層的文字不易閱讀。如左下圖所示:

▲ 底圖與文字相互干擾　　　　　　　▲ 圖文對比強烈，文字易閱讀

像這樣的情況，運用「透明度」的功能，就可以輕鬆解決。

❷ 按下「透明度」鈕
❸ 調整透明度數值
❶ 點選最底層的圖片

4-2-5　圖層順序的調整

　　版面中的所編排的物件越來越多時，後加入的物件會堆疊在最上層，如果有重要的物件被其他物件給遮擋住，那就必須利用「位置」功能來進行調整。

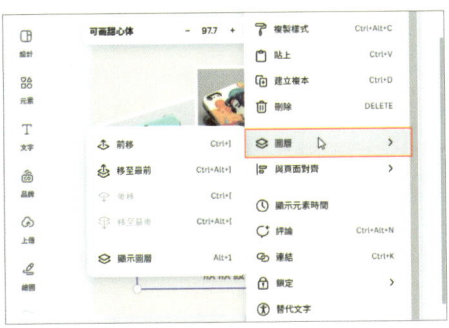

你可以點選物件後按右鍵執行「圖層」指令，再選擇前移／後移，如左上圖。或是由上方的面板按下「位置」鈕，使顯示左側的「位置」面板。位置面板的「排列」和「圖層」標籤都可以讓你調整圖層的先後順序。

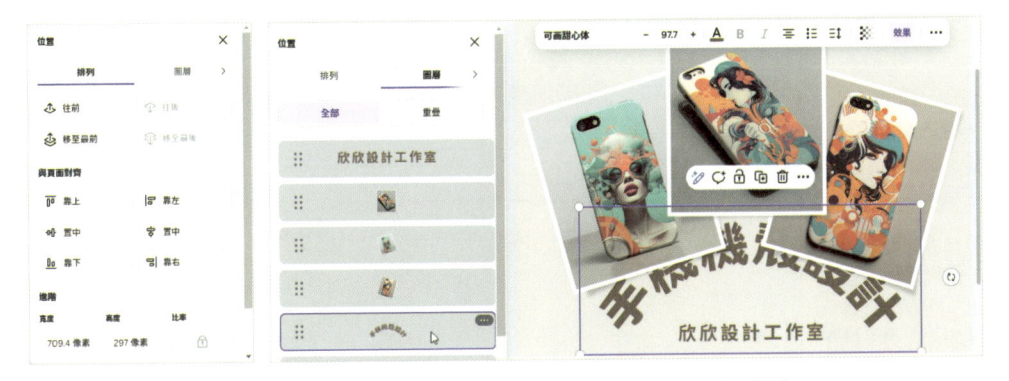

▲ 直接點選往前／往後按鈕　　　　　▲ 上下拖曳圖層可改變圖層順序

4-2-6　圖像式英文字母

在 Canva 裡，想要將英文字母以特別的圖像或相片呈現，以吸引觀看者的注意，那麼你可以在「元素」鈕中，輸入「英文字母框」或是「Letter frame」的關鍵字，就可以看到許多圖像式的英文字母，選取你需要的英文字母組合起來，也是豐富版面的一個方式。

▲ 在「圖像」標籤中，有各式各樣的英文字母效果可以選用

如果你想要將特定的影像填入字母當中，那麼請切換到「邊框」標籤，就可以看到粗細不同的大小寫英文字母，直接拖曳到版面中進行排列，並利用「位置」功能為文字做「平均分配間距」。

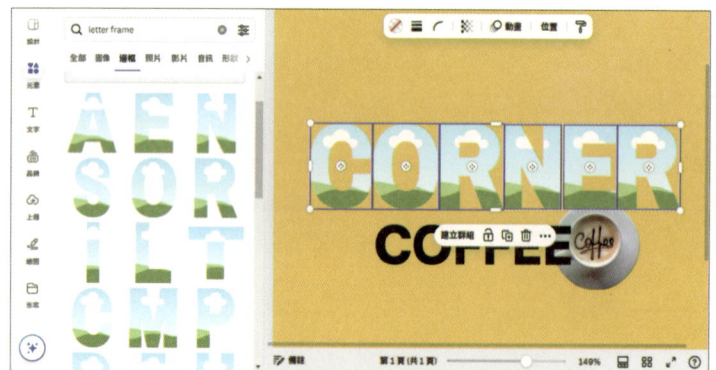

▲ 以拖曳方式加入英文字　　　　　　　　　▲ 設定對齊與均分

文字排列後，利用「上傳」鈕上傳你的圖片，或是由「應用程式」鈕選擇「照片」指令，再將搜尋到的圖片拖曳到英文字母中，就可以搞定。

英文字母加入咖啡杯圖像

4-3　背景設置與漸層效果

　　對於圖／文的處理，各位已經有更深一層的認知，接下來我們繼續探討背景部分。背景可以是單色、漸層、或圖片，我們來看看漸層和圖片要如何處理。

4-3-1　以背景色設定漸層

　　當各位點選背景的物件時，你可以由上方工具列按下色塊鈕，即可在左側的面板中選擇單色或漸層色，選定漸層色時還可以自訂漸層風格。

❷ 按下色塊,使顯示左側面板

❶ 點選背景物件

❸ 由此選擇喜歡的漸層色彩

❹ 顯示套用後的漸層效果

❺ 再由「文件顏色」中按下「漸層」鈕

❻ 由此選擇漸層方向

❼ 顯示新的漸層風格

4-3-2 設定多色漸層

預設的漸層是採用兩種顏色做變化，如果你想要多色的漸層變化，可透過以下方式來加入新色彩。

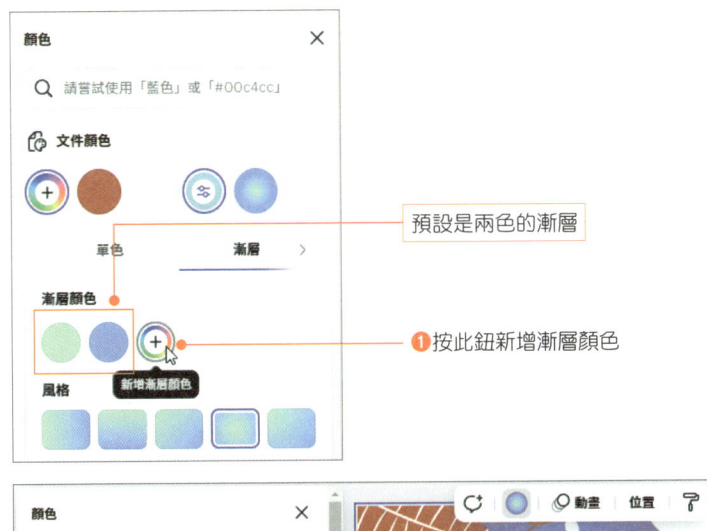

- 預設是兩色的漸層
- ❶ 按此鈕新增漸層顏色
- ❷ 由色板中選擇新色彩
- 此處顯示新加入的顏色
- ❸ 顯示三色的漸層變化

4-3-3 由「元素」搜尋漸層色彩

除了利用背景色塊來設定漸層色外，你也可以由「元素」鈕中搜尋各類型的漸層色，如漸層綠、漸層黑…等，甚至是透明的漸層。

❷ 輸入關鍵字

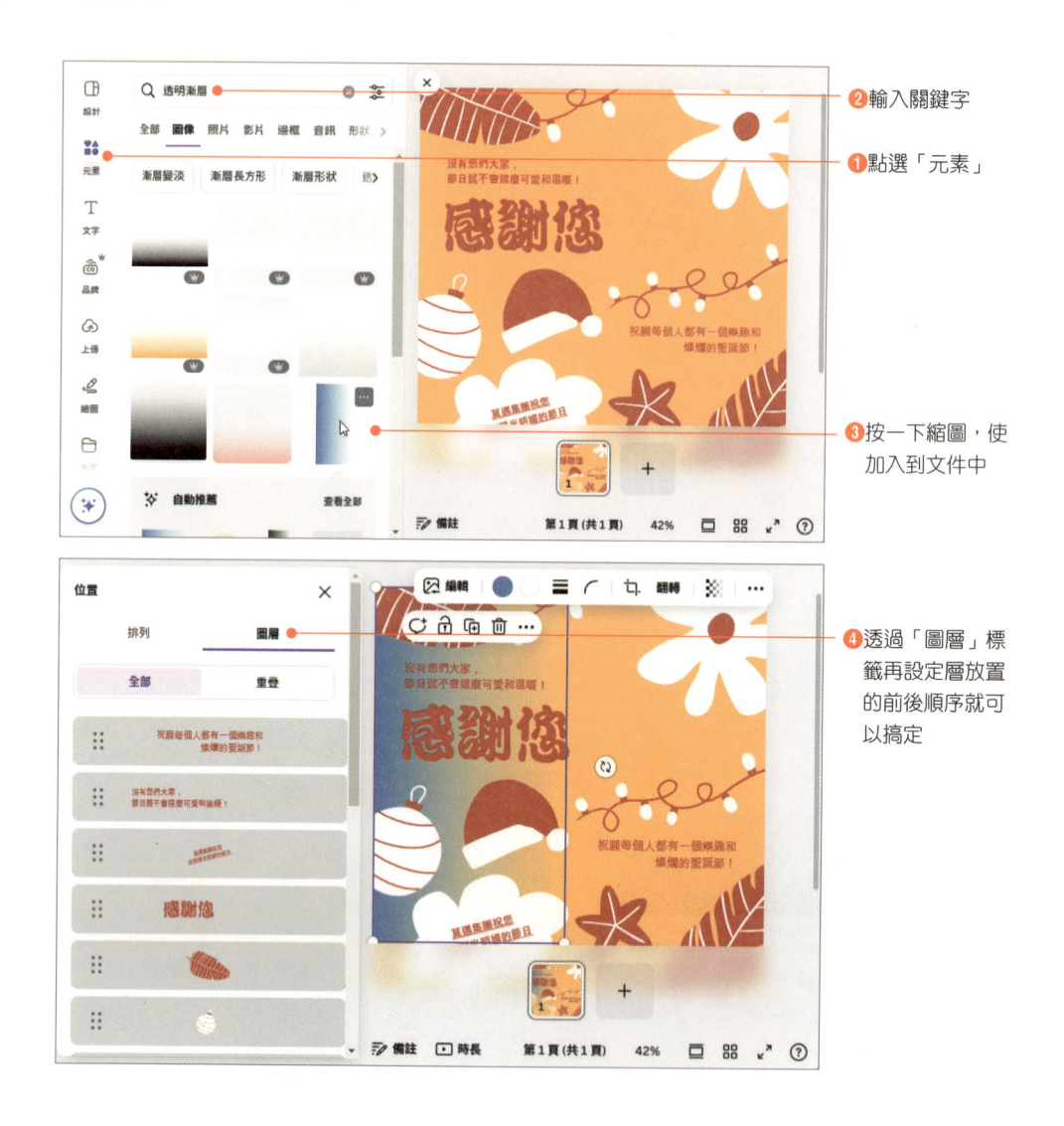

❶ 點選「元素」

❸ 按一下縮圖，使加入到文件中

❹ 透過「圖層」標籤再設定層放置的前後順序就可以搞定

4-3-4　為影像去除背景

當各位將拍攝的主題人物上傳到 Canva 中進行編排時，如果需要讓原先的影像背景去除，使主題人物更鮮明的話，可以由工具列上按下「背景移除工具」鈕，一鍵就可以馬上幫你去處背景，顯示如右下圖的結果。

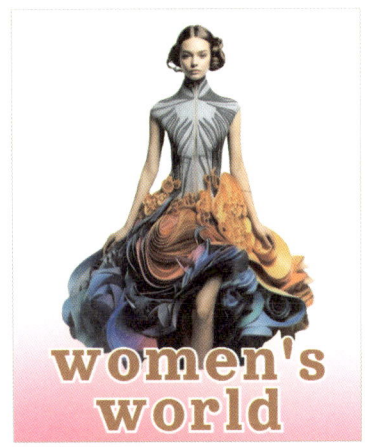

你也可以按下工具列上的「編輯」鈕，它會顯示左側的面板，按下「魔法工作室」底下的「背景移除工具」鈕，一樣可將圖片中的背景去除。

❶ 按「編輯」鈕

❷ 點選「背景移除工具」

❸ 顯示去背結果

4-4 魔法工具的應用

在進行相片的編排時，找到的圖片或拍攝的相片總有不完美的時候，以往這些相片的修復都要靠專業的繪圖軟體才能處理，現在利用 Canva 進行設計時，很多的相

片缺失，Canva 都可以幫你處理，甚至是可以幫你將影像中的主題，從畫面中分離出來，厲害吧！這一小節就針對這些「魔法工作室」的工具來做介紹。

魔法橡皮擦　魔法抓取　魔法編輯工具　魔法展開

4-4-1 魔法橡皮擦

在進行版面的編排時，有時候圖片中有些多餘的物件，會影響到畫面的美感，想要將多餘的物件剔除，以往利用繪圖軟體也要耗費不少的時間來處理，而在 Canva 中，你只要曉得「魔法橡皮擦」，就可以輕鬆搞定。

❶ 點選圖片後，按下「編輯」鈕

❷ 按下「魔法橡皮擦」鈕

這人物看起來很礙眼

❻ 擦除之後按此鈕關閉面板

❸ 設定筆刷大小

❹ 刷出想要刪除的地方

❺ 按此鈕刪除

❼瞧！礙眼的人物不見了

　　利用這項功能，你也可以為你的舊照片進行瑕疵的修復。只要相片已上傳到 Canvas 上，就可以直接對上傳的影像進行修復。

❶ 切換到「專案」鈕
❷ 切換到「影像」
❸ 點選要編修的照片
❹ 點選「魔法橡皮擦」工具

4-25

❺ 以滑鼠拖曳出想要修復的地方

❻ 按此鈕清除

❽ 按此鈕選擇儲存的方式

❼ 顯示清除的結果,非常完美

4-4-2 魔法抓取

「魔法抓取」是將相片中的主題物件從畫面中分離出來,使成為一個去除背景的物件,讓你可針對該物件進行編輯,而原圖的物件處則會自動跟附近的背景進行融合。透過這樣的功能,讓你在處理物件時更有彈性。

文字與圖像設計的基礎 04

❷ 按下「編輯」鈕，使顯示左側的面板

❶ 選取相片

❸ 點選「魔法抓取」鈕

❹ 先點選「點擊」鈕

❺ 按一下蛋糕，將選取蛋糕的主題

❻ 再按一下「Brush」鈕

❼ 將杯面的部分一併刷出

❽ 按下「抓取」鈕

4-27

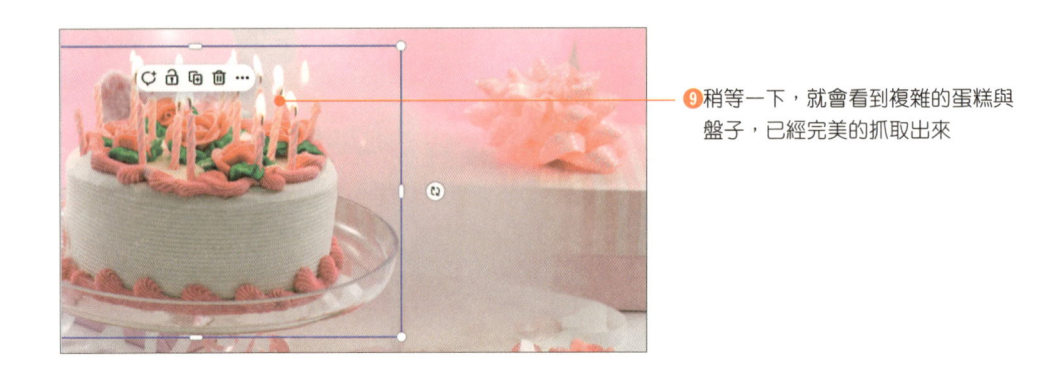

❾稍等一下，就會看到複雜的蛋糕與盤子，已經完美的抓取出來

4-4-3 魔法編輯工具

「魔法編輯工具」是一個非常棒的工具，針對你所選取的影像，如果有不甚完美的地方，你可以將它用筆刷塗鴉出區域範圍，再透過溝通的方式，告訴它想生成的內容，這樣它就會幫你變出來！透過這種方式，可以讓你天馬行空的構思瞬間生成。

❶點選圖片後，按下「編輯」鈕

❷點選「魔法編輯工具」

❸調整筆刷大小

❹在畫面上畫出區域範圍

❺輸入區域範圍內所要生成的內容

❻按下「產生」鈕

❼生成四張畫面，選擇其中一張進行套用

❽按此鈕完成生成

❾瞧！輕鬆變出彩色鉛筆

4-4-4 魔法展開

「魔法展開」工具可以將你所選取的影像，以自由形式、完整畫面、或 1：1 的方式來進行延展。特別注意的是，此功能不支援已鎖定、旋轉、翻轉或加框的影像，另外，畫面中如果包含臉、手或透明背景的影像，可能無法流暢地展開。

「魔法展開」工具的使用方式如下：

❷ 按下「編輯」鈕

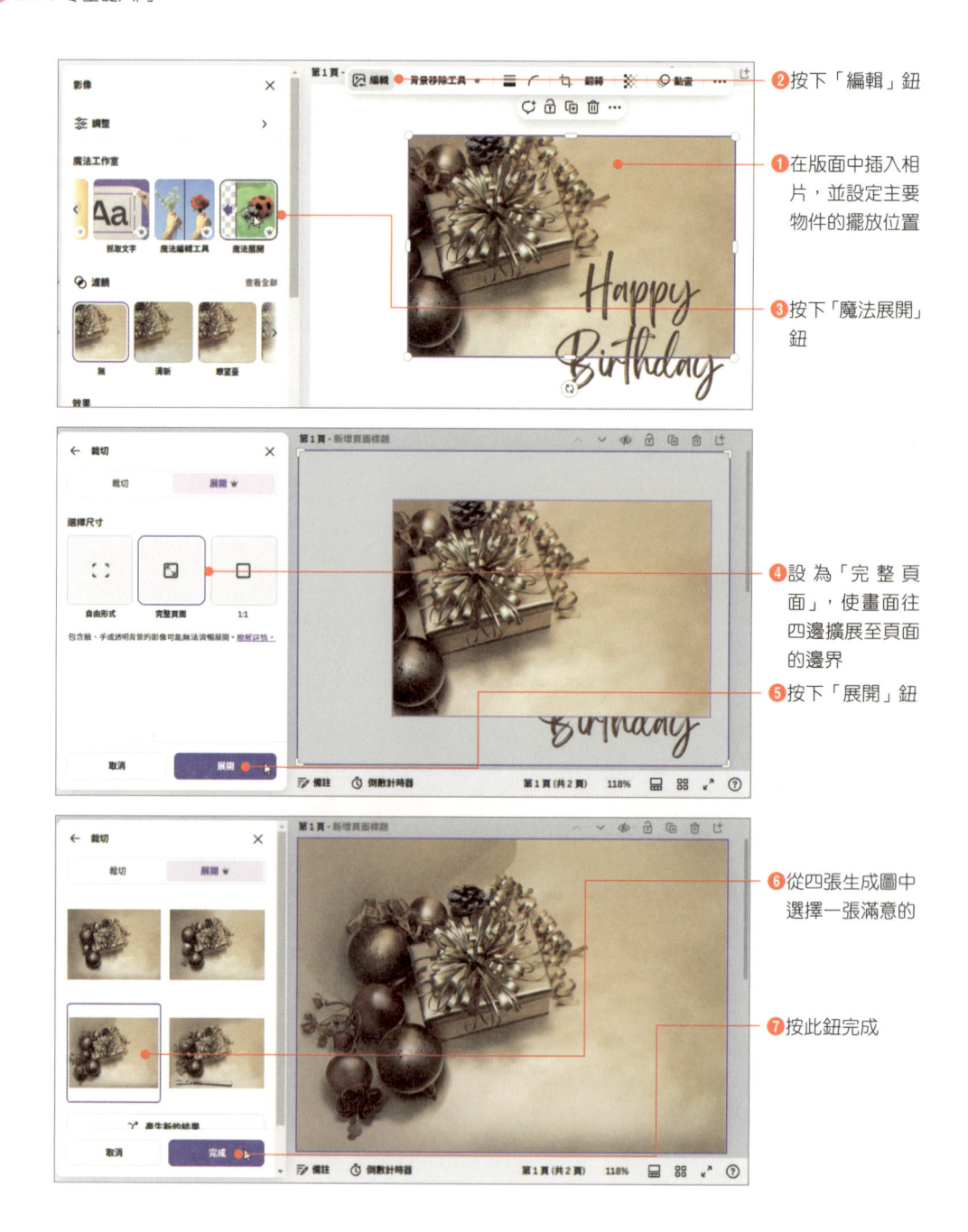

❶ 在版面中插入相片，並設定主要物件的擺放位置

❸ 按下「魔法展開」鈕

❹ 設為「完整頁面」，使畫面往四邊擴展至頁面的邊界

❺ 按下「展開」鈕

❻ 從四張生成圖中選擇一張滿意的

❼ 按此鈕完成

❽ 圖片延展後,變成滿版的畫面囉!

4-5 手繪設計

當你想在設計的版面上,加入手寫的文字或塗鴉,使添加個人的設計風格,在 Canva 裡面也有提供原子筆、麥克筆、螢光筆等「繪圖」工具可以使用,它允許你設定顏色、粗細和透明度喔!

❷ 選擇使用「螢光筆」

❶ 點選「繪圖」鈕

4-31

❸ 按此鈕

❹ 調整螢光筆的粗細

❺ 刷出你要的線條

❻ 依序點選麥克筆

❼ 塗鴉文字

05

影像視覺設計、
編輯與特效

在前面的章節中，我們已經對圖像元素的搜尋、色彩調整、剪裁、透明度的使用等作了完整的介紹，接下來這個章節則是針對濾鏡、效果、以及一些常用的視覺設計技巧做說明，讓各位可以靈活運用在你的設計當中，增加吸睛的機會。

5-1 濾鏡與圖像效果應用

「濾鏡」與「效果」可以給予圖像獨特的魅力，讓圖片更具視覺衝擊力。在圖片選取狀態下，按下上方的「編輯」鈕，就可以在左側面板上看到「濾鏡」和「效果」的類別。其中在「效果」方面，Canva 提供陰影、雙色調、模糊化、自動對焦、面部修圖等五種圖像效果。

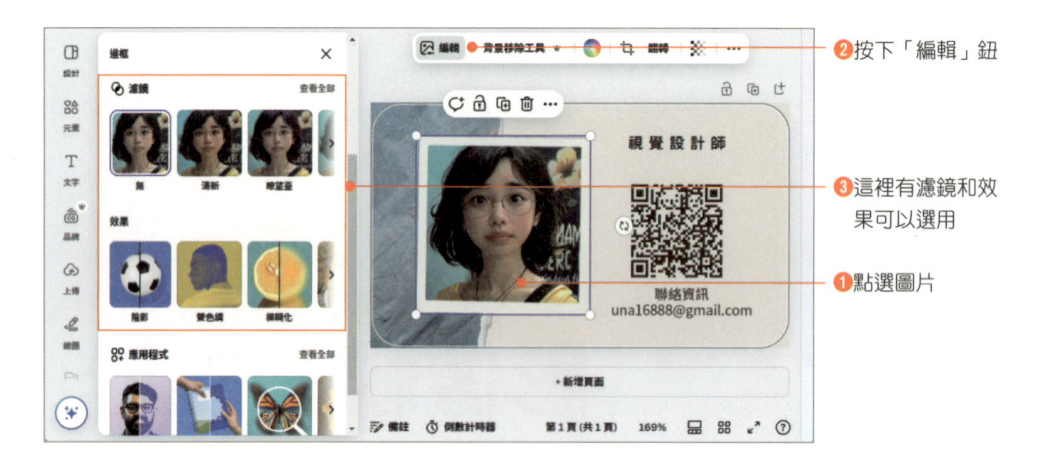

5-1-1 套用濾鏡

在濾鏡方面，直接按下向右的箭頭可以往右觀看其他的效果，而點選「查看全部」，將可看到更多的類別，如：Natural、Warm、Cool、Vivid、Soft、Vintage、Mono、Color Pop 等，多達 50 種效果可以選用。選取任一效果後，還可在其下方控制其強度。

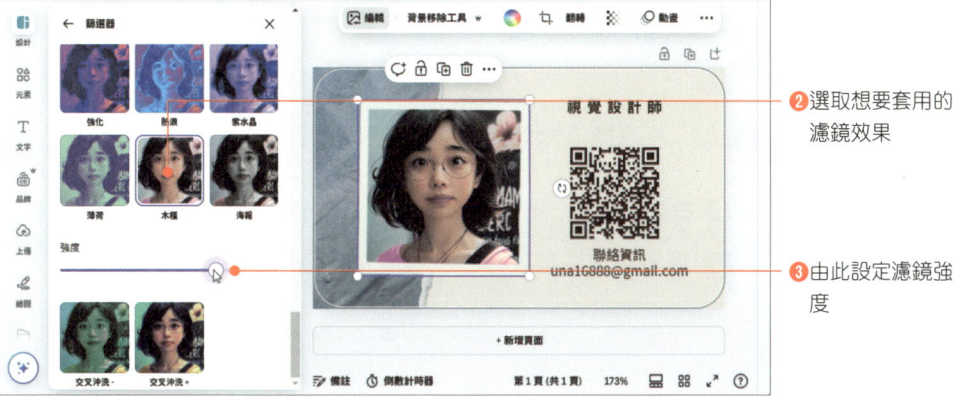

影像視覺設計、編輯與特效 **05**

❶按下「查看全部」鈕

按此鈕可以往右查看下一個濾鏡效果

❷選取想要套用的濾鏡效果

❸由此設定濾鏡強度

套用效果時如果決定不使用濾鏡效果,只要從「濾鏡」中點選「無」的縮圖就可以取消套用。

5-1-2 套用陰影效果

點選任一陰影效果,可在下方設定該陰影的相關屬性。加入陰影可以讓影像物件變得有立體感。

5-3

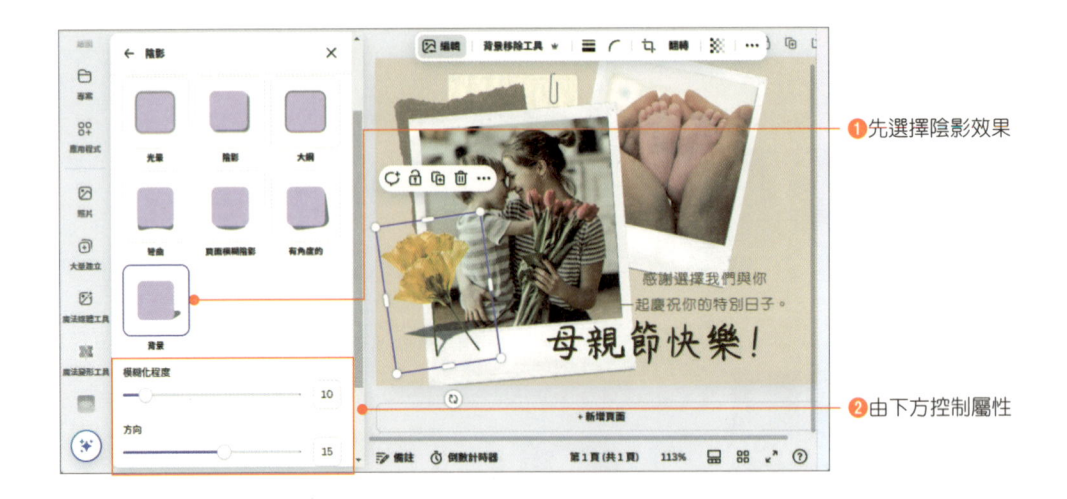

另外,「陰影」效果裡的「大綱」,可以幫你將選取的去背物件加入邊框的效果,這種加上白邊的效果,經常被運用在設計上,目的在於凸顯主體人物。

5-1-3 套用雙色調效果

雙色調基本上是將「亮部」和「陰影」設定為不同的顏色,並控制其強度,使它呈現特殊的色彩。選擇任一種雙色調後,還可以由下方控制生成的兩個顏色和強度。

❶ 先選定色調

❷ 由此設定色彩和強度等屬性

5-1-4 套用模糊化效果

畫面如果需要變模糊，可使用「模糊化」的效果，你可以針對整張影像作模糊，也可以針對局部地區做模糊。此處我們針對局部地區模糊化的方式做說明：

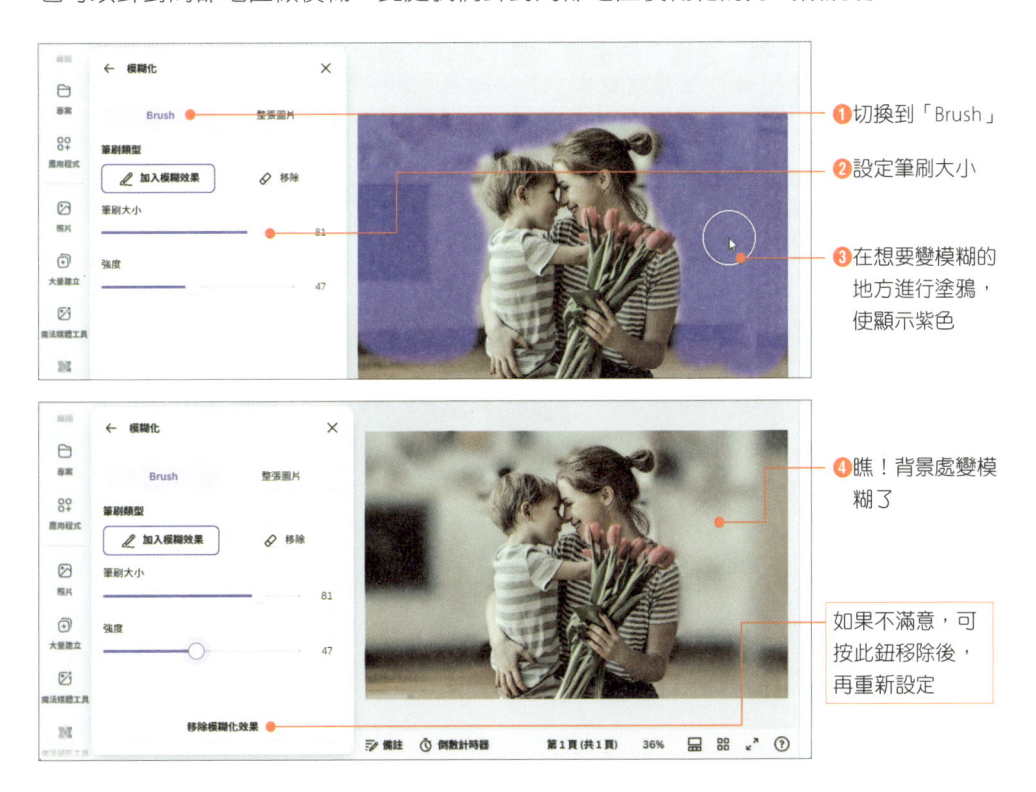

❶ 切換到「Brush」

❷ 設定筆刷大小

❸ 在想要變模糊的地方進行塗鴉，使顯示紫色

❹ 瞧！背景處變模糊了

如果不滿意，可按此鈕移除後，再重新設定

5-1-5 套用自動對焦效果

「自動對焦」可設定模糊強度與對焦位置,讓你輕鬆將背景的地方變模糊,使主題人物更鮮明,而「對焦位置」可決定哪個區域範圍要清晰。如下圖所示:

❶ 調整此滑鈕

❷ 紫色區域即為焦距清晰的地方

5-1-6 套用面部修圖效果

面部修圖可撫平肌膚,讓膚質變好,不過目前只適用於個人人像上。直接調整「撫平肌膚」的滑鈕,即可看到臉部的變化。

5-2 實用的影像視覺設計

對於濾鏡和效果的使用有所了解後,接下來我們再介紹一些實用的視覺設計效果供各位參考,讓各位可以靈活運用在你的設計專案中。

5-2-1 照片拼貼

在進行畫面編排時,經常需要將多個畫面並列,以便展示各類的商品或作品。

▲ 照片拼貼效果

當你需要作出像這樣的拼貼效果,可以考慮使用「元素」功能,搜尋「網格」的關鍵字可以找到許多的拼貼效果。

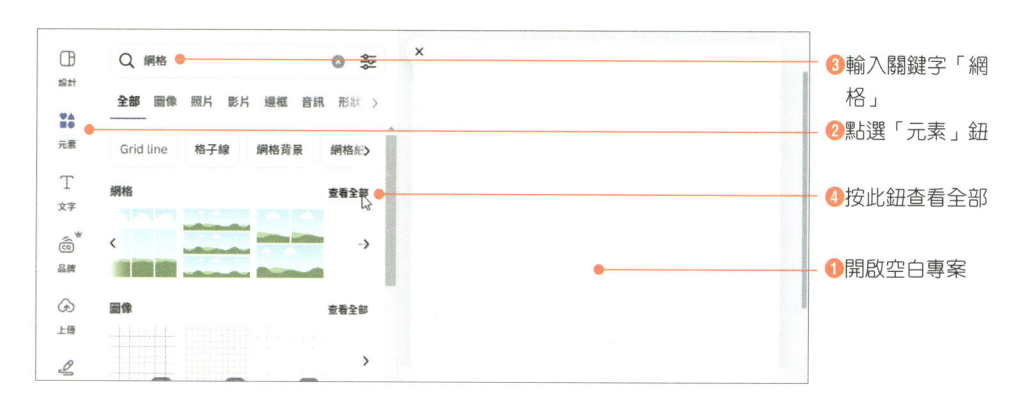

❸ 輸入關鍵字「網格」
❷ 點選「元素」鈕
❹ 按此鈕查看全部
❶ 開啟空白專案

❻ 將拼貼效果拖曳到專案中

❺ 點選想要的拼貼效果不放

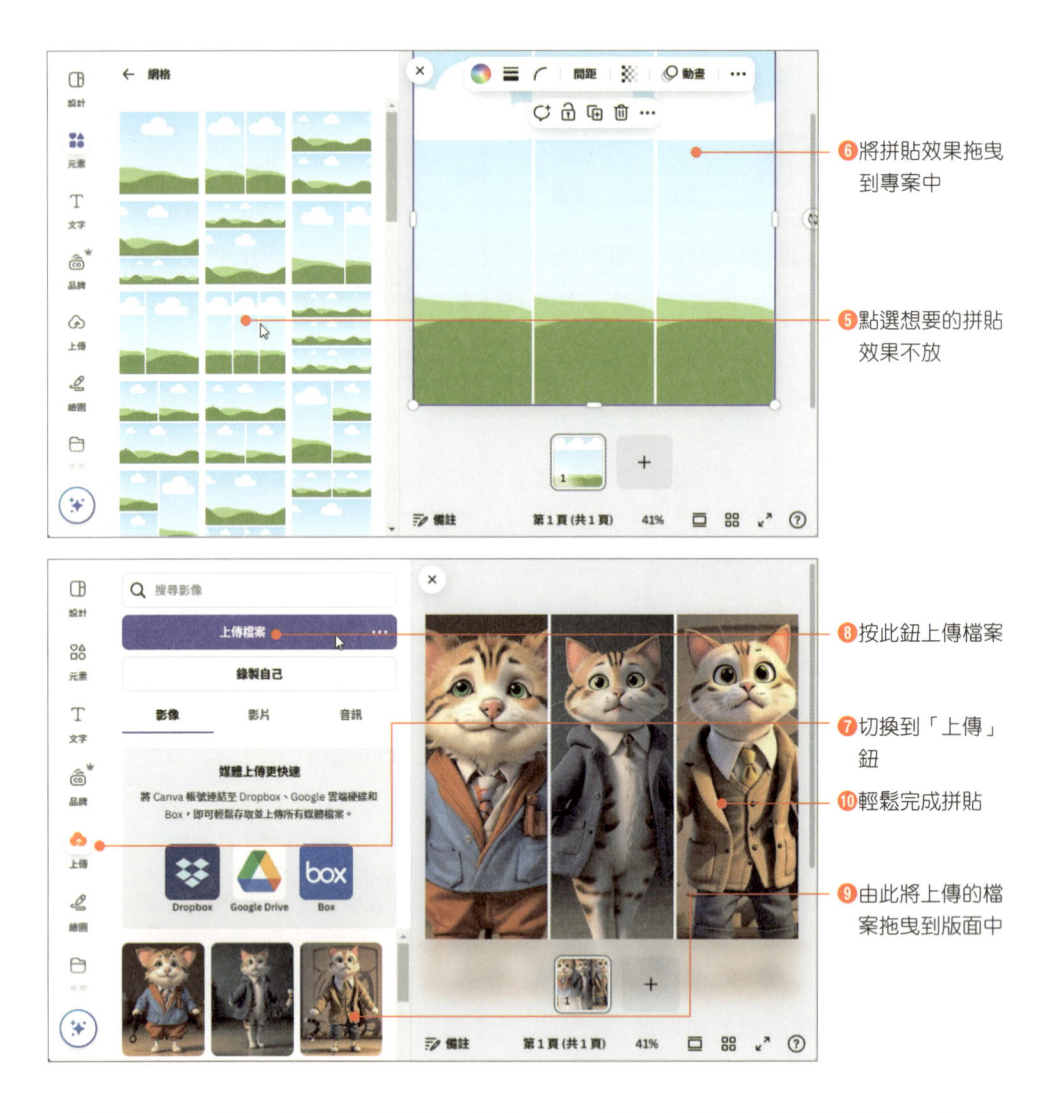

❽ 按此鈕上傳檔案

❼ 切換到「上傳」鈕

❿ 輕鬆完成拼貼

❾ 由此將上傳的檔案拖曳到版面中

　　拼貼上去的相片，如果需要調整位置或大小，只要在相片上按滑鼠兩下，或是按下上方工具列上的「裁切」鈕，左側會立即顯示「裁切」面板，讓你調整位置和大小。

影像視覺設計、編輯與特效 **05**

按滑鼠兩下，即可調整位置和大小

5-2-2 善用透明片

前面一章中我們曾經介紹過「調整圖片透明度」的方法，也介紹過由「元素」搜尋「透明漸層」的方式。透明片的類型相當多，舉凡半透明漸層、漸層透明變淡、Overlay、白色模糊…等之類的關鍵字，都可以找到各種的透明片。

❷輸入關鍵字，即可找到透明片

❶切換到「元素」

透明片的作用很多，特別是當標題文字在背景影像上看不清楚時，在底圖與文字之間加入透明片，既可以豐富畫面的色彩，也可以讓文字更清晰顯眼。

要注意的是透明片的使用技巧。如下圖所示，加入透明片後，記得先決定透明度要顯示的高度（大小），再拉動右邊界來延長其寬度，這樣透明效果會很平順。

▲ 先按右上角決定透明片的大小　　　　▲ 再按右邊界延伸透明寬度

　　反之，如果先將大小調整與畫面同寬，屆時調整高度時，漸層效果會被切斷。如下圖所示：

▲ 先設定透明漸層與畫面同寬　　　　▲ 往下拖曳透明片，漸層就被中斷

5-2-3 倒影效果

　　進行商品的宣傳時，很多時候會使用到倒影的效果，讓商品看起來更高級感和真實。要做出倒影效果並不難，基本上就是將商品進行「建立複本」後，再做「垂直翻轉」，使商品上下顛倒，再調整陰影的透明度使其變淡，最後再找尋與背景顏色相近的透明片，來把下方的陰影淡化掉，這樣就可以搞定倒影效果！設定方式如下：

影像視覺設計、編輯與特效　05

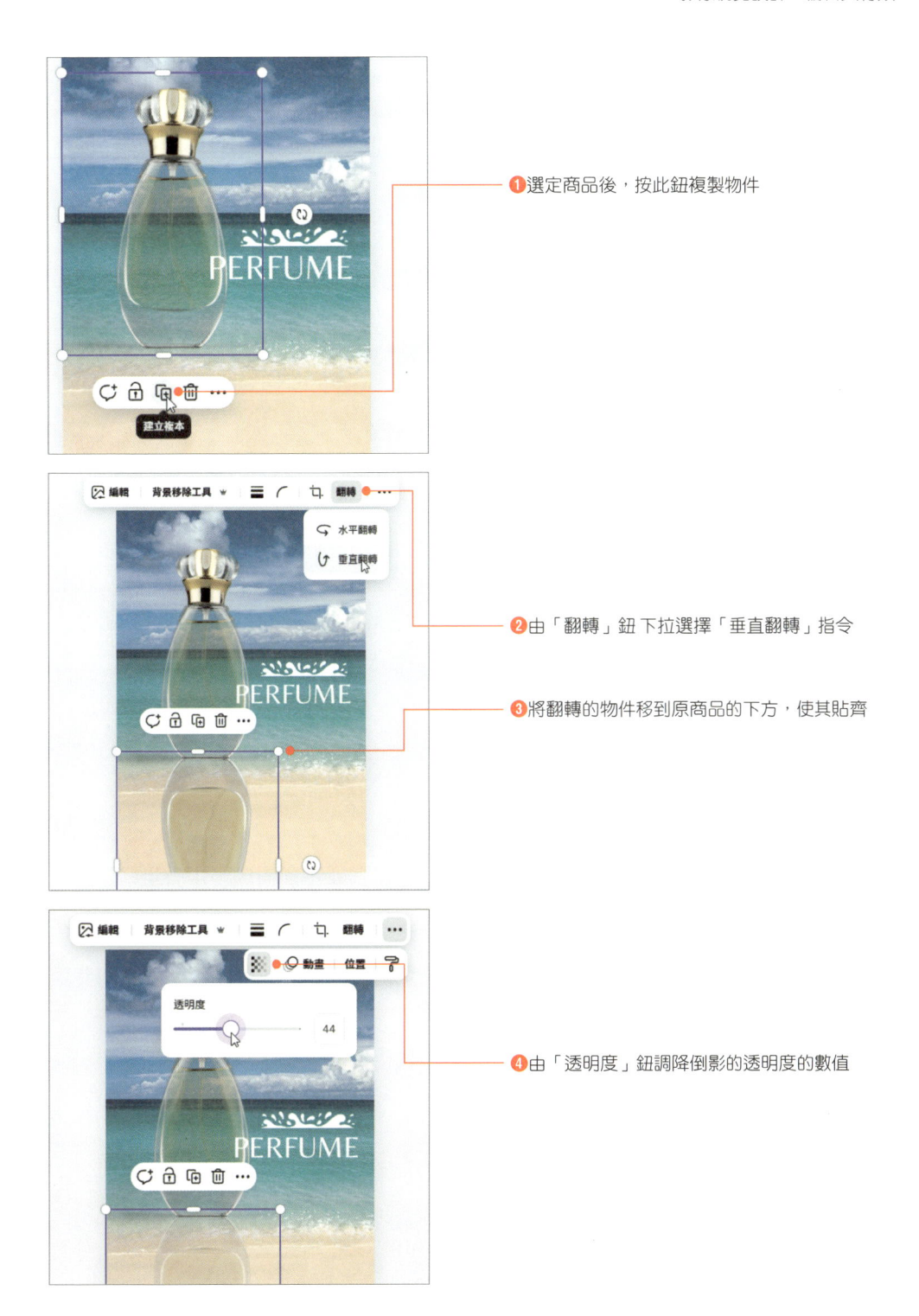

❶ 選定商品後，按此鈕複製物件

❷ 由「翻轉」鈕下拉選擇「垂直翻轉」指令

❸ 將翻轉的物件移到原商品的下方，使其貼齊

❹ 由「透明度」鈕調降倒影的透明度的數值

5-11

⑤ 由「元素」搜尋「透明漸層」

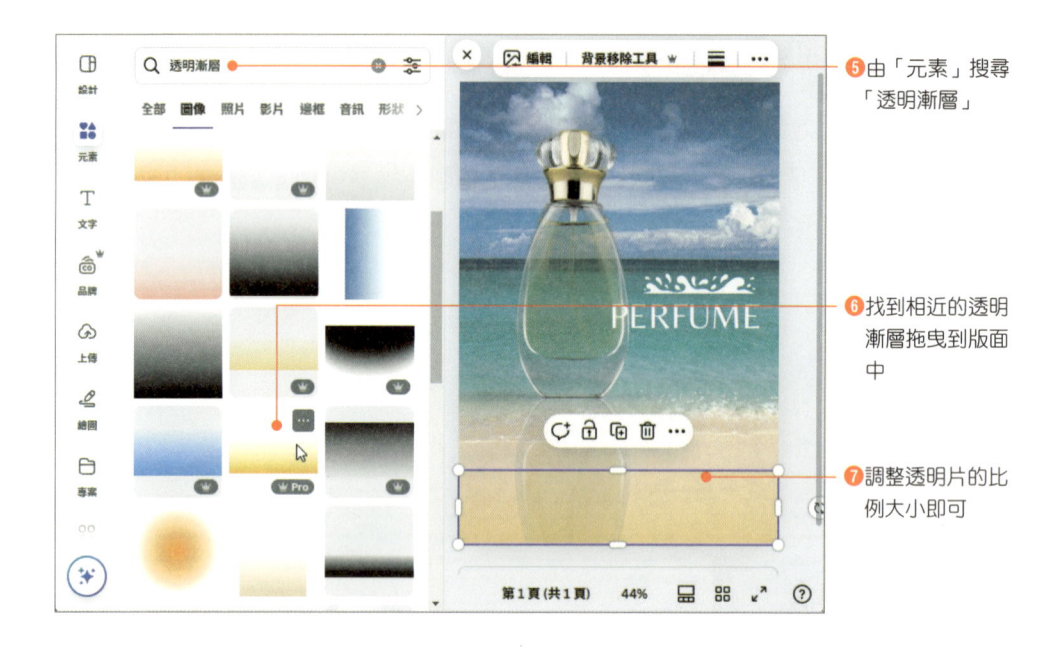

⑥ 找到相近的透明漸層拖曳到版面中

⑦ 調整透明片的比例大小即可

5-3 圖表與數據視覺化技巧

在 Canva 中，想要以圖表方式來表現數據資料，通常都是透過「元素」找到「圖表」的類型，然後再進行視覺化的處理。它的圖表編輯方式就和以往我們在簡報軟體中編輯圖表的方式雷同。你可以直接將 Excel 檔案直接匯入進來，也可以直接在它提供的「資料」標籤中輸入相關數據。這個小節我們就一起來看看圖表與數據的使用技巧。

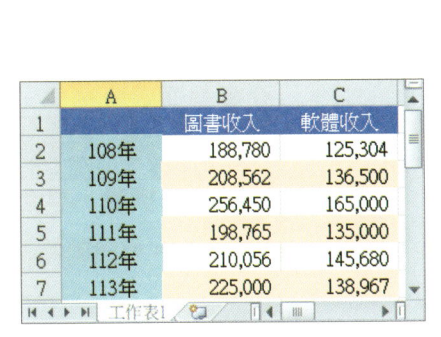

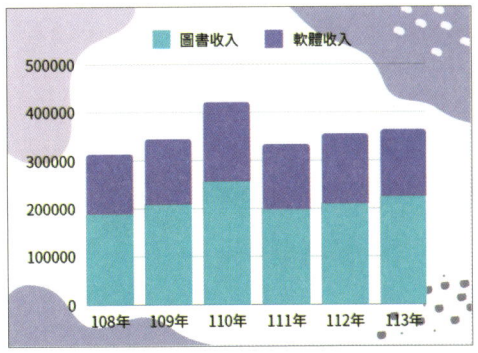

5-3-1 選用圖表類型

首先我們透過「元素」鈕來找到想要使用的圖表類型,其加入圖表的方式如下:

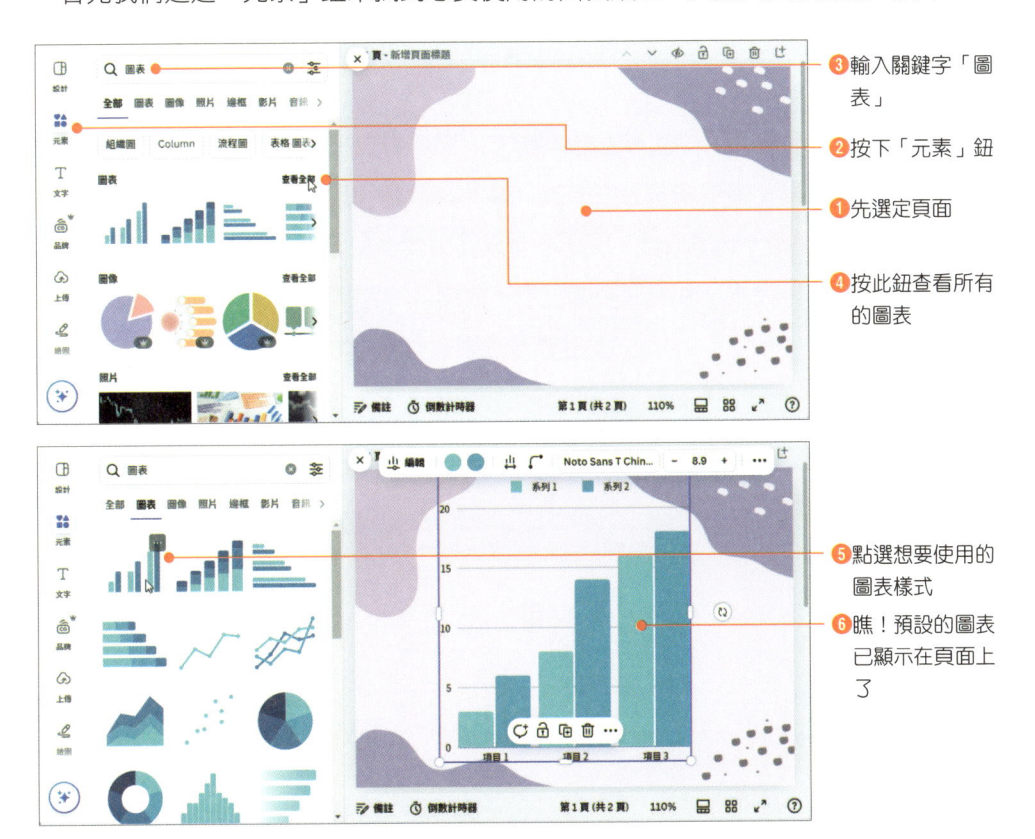

❶ 先選定頁面
❷ 按下「元素」鈕
❸ 輸入關鍵字「圖表」
❹ 按此鈕查看所有的圖表

❺ 點選想要使用的圖表樣式
❻ 瞧!預設的圖表已顯示在頁面上了

5-3-2 從試算表匯入圖表資料

當你加入圖表後,左側會立即顯示「圖表」面板,從它顯示的「資料」標籤中,你就可以將你的資料一一輸入至儲存格中。此處我們是示範將現有的 Excel 數據,利用「圖表」功能,把資料匯入到 Canva 裡,這樣就不需要重新編輯工作表,節省許多的時間。上傳的資料可以是 Google 試算表的資料,也可以是 xlsx、csv、tsv 之類的檔案類型,而新增資料的方式如下:

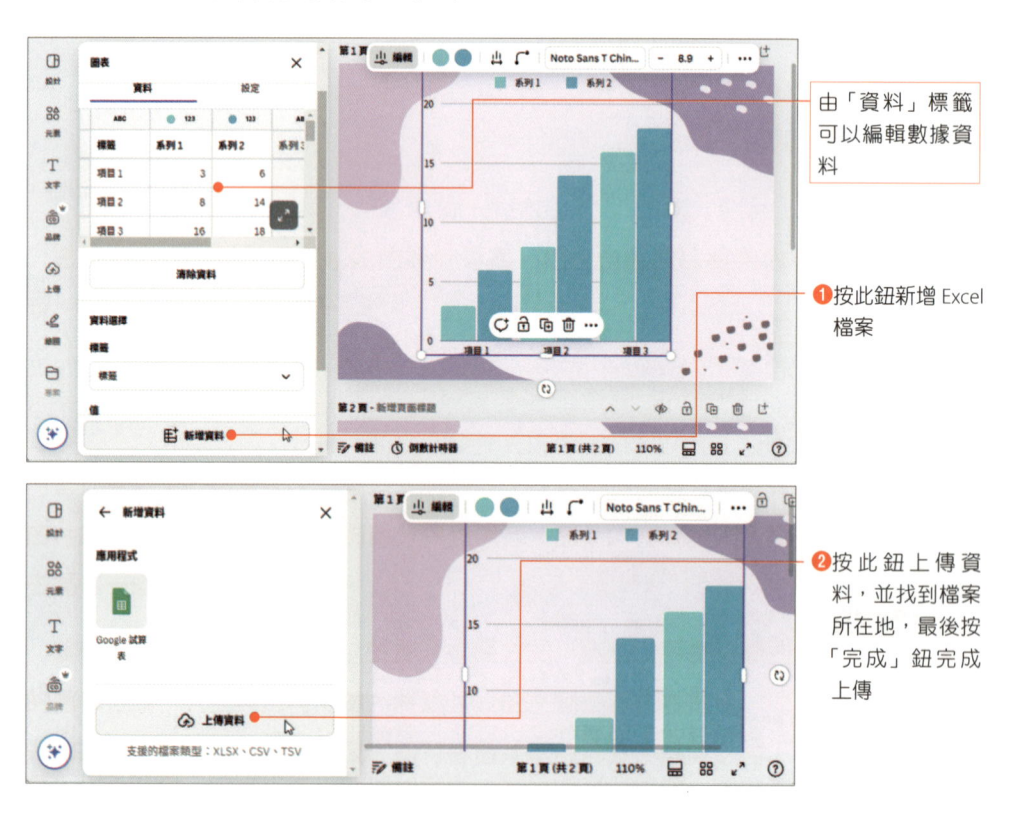

由「資料」標籤可以編輯數據資料

❶ 按此鈕新增 Excel 檔案

❷ 按此鈕上傳資料,並找到檔案所在地,最後按「完成」鈕完成上傳

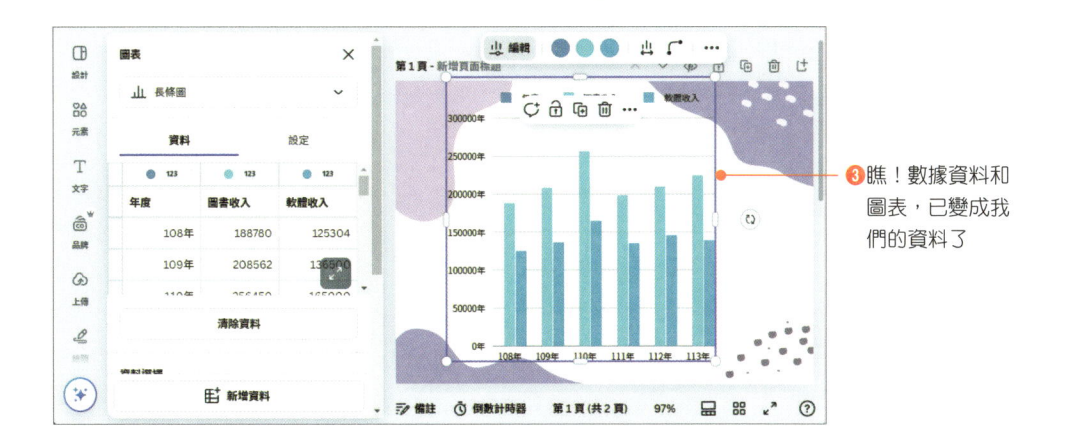

❸ 瞧！數據資料和圖表，已變成我們的資料了

5-3-3 編輯圖表資料

數據資料雖然已經進來了，但是圖表看起來怪怪的？怎麼所有的數據都變成「年」了！沒關係，利用「編輯」鈕來修正資料即可。

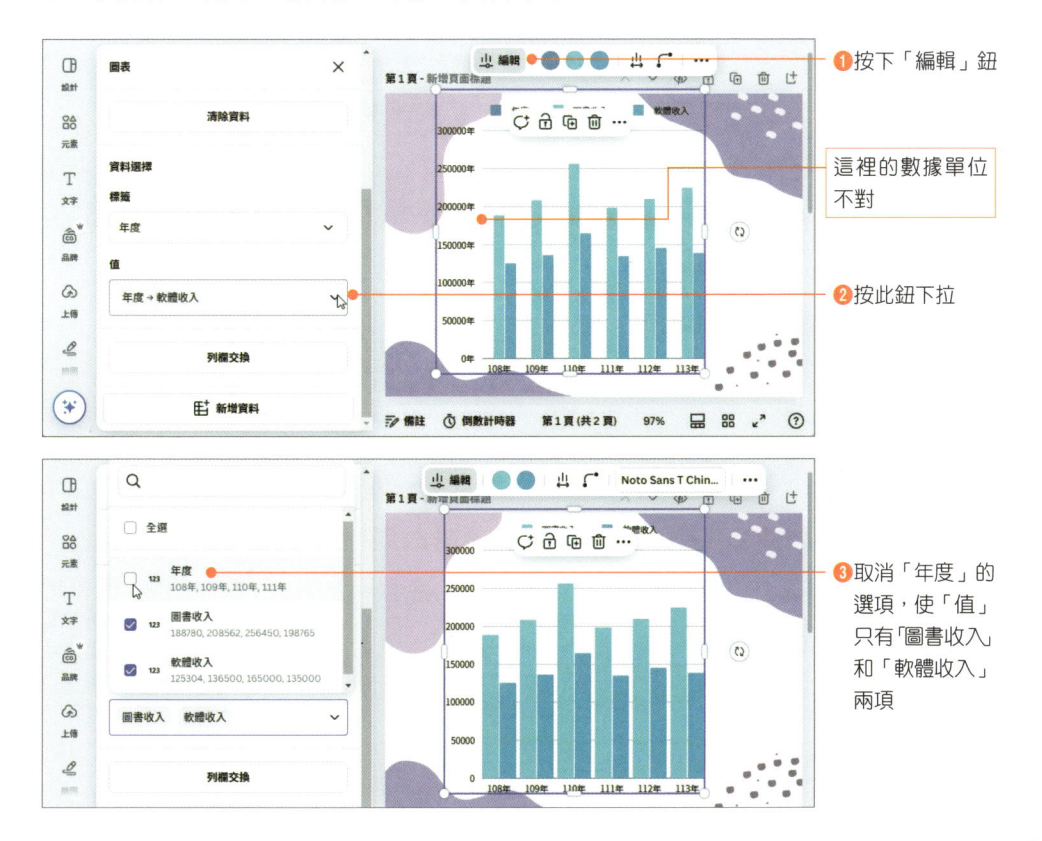

❶ 按下「編輯」鈕

這裡的數據單位不對

❷ 按此鈕下拉

❸ 取消「年度」的選項，使「值」只有「圖書收入」和「軟體收入」兩項

❹圖表資料正常了

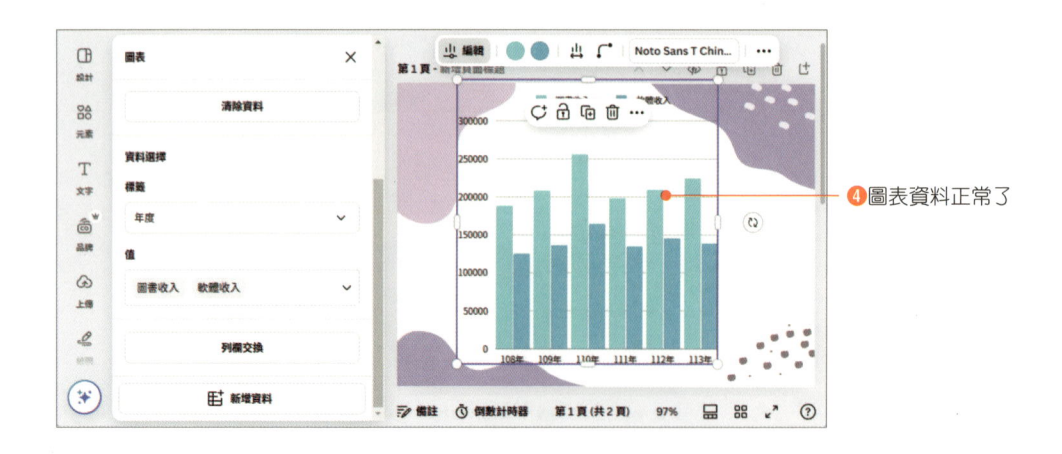

5-3-4 變更圖表類型

萬一先前選的圖表類型不適用,想要更換其他的圖表樣式,只要點選「編輯」鈕,在左側的「圖表」面板中重新選擇即可。

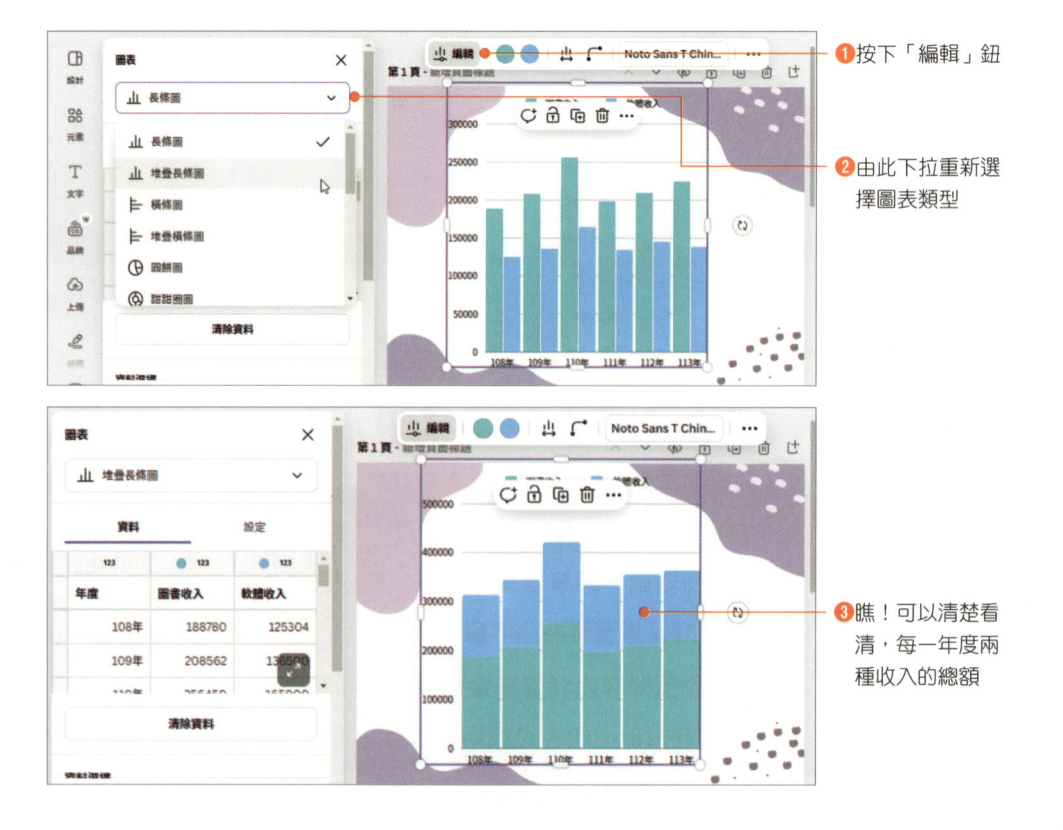

❶按下「編輯」鈕

❷由此下拉重新選擇圖表類型

❸瞧!可以清楚看清,每一年度兩種收入的總額

5-3-5 變更圖表色彩與間距

預設的長條圖上，其藍色與綠色在色彩上相當接近，不易辨識，如果想要更換色彩，只要從上方工具列上變更色彩即可，而按下「間距」則可調整圖表之間的間距。

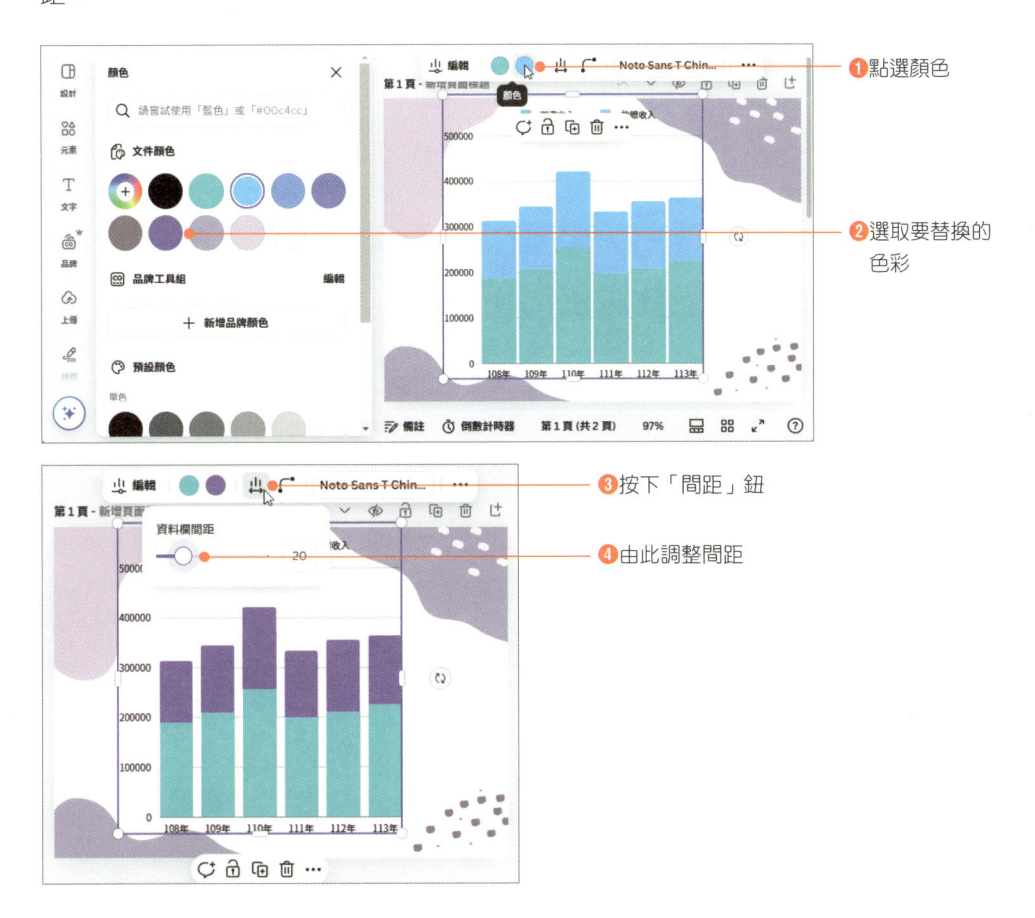

❶ 點選顏色

❷ 選取要替換的色彩

❸ 按下「間距」鈕

❹ 由此調整間距

另外，要讓圖表更清楚，可以調整文字大小和寬度，如此易讀性就更高了！

由此調整字體大小

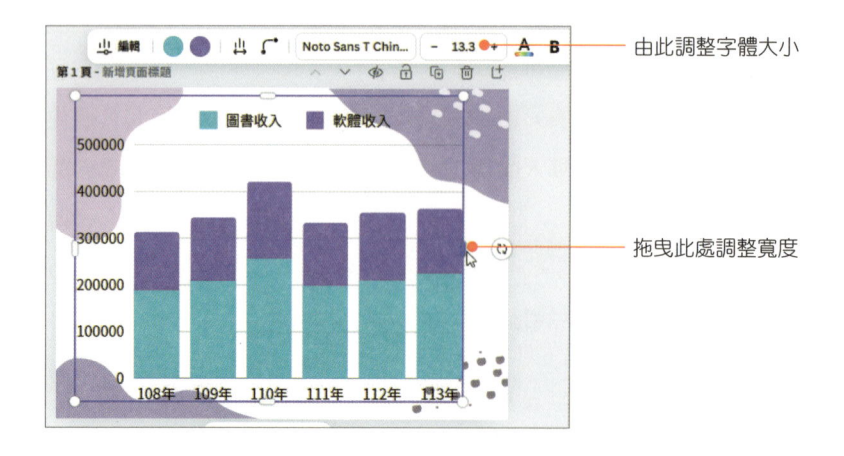

拖曳此處調整寬度

5-3-6 套用其他圖表範本

在 Canvas 裡所提供的圖表類型相當多，除了這小節介紹的，以「元素」來搜尋「圖表」外，也可以在「範本」中搜尋圖表設計範本。只要輸入關鍵字，如 Pie Chart（圓餅圖）、Bar Chart（長條圖）、Line Chart（折線圖）、Table Chart（表格圖表）、Dashboard（儀表板）…等，就可以看到更多樣的圖表設計範本。

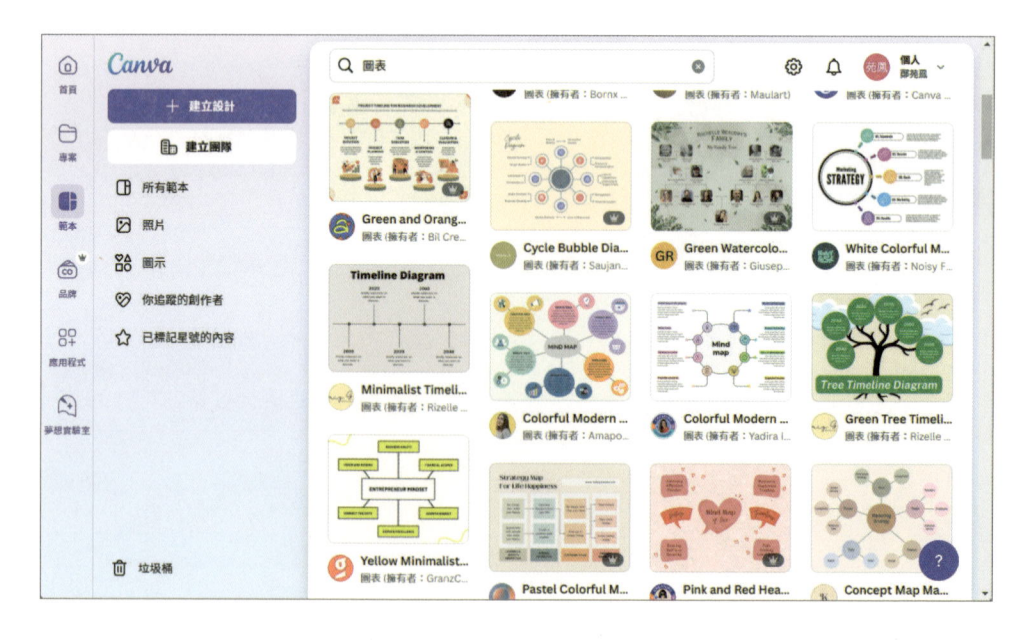

5-4 超好用的應用程式

Canva 除了有多樣的設計範本和完善的設計工具外,它還有許多好用的應用程式,可以加快我們設計的流程。請由左側面板按下「應用程式」 ,即可看到各式各樣的應用程式,特別是具有 AI 技術的工具,還等著你去體驗和發掘呢!

- 由此進行關鍵字搜尋
- 你曾經使用過應用程式,顯示在「你的應用程式」標籤中
- 等你體驗的各項應用工具,顯示在「發掘」標籤中
- ❶ 按「應用程式」鈕

限於篇幅的關係,我們簡單介紹幾種應用程式,讓你體驗一下它的好用之處,其餘的部分還要靠各位多去嘗試。

5-4-1 樣張設計 Mockups

在 Canva 裡有一項熱門的工具「樣張」,不管是居家生活用的杯子或手提袋設計、服飾展示、包裝盒展示、手機、平板電腦或電視等,如果你需要向客戶展示這類的設計樣張,這項工具就可以派上用場。此處我們以杯子的設計作為範例說明,請備好你想要使用的圖案:

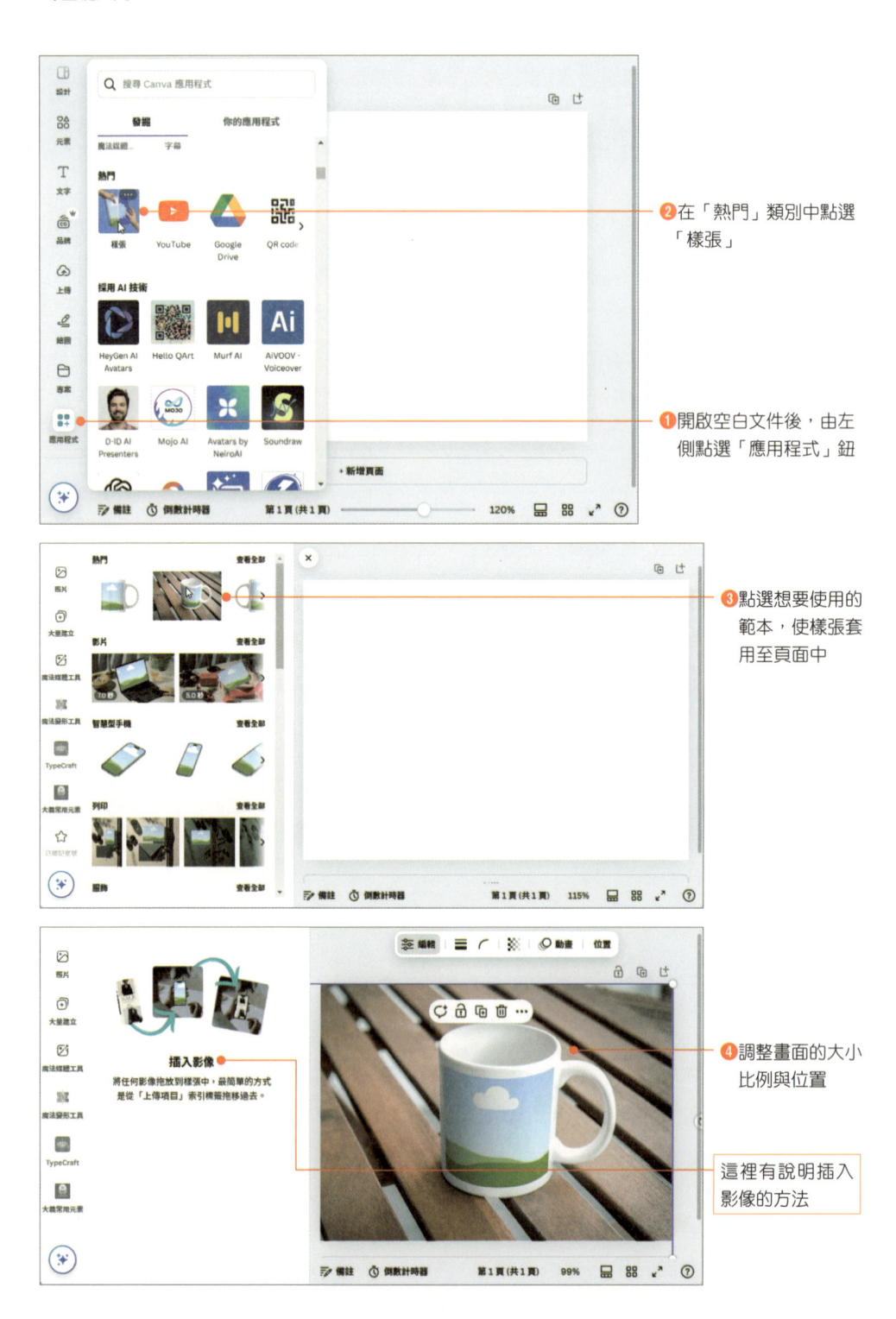

❶ 開啟空白文件後，由左側點選「應用程式」鈕

❷ 在「熱門」類別中點選「樣張」

❸ 點選想要使用的範本，使樣張套用至頁面中

❹ 調整畫面的大小比例與位置

這裡有說明插入影像的方法

影像視覺設計、編輯與特效　**05**

接下來將左側的面板往上移動，找到「上傳」鈕，再將上傳的圖片拖曳到杯子中間的圖案裡就可以搞定。

❷ 按此鈕上傳檔案

❶ 按「上傳」鈕

❸ 點選剛上傳的圖案，並拖曳到畫面中

如需調整圖案的位置或比例，可利用「編輯」鈕調整。

❶ 按「編輯」鈕

❷ 調整位置

❸ 按此鈕套用變更

由於軟體更新速度都很快，如果各位找不到「樣張」的功能，也可以在「應用程式」中以關鍵字「Mockups」來進行搜尋，就可以查到相關類型的應用程式。

5-21

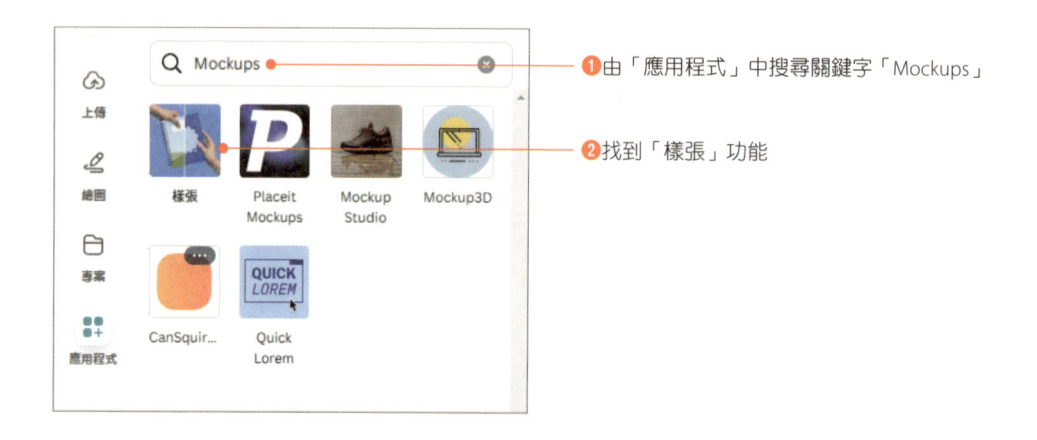

❶ 由「應用程式」中搜尋關鍵字「Mockups」

❷ 找到「樣張」功能

5-4-2 變換影像背景

在進行設計時，經常要為影像去除背景，然後再依照宣傳的需要，換上新的背景畫面，這樣的設計流程，相信各位都有經驗。

▲ 原始畫面 　　　　　　　　　　▲ 去除背景後並替換背景

在「應用程式」中，有許多的工具可以幫助你去除背景，你只要輸入「Background Removit」或是「Replace Background」之類的關鍵詞，就可以看到相關的應用程式。

❶ 輸入關鍵字

❷ 顯示與去背景相關的應用程式

此處我們僅以「Product Studio」做介紹，告訴你如何使用這樣功能來去除背景，同時利用 AI 工具來幫助我們生成新的背景畫面。

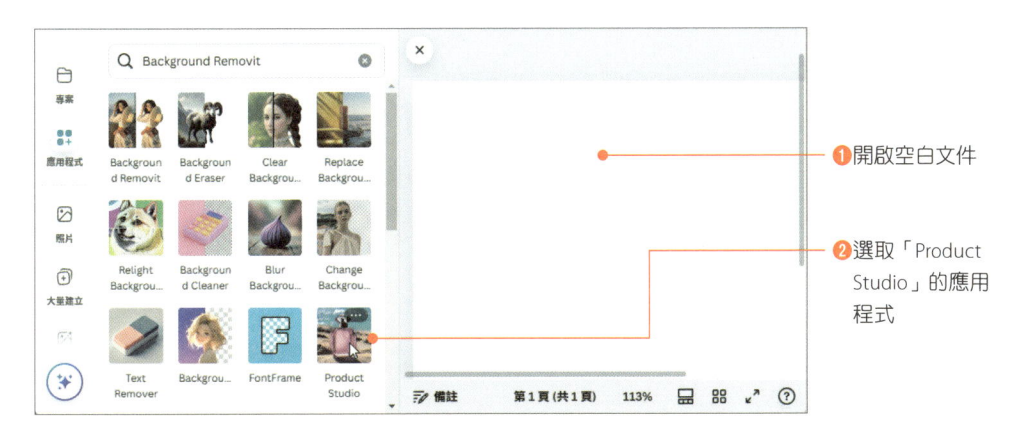

❶ 開啟空白文件

❷ 選取「Product Studio」的應用程式

❸ 按此鈕選取影像檔

❹ 輸入「on the vast grassland（在遼闊的草原上）」等文字

❻ 稍等一下，畫面就生成了

❺ 按下此鈕生成圖像

5-4-3 快速生成 QR Code

現今很多的文宣都會放上 QR Code 的圖案，讓觀看文宣的人，可以直接透過智慧型手機上的「相機」功能來掃描圖案，然後快速連結到宣傳的網站。如果你也有這樣的考慮，那麼就利用「應用程式」中所提供的 QR Code 產生器來快速產出條碼。

❷ 輸入關鍵字

❸ 點選此 QR Code，然後在面板中按下「開啟」鈕開啟程式

❶ 點選「應用程式」

❹ 輸入你要連結的網址

❻ 顯示加入的 QR Code

❺ 按此鈕生成條碼

5-4-4　影像放大器 Image upscaler

很多時候要使用的影像解析度很低或者畫面太小，想要將該素材應用在印刷品上，結果畫面的品質就會變差，這是許多人的困擾。如果想讓該影像放大，那麼現在很多的 AI 工具是可以派上用場的。如果你是使用 Canva 來進行設計，那麼「應用程式」功能中，你可以找尋「Image Upscaler」的關鍵字，就可以找到工具來幫你放大影像囉！

這裡以一張 516 x 345 像素的老照片為例，讓影像放大器來幫你增強畫面的細節。

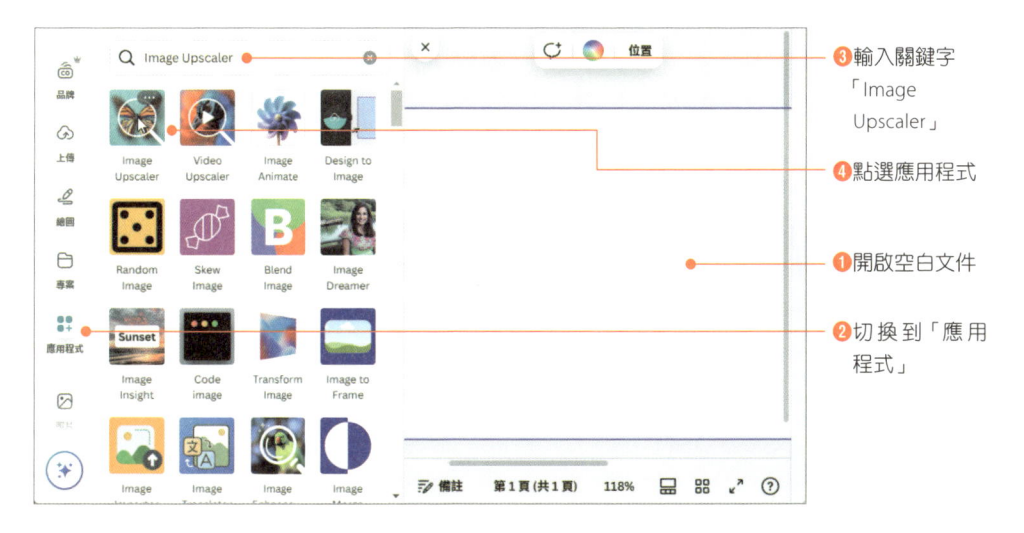

❸ 輸入關鍵字「Image Upscaler」

❹ 點選應用程式

❶ 開啟空白文件

❷ 切換到「應用程式」

❺ 按此鈕選擇檔案，並將檔案開啟

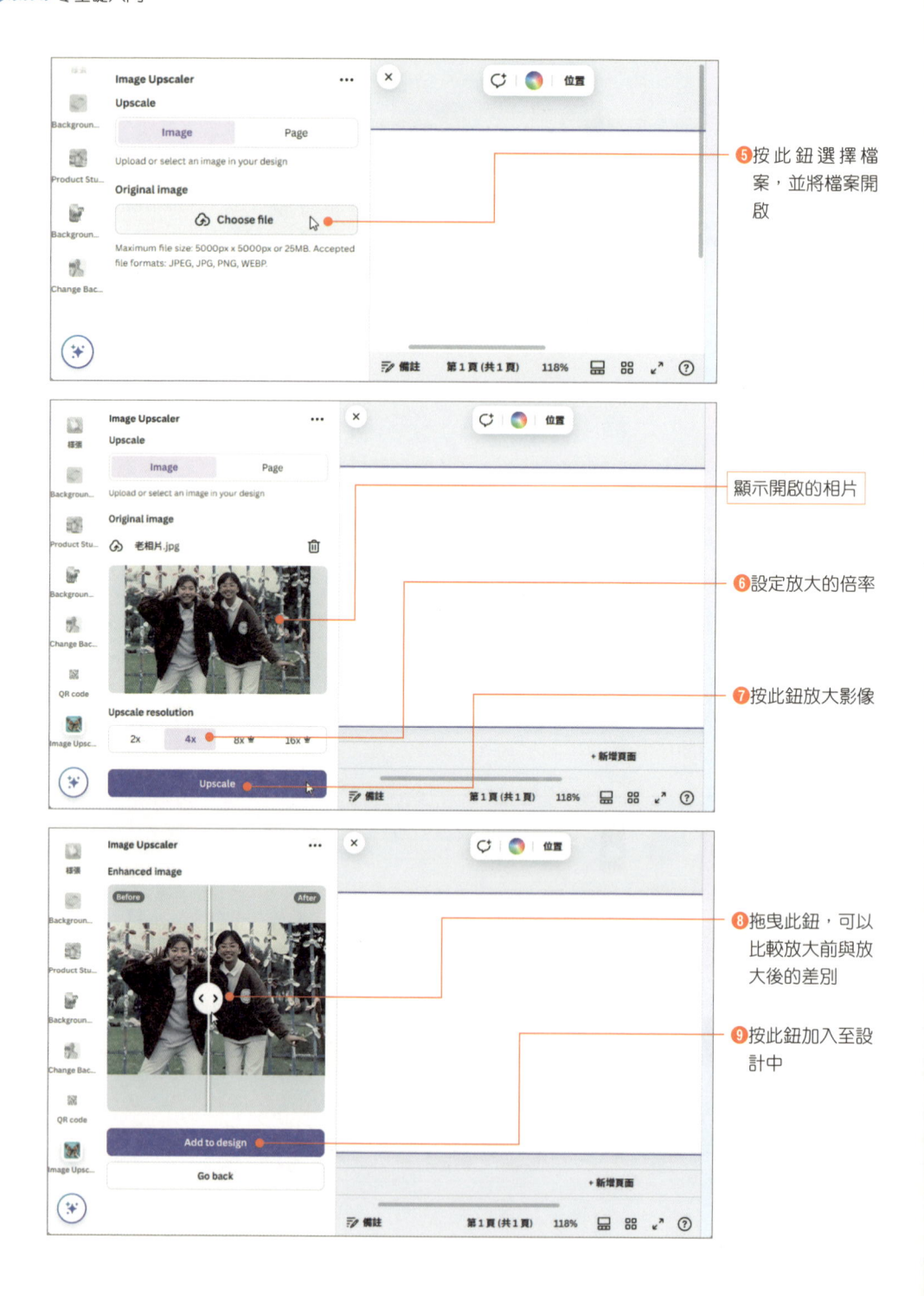

顯示開啟的相片

❻ 設定放大的倍率

❼ 按此鈕放大影像

❽ 拖曳此鈕，可以比較放大前與放大後的差別

❾ 按此鈕加入至設計中

06

簡報與影音動畫的處理

對於專案的提報，簡報是許多人都會運用到的工具，因為它可以結合文字、圖像、聲音、動畫等媒體，讓演說的內容可以精彩豐富。影音動畫當然也不例外，特別是在這個世代，任何人都可隨時隨地從手機上觀看到各種類型的影音動畫。這一章我們將針對 Canva 的簡報和影音製作做說明，讓你也能輕鬆製作簡報和影片。

6-1 簡報設計製作

Canva 除了製作圖文的宣傳外，簡報的設計也不遑多讓，因此這一小節，將針對簡報設計製作做說明，讓你也可以輕鬆製作簡報。

6-1-1 建立簡報

要建立簡報，從「首頁」按下「簡報」鈕，再點選「簡報」鈕，就可以加入空白簡報，同時在「設計」鈕的面板中，可由「範本」標籤搜尋關鍵字，來找到合適的範本。

❶點選「首頁」鈕

❷點選「簡報」鈕，使加入空白簡報

❹ 輸入關鍵字進行搜尋

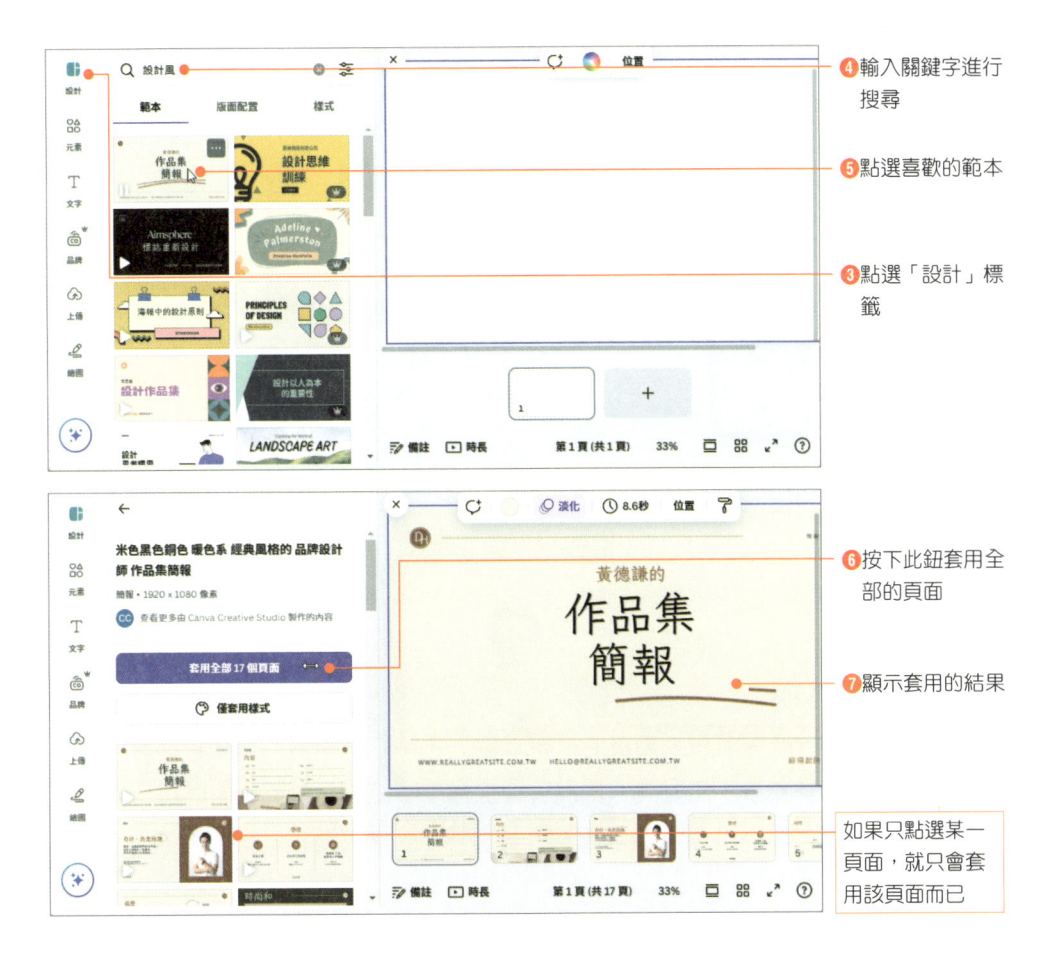

❺ 點選喜歡的範本

❸ 點選「設計」標籤

❻ 按下此鈕套用全部的頁面

❼ 顯示套用的結果

如果只點選某一頁面，就只會套用該頁面而已

有了現成的範本，你就可以根據範本的版面設計與個人的需求來快速編排簡報。

6-1-2 變更簡報的版面配置

在你建立簡報範本後，如果你對某個版面設計不甚滿意時，Canva 還可以提供更多的選擇，讓你針對圖文的搭配有更多的選擇性。

❷ 切換到「版面配置」標籤

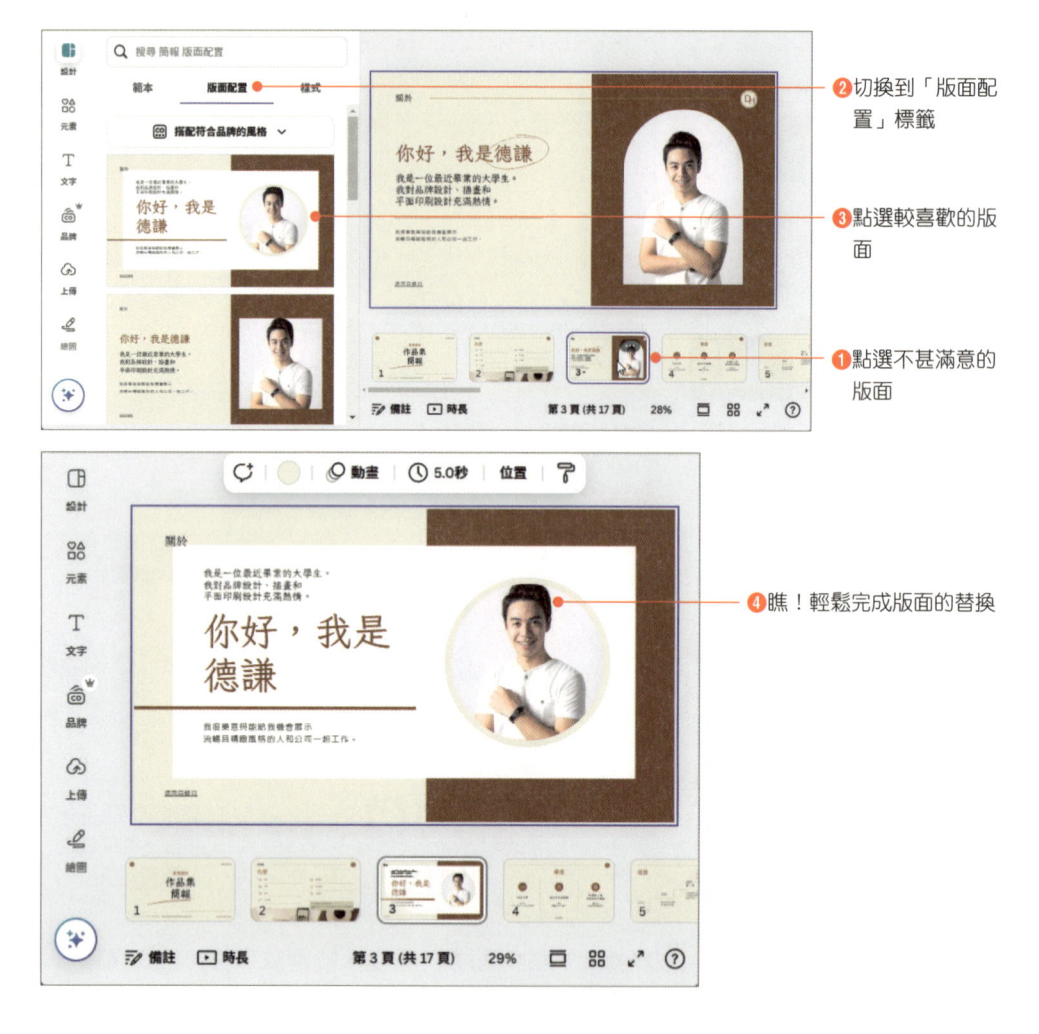

❸ 點選較喜歡的版面

❶ 點選不甚滿意的版面

❹ 瞧！輕鬆完成版面的替換

透過這樣的方式，即使你和他人選用相同的範本，也會因為版面配置的差異，顯示多樣的變化！

另外，如果你沒有套用範本，而只是選用空白簡報，「版面配置」標籤也同樣有各種的版面讓你選用喔！

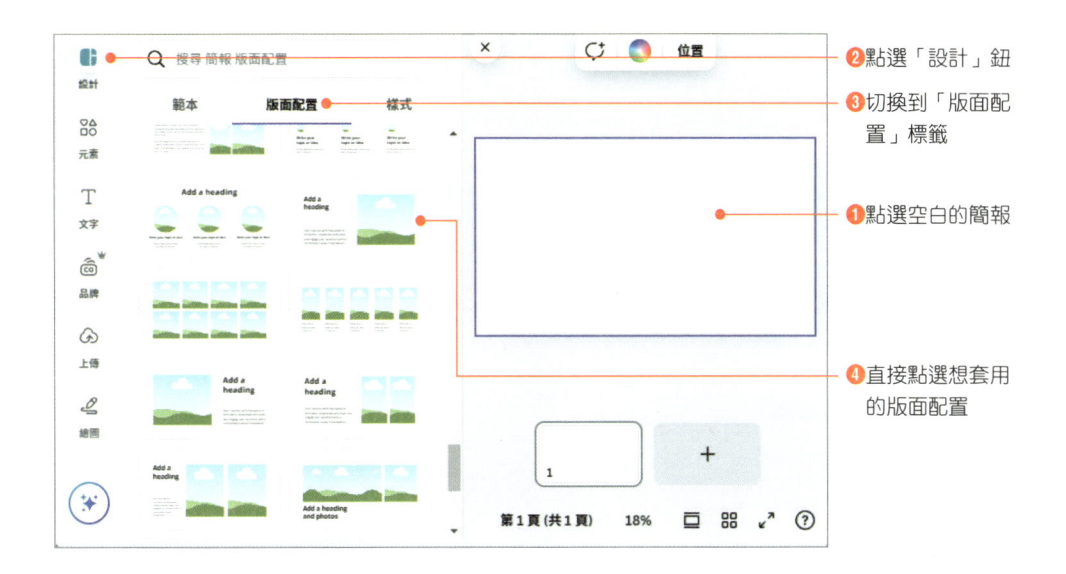

❷點選「設計」鈕

❸切換到「版面配置」標籤

❶點選空白的簡報

❹直接點選想套用的版面配置

6-1-3 使用「樣式」統一多款風格的簡報

有時候我們在簡報中套用了多個簡報範本，雖然版面配置符合你的需要，但也因為簡報風格的不同，而導致簡報看起來很零散。如下圖所示：

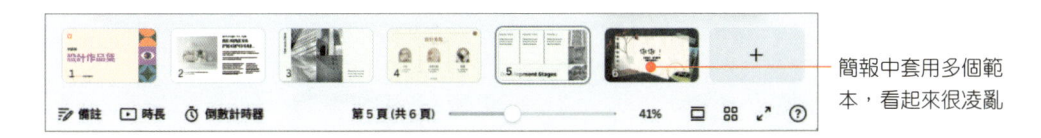

簡報中套用多個範本，看起來很凌亂

如果你有這樣的狀況，可以透過「樣式」來處理。在「樣式」標籤裡有提供「調色盤」、「字型集」、「配色與字型組合」…等多種的樣式，可以讓你輕鬆統一風格。設定方式如下：

❷ 由「設計」鈕切換到「樣式」標籤

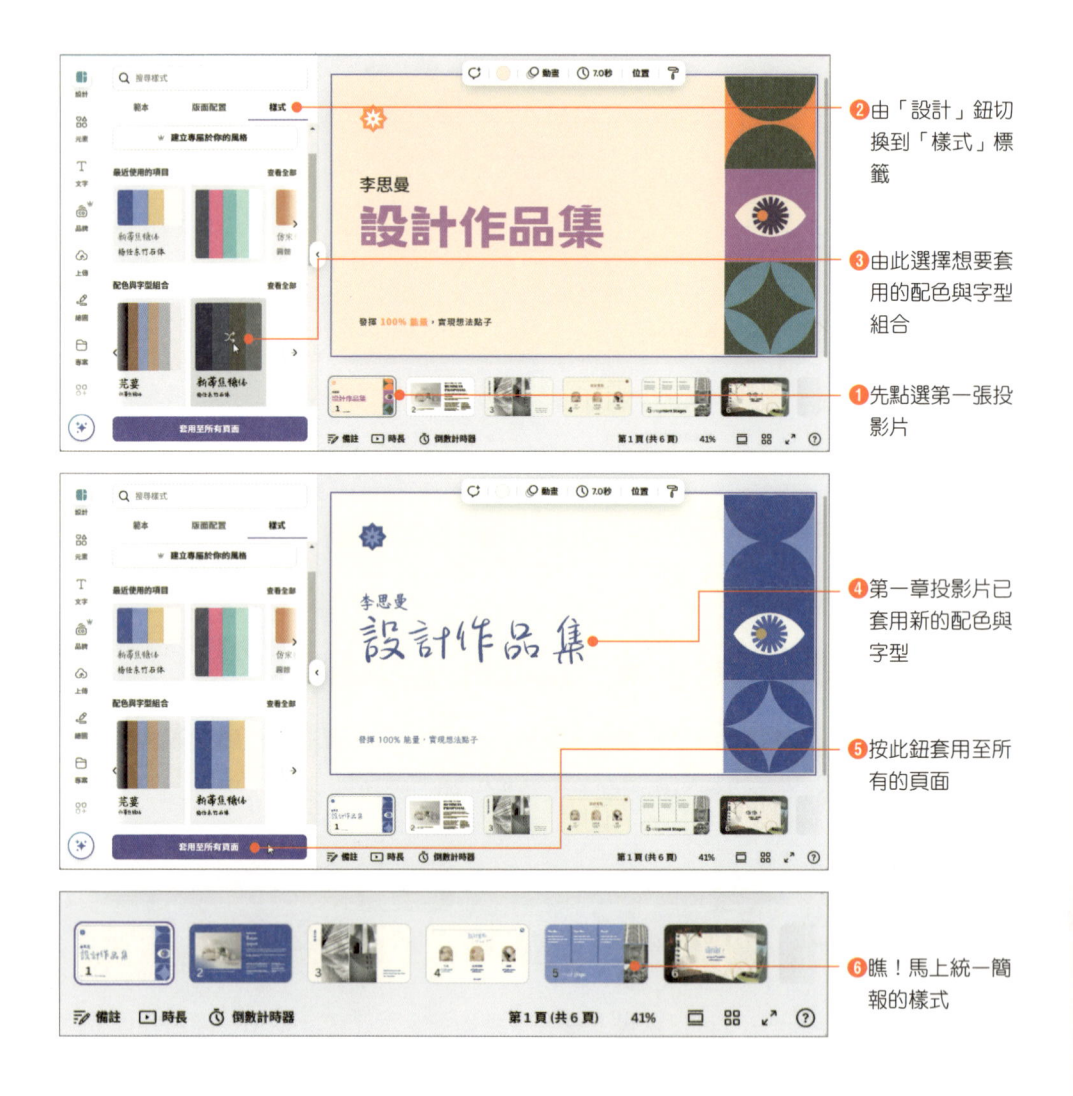

❸ 由此選擇想要套用的配色與字型組合

❶ 先點選第一張投影片

❹ 第一章投影片已套用新的配色與字型

❺ 按此鈕套用至所有的頁面

❻ 瞧！馬上統一簡報的樣式

6-1-4 以「魔法動畫工具」套用頁面動畫

在設計簡報時，很多人都知道透過格式工具列上的「動畫」 鈕，就可以為選定的「文字」或「圖片」物件加入動畫，並在「動畫」面板中選定喜歡的動畫效果、強度、方向。

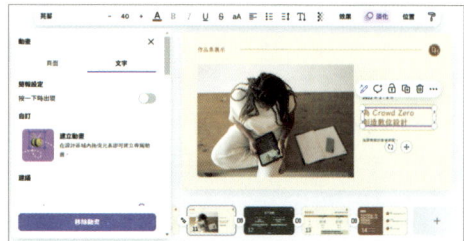

▲ 選定圖片做動畫　　　　　　　　　▲ 選定文字做動畫

除此之外，你還可以針對設計的頁面來進行動畫處理。在 Canva 裡，「魔法動畫工具」就是針對設計的頁面來處理動畫，以 AI 來幫你設計動畫，他會依目前設計的內容自動分析，並建議合適的動畫風格，讓你直接將效果套用到整份文件中，加速設計的進度。使用方式如下：

❷ 按此鈕開啟「頁面動畫」

❶ 點選頁面

❸ 點選「魔法動畫工具」鈕進行分析

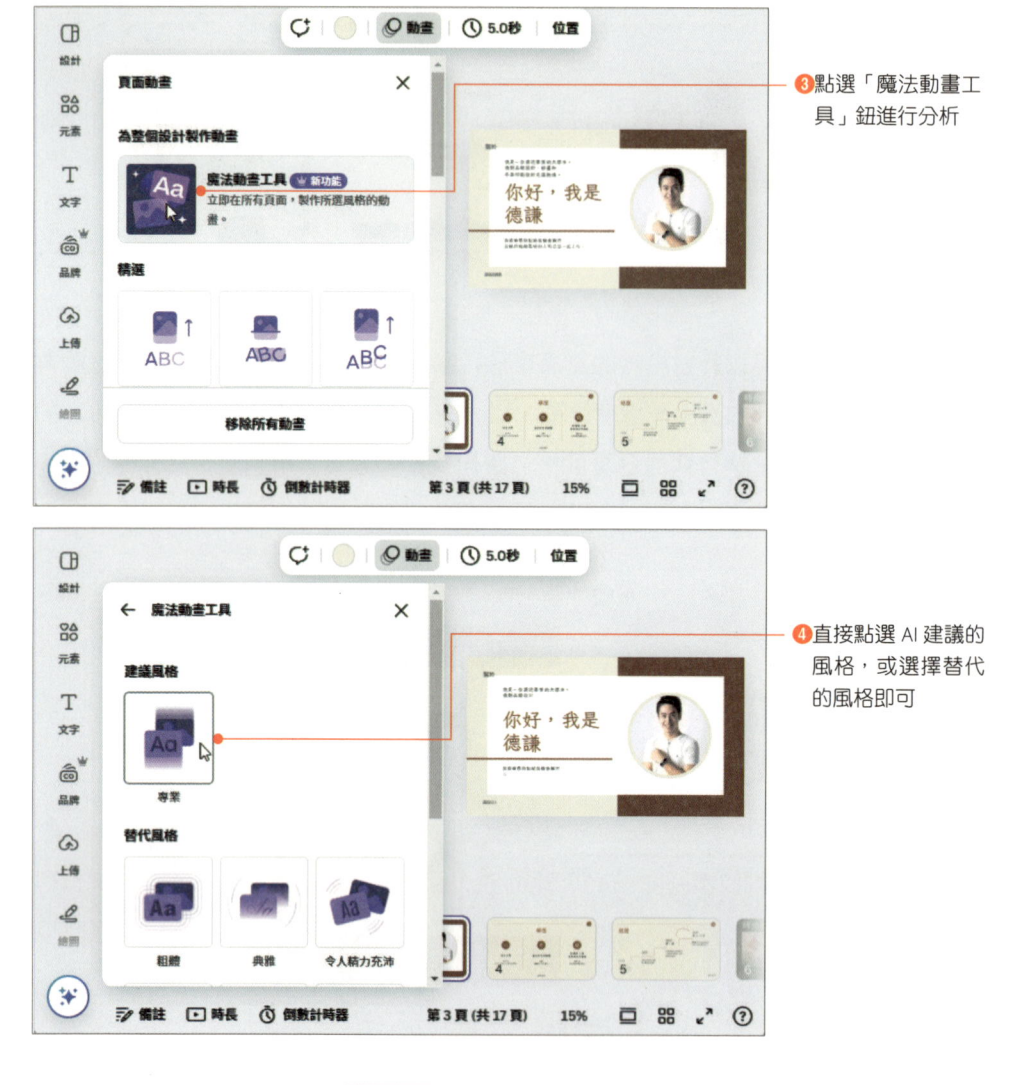

❹ 直接點選 AI 建議的風格，或選擇替代的風格即可

套用之後，按下右上角的 [展示簡報] 鈕，即可選擇「展示簡報」。

6-1-5 拖曳元素自訂動畫路徑

動畫的設定除了針對選定的物件，設定「進入時」、「退出時」或「兩者皆是」的動畫外，你還可以透過拖曳的方式來自訂動畫的路徑，讓物件的移動可以隨著你的需求來移動。

設定的祕訣主要有如下三點:

- 按住「Shift」鍵並同時拖曳物件,即可建立直線。
- 加快或放慢移動物件的速度,即可控制動畫的速度。
- 停止拖曳物件,即可完成動畫。

接下來我們實際來自訂動畫:

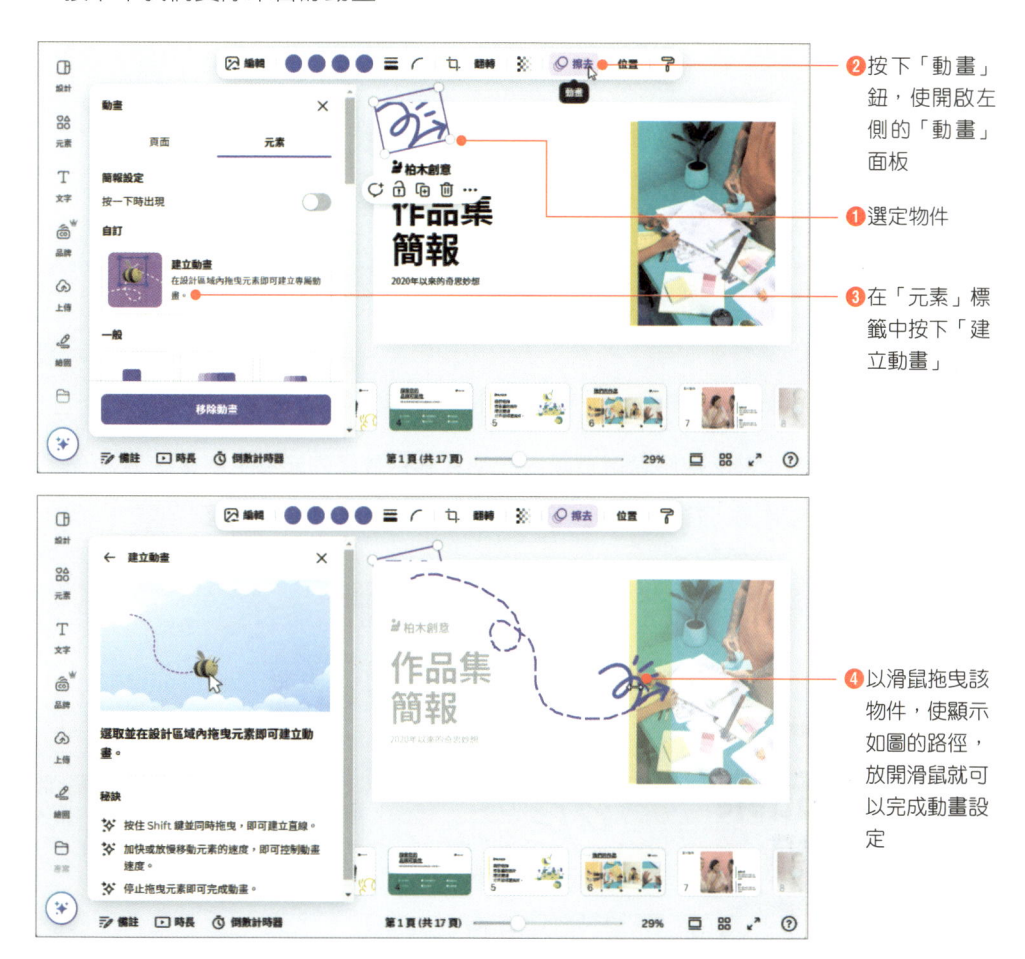

❷ 按下「動畫」鈕,使開啟左側的「動畫」面板

❶ 選定物件

❸ 在「元素」標籤中按下「建立動畫」

❹ 以滑鼠拖曳該物件,使顯示如圖的路徑,放開滑鼠就可以完成動畫設定

自訂路徑設定後,他會自動播放動畫給你預覽,如果不滿意,在「建立動畫」面板下方按下「刪除路徑」鈕即可刪除,如果滿意則是按下「完成」鈕離開即可。

6-1-6 設定動畫播放時間點

當你為頁面中的物件都設定了動畫效果後,如果想要更深入的掌控每個物件的動畫播放時長和時間點,那麼就利用「顯示元素時間」的功能來進行設定。

請先利用「Shift」鍵,依序點選頁面中已加入動畫效果的元素,然後按下 ⋯ 鈕,並選擇「顯示元素時間」指令,如此一來就可以在下方的時間軸上看到各項的元素。

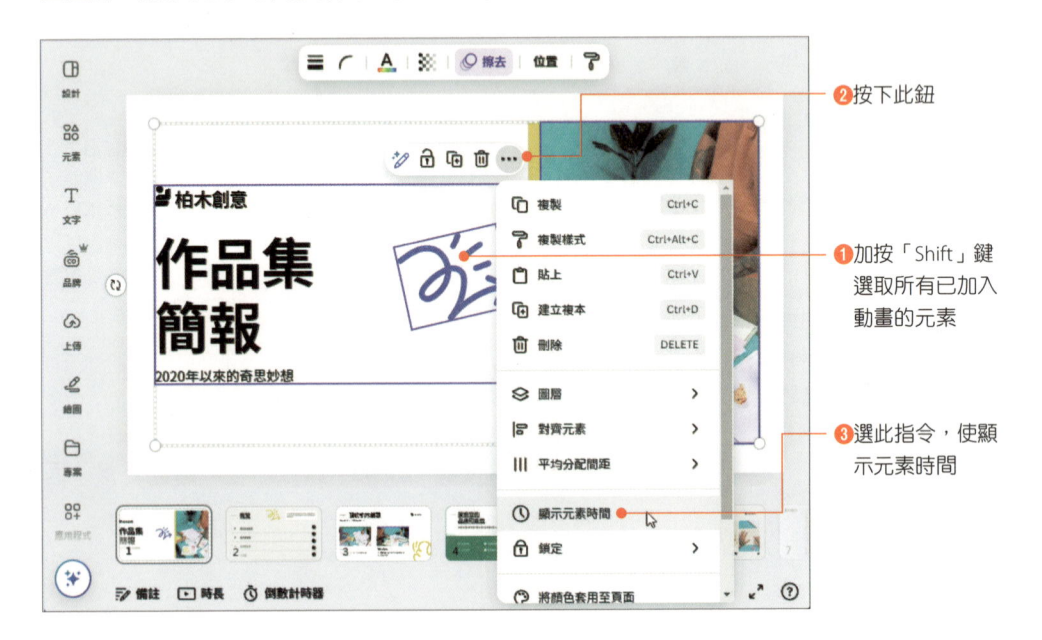

❶加按「Shift」鍵選取所有已加入動畫的元素
❷按下此鈕
❸選此指令,使顯示元素時間

簡報與影音動畫的處理 **06**

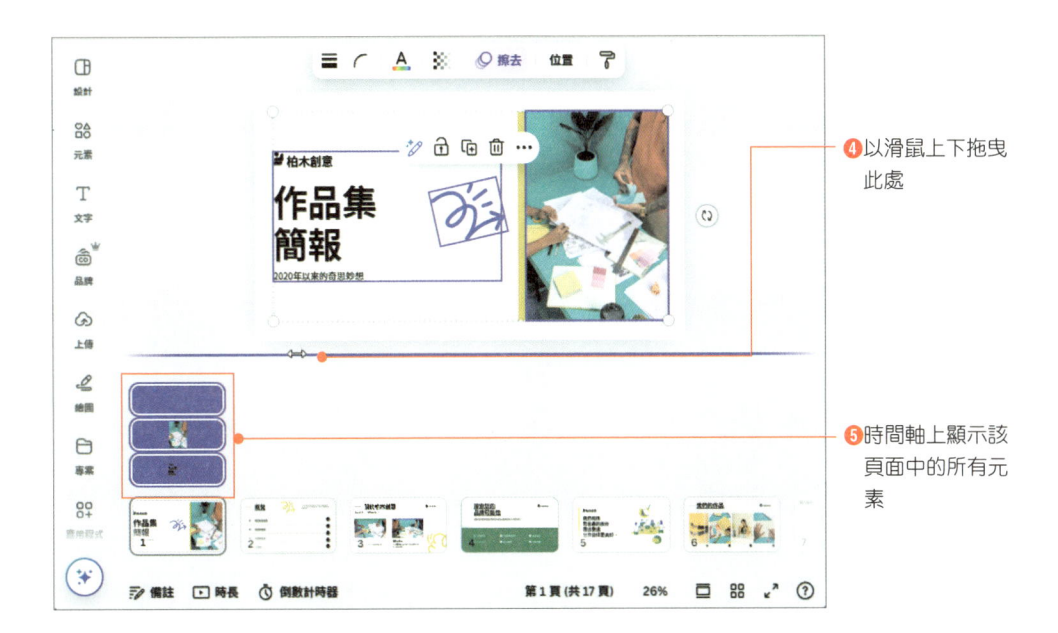

❹以滑鼠上下拖曳此處

❺時間軸上顯示該頁面中的所有元素

在預設狀態下，所有元素的動畫時間都是一樣，各位可以利用滑鼠調整紫色方塊的長度，就可以控制每個元素進場和出場的先後順序。為了方便查看動畫的先後順序，各位可以按下時間軸下方的「時長」鈕，使顯示「播放」鈕。

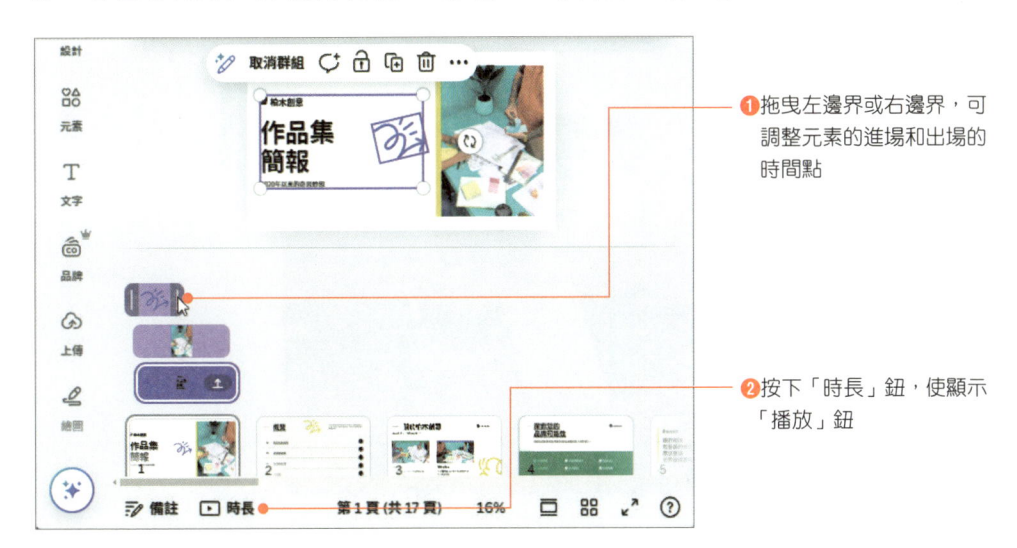

❶拖曳左邊界或右邊界，可調整元素的進場和出場的時間點

❷按下「時長」鈕，使顯示「播放」鈕

6-11

❸ 將播放磁頭移到該頁面的前端

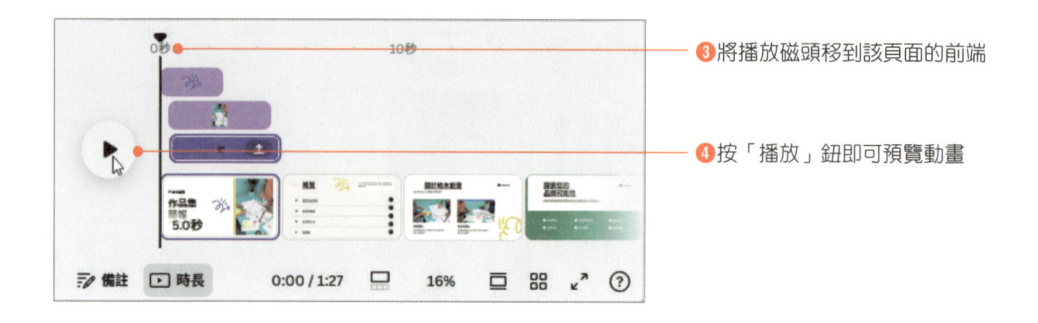

❹ 按「播放」鈕即可預覽動畫

6-1-7 簡報中插入 YouTube 影片

製作的簡報中，經常會加入影片來做說明，透過影片的說明除了可以減少講者的演講時間外，也可以轉換聽眾的心情，甚至透過影片來佐證講者的論點。如果你有 YouTube 影片，想將該影片插入設計的專案中，那麼只要先在瀏覽器上開啟該影片，複製網址後，直接在編輯的頁面上按右鍵執行「貼上」指令，就可以輕鬆搞定喔！

❷ 按「Ctrl」+「C」複製該網址

❶ 由 YouTube 網站開啟該影片

❸ 回到專案的頁面，按右鍵執行「貼上」指令

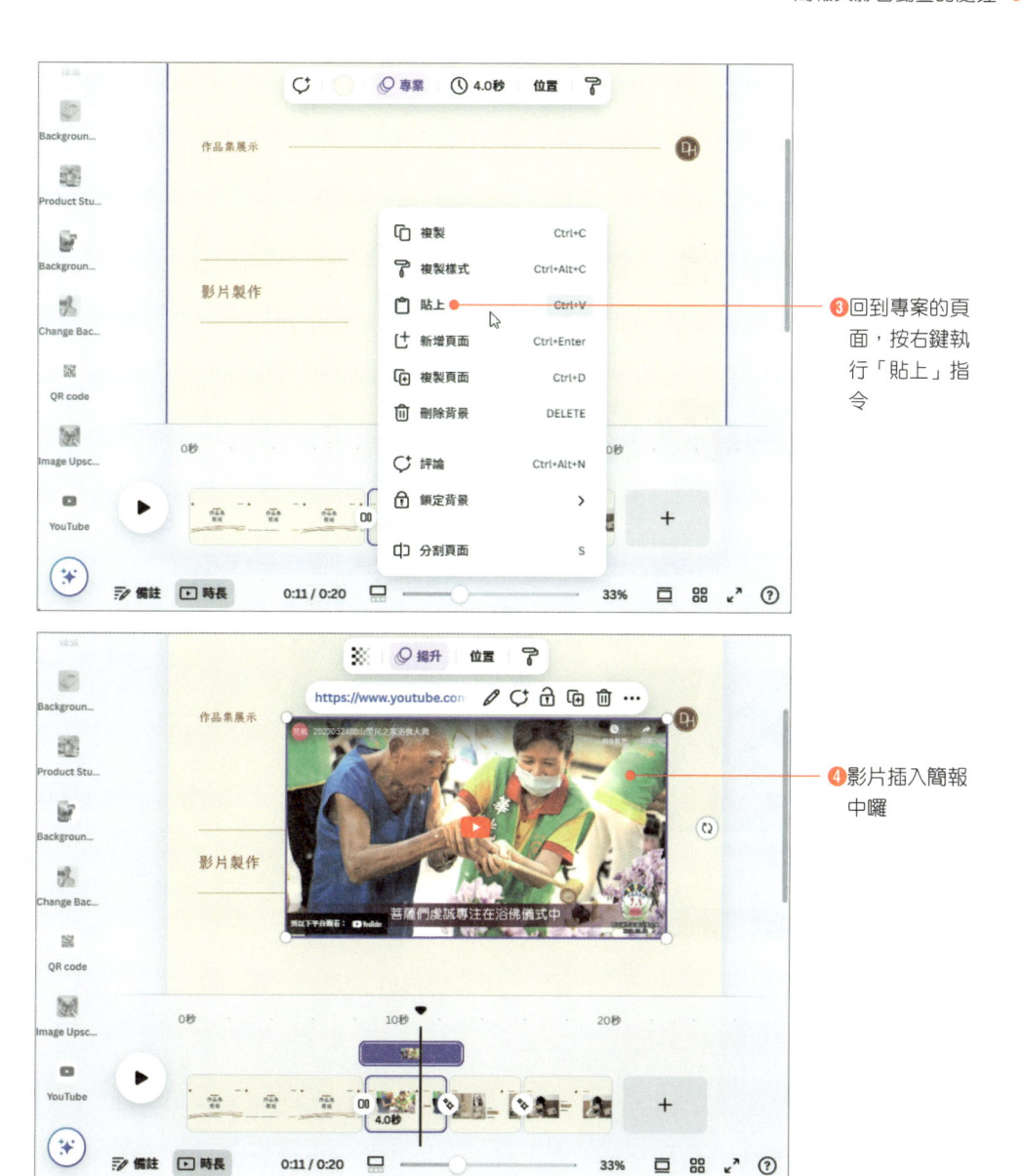

❹ 影片插入簡報中囉

除此之外，在左側的「應用程式」鈕中，按下「YouTube」鈕，也可以找到要連結的影片喔！

❶ 點選「應用程式」

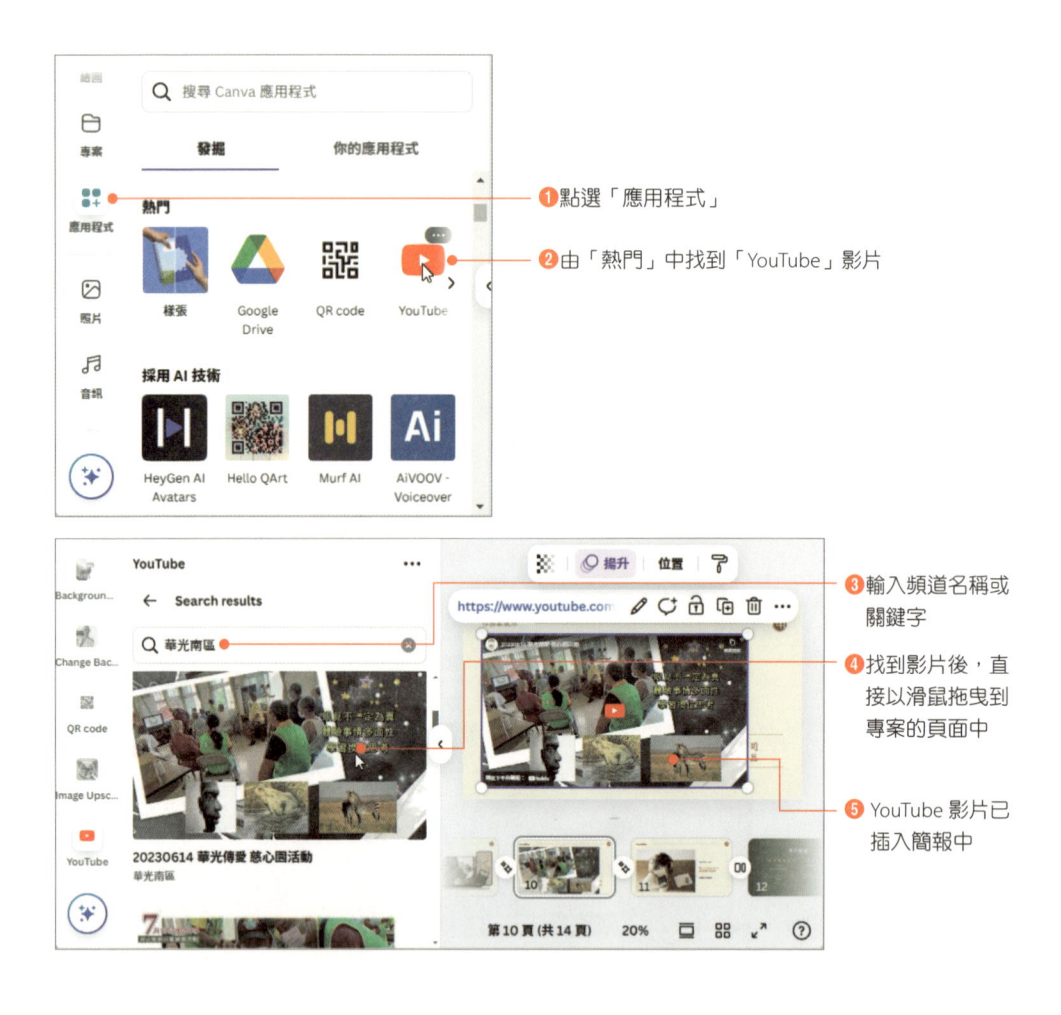

❷ 由「熱門」中找到「YouTube」影片

❸ 輸入頻道名稱或關鍵字

❹ 找到影片後，直接以滑鼠拖曳到專案的頁面中

❺ YouTube 影片已插入簡報中

6-1-8　錄製語音旁白

在 Canva 裡製作簡報，如果需要加入旁白語音，除了透過其他裝置錄音後，再利用「上傳」功能來上傳音檔外，事實上你也可以在 Canva 裡錄製。如果想直接在 Canva 中錄製語音，請先確定電腦已正確連接麥克風裝置，再透過以下的方式進行錄製即可。

簡報與影音動畫的處理 **06**

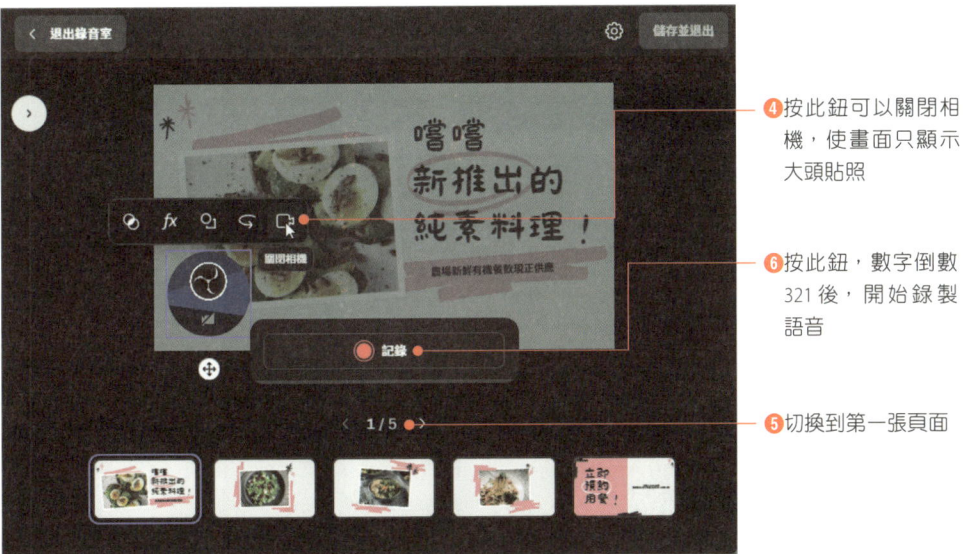

❸ 按下「錄製自己」鈕，使進入錄音室

❷ 點選「上傳」鈕

❶ 開啟簡報檔

❹ 按此鈕可以關閉相機，使畫面只顯示大頭貼照

❻ 按此鈕，數字倒數 321 後，開始錄製語音

❺ 切換到第一張頁面

❼ 錄製後，按此鈕完成

6-15

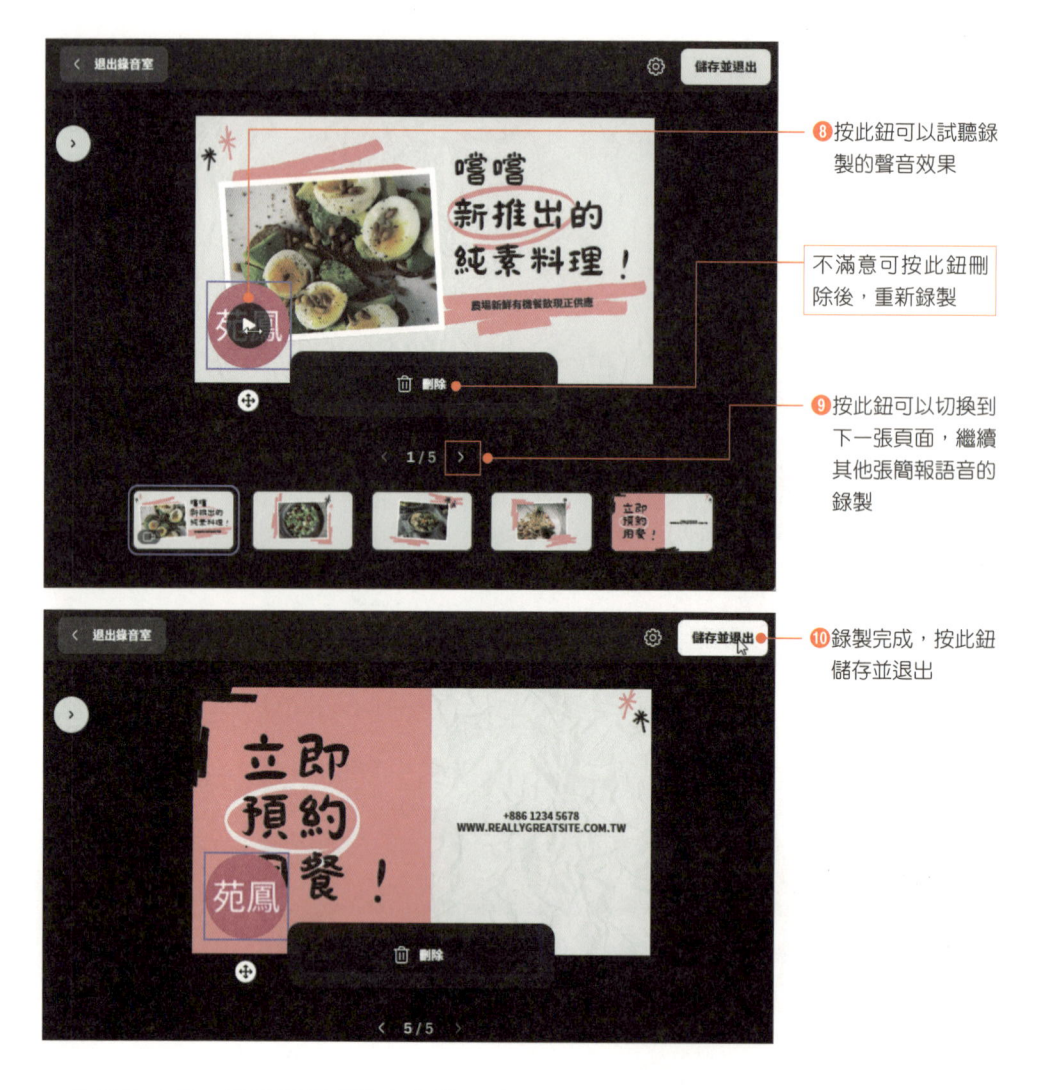

❽ 按此鈕可以試聽錄製的聲音效果

不滿意可按此鈕刪除後，重新錄製

❾ 按此鈕可以切換到下一張頁面，繼續其他張簡報語音的錄製

❿ 錄製完成，按此鈕儲存並退出

　　錄製的時候，雖然選擇「關閉相機」的功能，但是仍會顯示你的大頭貼照在簡報上，如果想去除大頭貼，只要將「透明度」設定為 0，就可以被隱藏起來囉！

❷ 按下「透明度」鈕

❸ 將數值設為 0，大頭貼就隱藏起來

❶ 在各頁面上點選大頭貼照

6-2 影片的基礎編輯技巧

在這個世代中，如果你不會製作影片可就落伍了！許多平台都是透過影片做宣傳來提高知名度，因為動態影片可以透過視覺畫面抓住觀看者的眼球，以旁白／文字做說明，配上動聽的背景音樂，效果當然比單純的文字說明更吸引人。如果你從未製作過影片，也不知道如何開始製作影片，那麼這一章節的介紹內容可別錯過。

6-2-1 輕鬆設計影片

想要製作影片，首先要了解各社群平台所要求的影片尺寸，依照平台要求的尺寸製作影片，才不會白費工夫。在 Canva 裡，很貼心的提供各種影片規格和範本，不管是一般的 1080P、行動影片、臉書影片、YouTube 影片、TikTok 影片、Linkedin

影片、Pinterest 影片釘圖、影像留言、影片拼貼等，只要先選好所需的類別，選好喜歡的範本，你就成功了一大半。

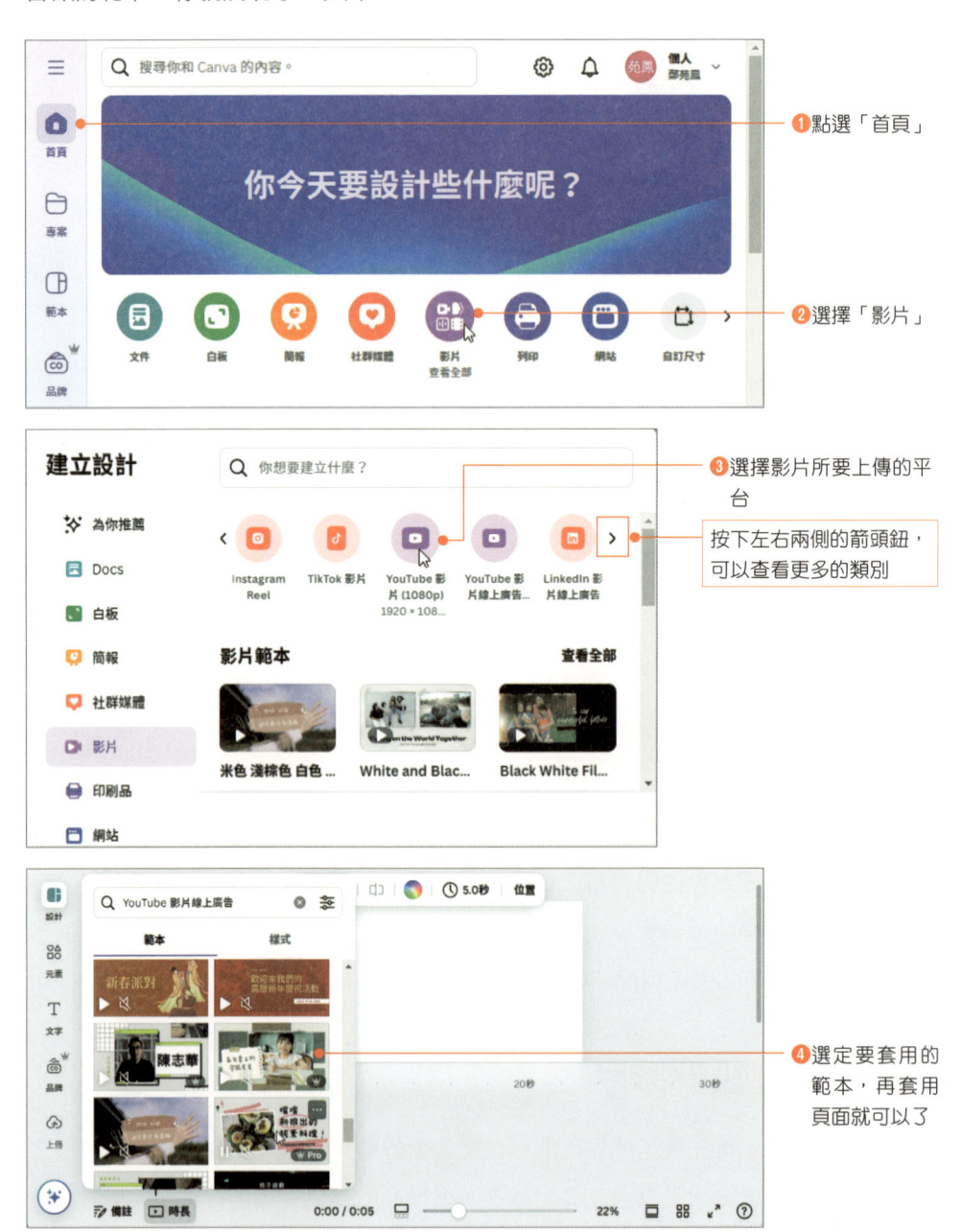

❶ 點選「首頁」

❷ 選擇「影片」

❸ 選擇影片所要上傳的平台

按下左右兩側的箭頭鈕，可以查看更多的類別

❹ 選定要套用的範本，再套用頁面就可以了

透過這樣的方式，你就可以快速建立影片雛形，再依照前面各章介紹的方式，替換素材、更換文字，就可以快速完成影片的設計。

6-2-2 為影片調整尺寸

設計專案，往往是先有平面的內容，之後再循序漸進的發展成簡報或影片。對於這些原先不是影片類型的設計專案或簡報，如果在設計確定後，想要將他們變更成為影片也是行得通喔！即使原先的版面尺寸不相同，也能透過「調整尺寸」的功能，將其變更成為所需的版面大小。同樣地，原先製作的影片，要放到不同的平台上做宣傳，也是透過「調整尺寸」的功能來進行修正！

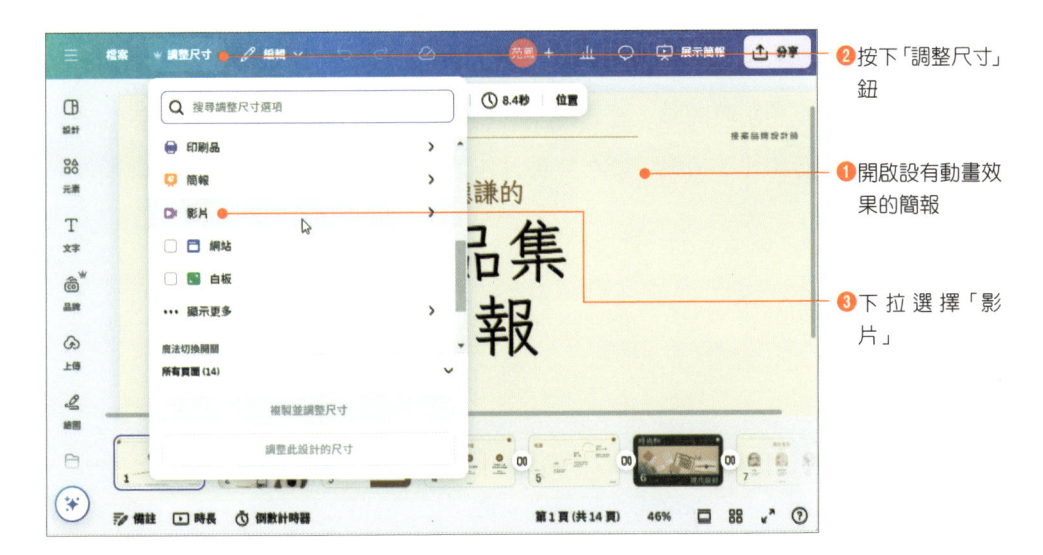

❷ 按下「調整尺寸」鈕

❶ 開啟設有動畫效果的簡報

❸ 下拉選擇「影片」

❹再選擇影片類型

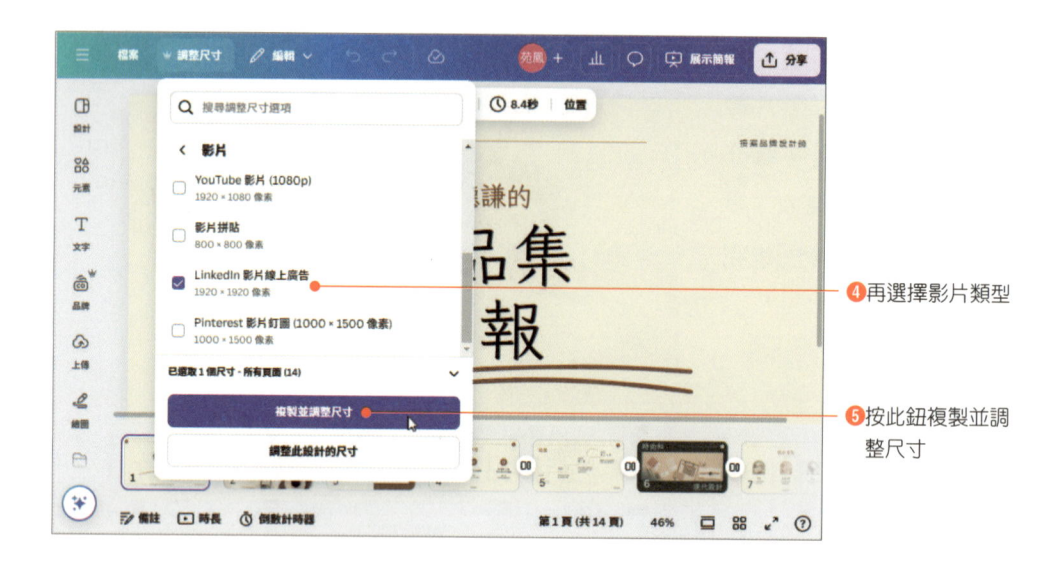

❺按此鈕複製並調整尺寸

透過此方式，可以保留原先的設計專案，然後自動將調整後內容以影片方式呈現。

6-2-3　影片去頭去尾

當你將拍攝的影片片段上傳到 Canva 後，通常都需要做去蕪存菁的動作，把多餘的片段剪掉，才能將最精華的部分保留下來。剪片的方式通常有兩種，一種是去頭去尾，一個是分割影片片段。

首先我們來看「去頭去尾」的影片編輯方式，這是以手機拍攝的影片，最常用到的剪輯方式。只要利用時間軸，將該片段的左側邊界往右拖曳，即可修剪影片的開頭；將該片段的右側往左拖曳，即可修剪片尾的地方。修剪之後，即可看到影片的秒數變少。

❶ 按下「時長」鈕，可顯示時間軸素材

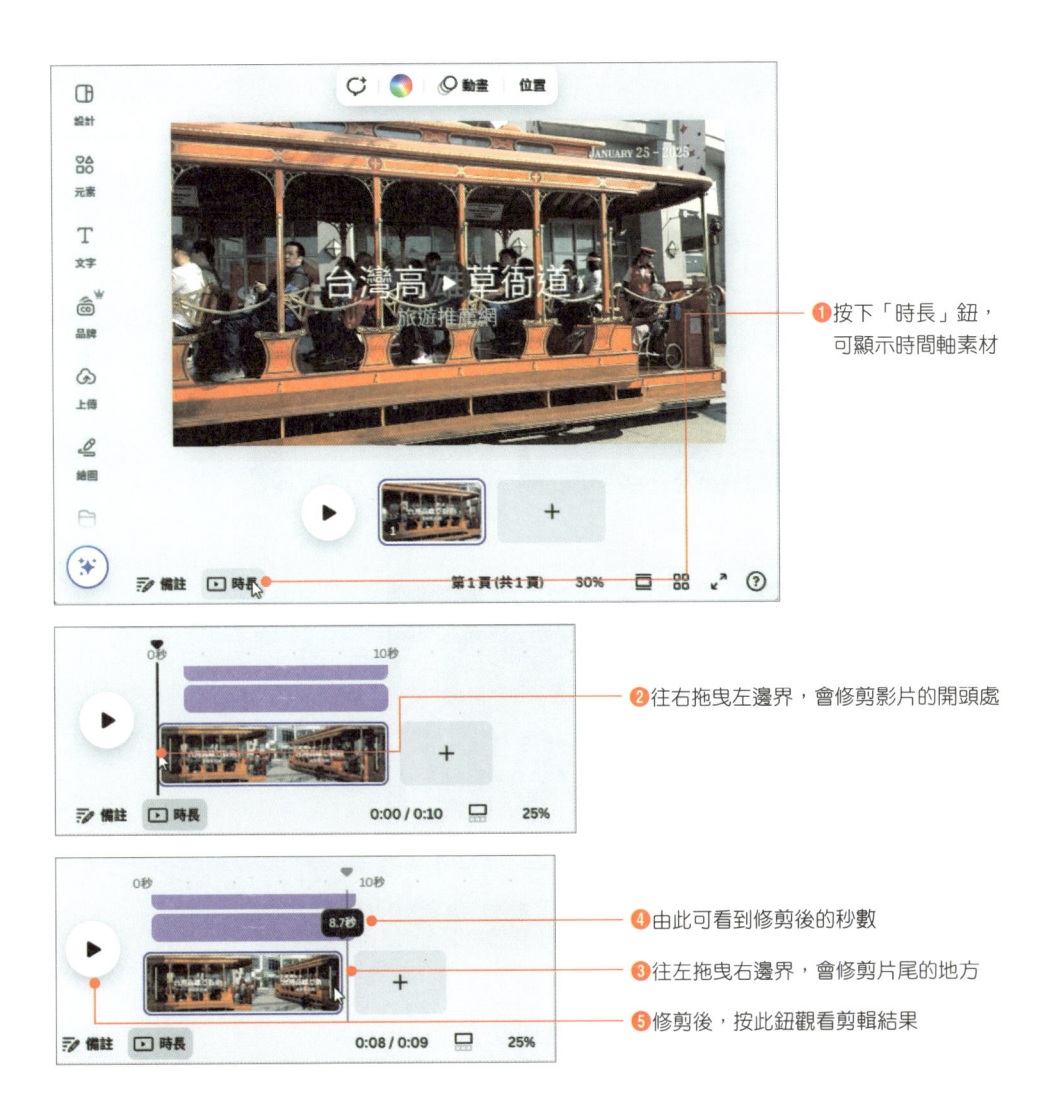

❷ 往右拖曳左邊界，會修剪影片的開頭處

❹ 由此可看到修剪後的秒數
❸ 往左拖曳右邊界，會修剪片尾的地方
❺ 修剪後，按此鈕觀看剪輯結果

6-2-4 分割影片片段

如果影片需要一分為二，可以先將播放磁頭放在要分割的位置，再按右鍵執行「分割頁面」指令，即可將影片一分為二。

❶ 播放磁頭放在要一分為二的地方

❷ 按右鍵執行「分割頁面」指令

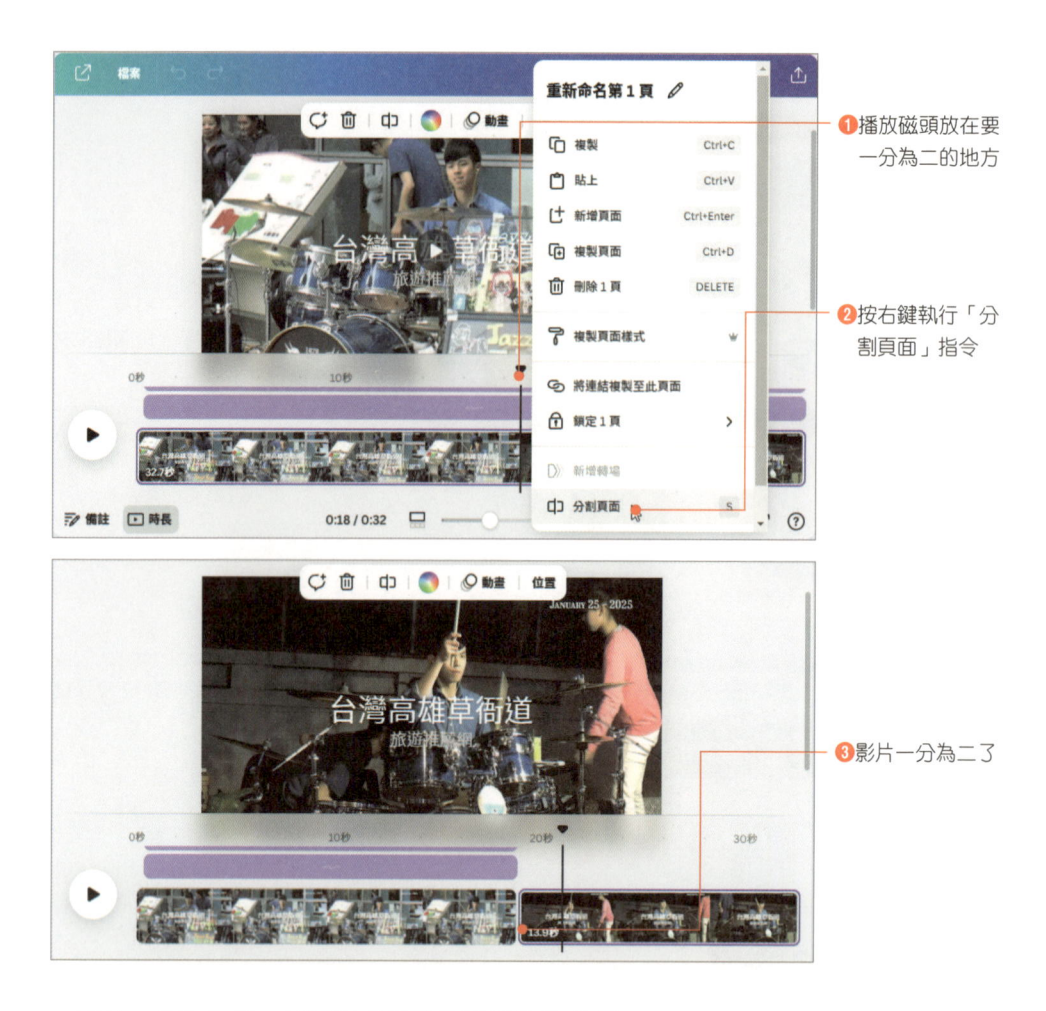

❸ 影片一分為二了

影片一分為二後,就可以分別進行影片的修剪囉!

6-2-5 調整播放速度

所插入的影片如果需要調整影片的播放速度,像是加快或放慢速度等,可以在點選影片後,由上方的工具列的「播放」鈕進行調整。

簡報與影音動畫的處理 06

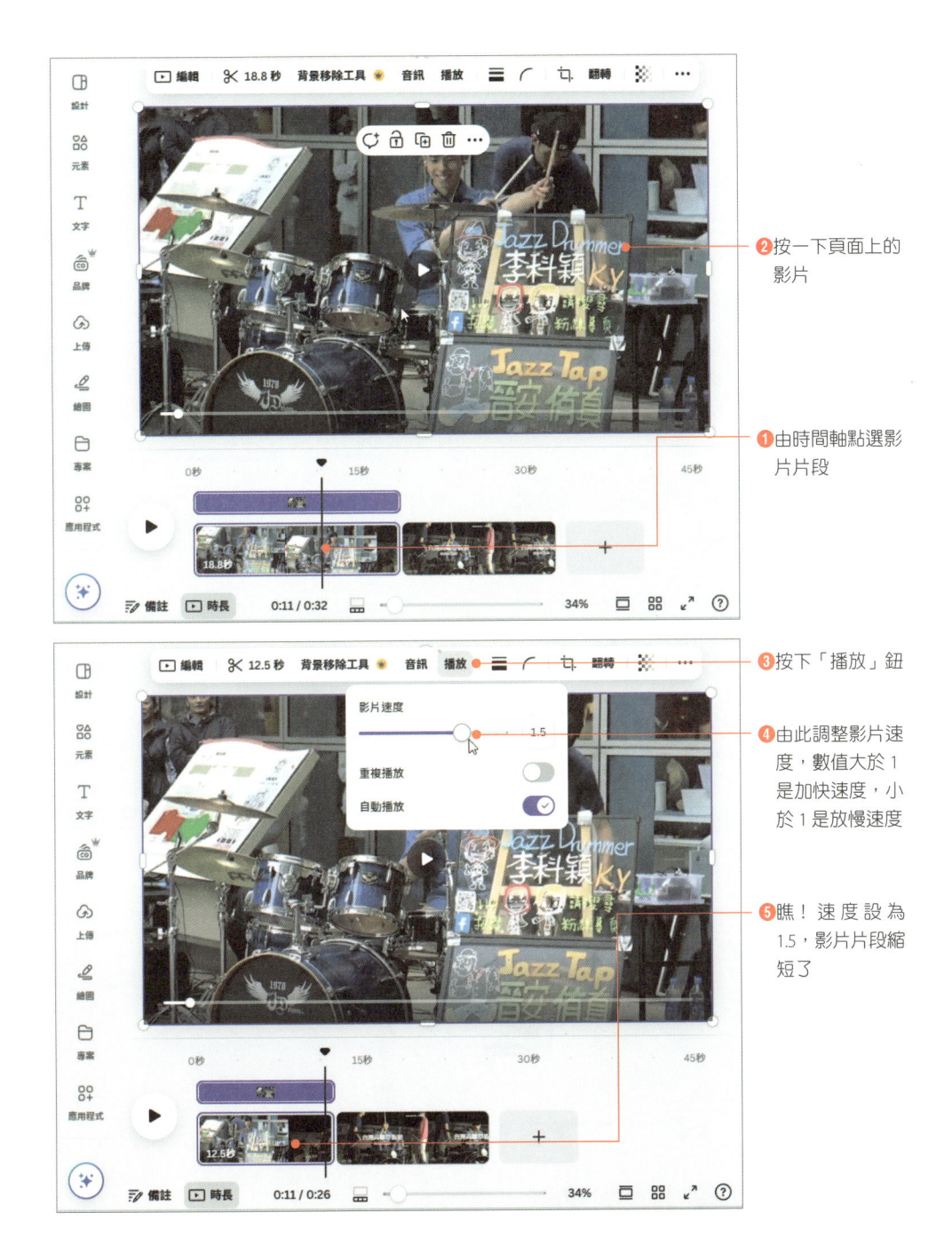

❷ 按一下頁面上的影片

❶ 由時間軸點選影片片段

❸ 按下「播放」鈕

❹ 由此調整影片速度，數值大於 1 是加快速度，小於 1 是放慢速度

❺ 瞧！速度設為 1.5，影片片段縮短了

6-23

6-2-6 加入轉場效果

影片片段和影片片段之間，也允許你加入轉場效果，加入轉場效果可以讓影片切換時更加協調，而不會感覺到突兀。要加入轉場效果，可在前段影片上按右鍵，再執行「新增轉場」的指令。

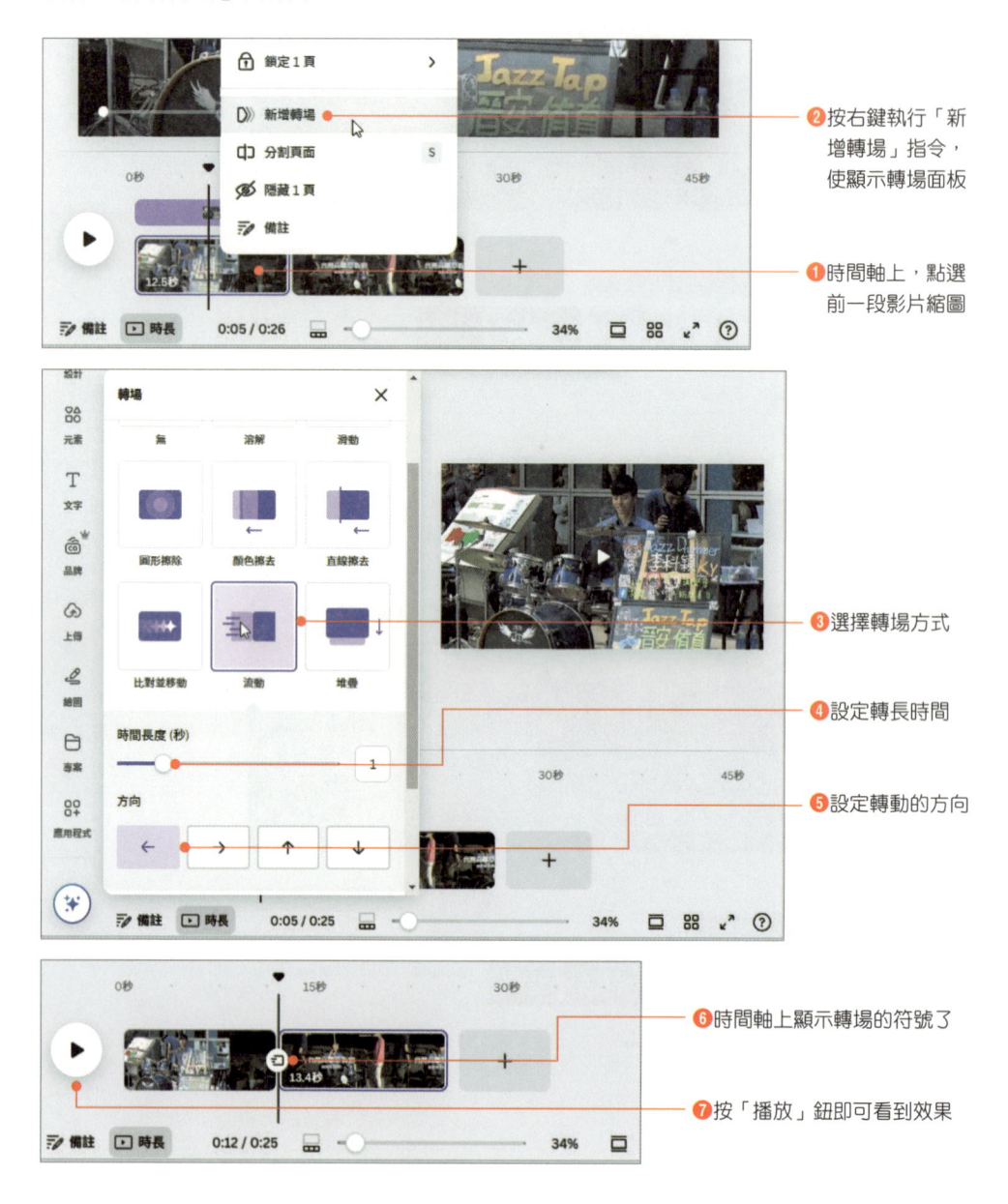

❷ 按右鍵執行「新增轉場」指令，使顯示轉場面板

❶ 時間軸上，點選前一段影片縮圖

❸ 選擇轉場方式

❹ 設定轉長時間

❺ 設定轉動的方向

❻ 時間軸上顯示轉場的符號了

❼ 按「播放」鈕即可看到效果

6-2-7　調整影片色彩

有時候因為拍攝的時間不對，可能會造成影片色偏、太暗、太亮、昏暗⋯等問題，在 Canva 中編輯影片，你一樣可以針對這些缺失，進行白平衡、亮度、對比、陰影、顏色⋯等問題的修正。

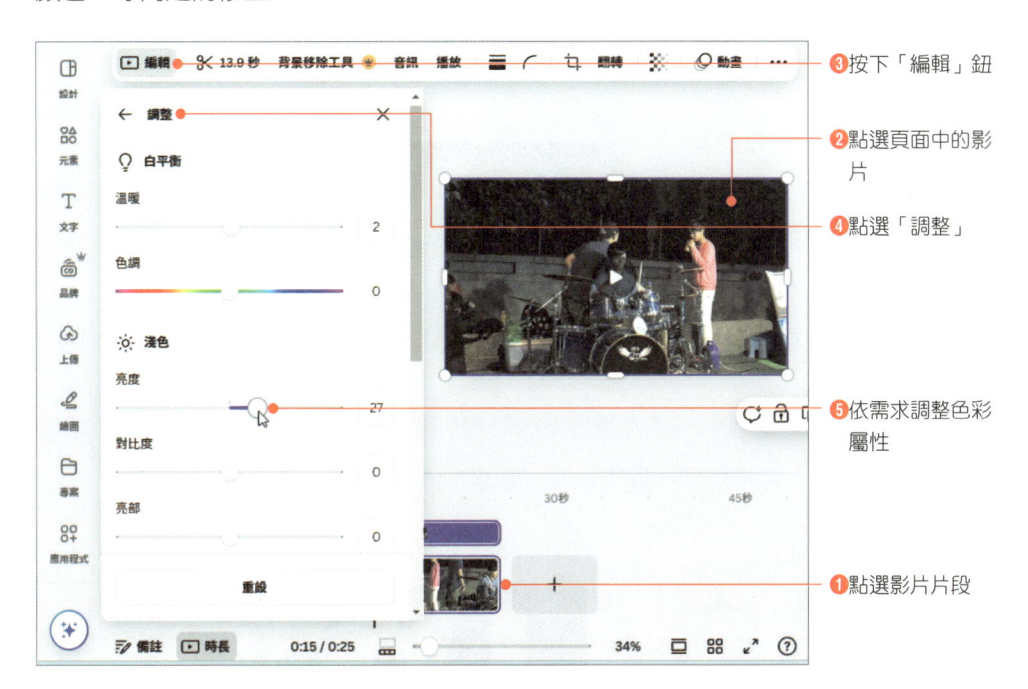

- ❸ 按下「編輯」鈕
- ❷ 點選頁面中的影片
- ❹ 點選「調整」
- ❺ 依需求調整色彩屬性
- ❶ 點選影片片段

6-2-8　影片套用濾鏡效果

影片除了色彩調整外，Canva 也提供各種的濾鏡效果，按下「編輯」鈕後，在左側的面板中即可看到濾鏡，直接點選喜歡的濾鏡縮圖就可以套用該效果，還可設定濾鏡的強度。

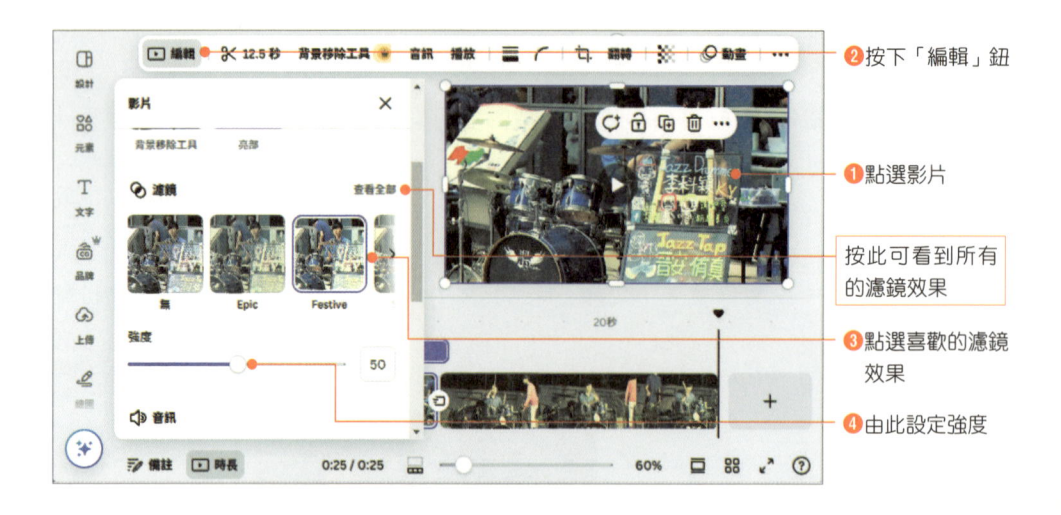

[圖示說明]
❷ 按下「編輯」鈕
❶ 點選影片
按此可看到所有的濾鏡效果
❸ 點選喜歡的濾鏡效果
❹ 由此設定強度

6-2-9 加入背景音樂

影片串接之後,當然少不了背景音樂的陪襯,讓音樂可以帶動整個影片的氛圍。要加入背景音樂,可以透過「應用程式」鈕來加入「音訊」。設定方式如下:

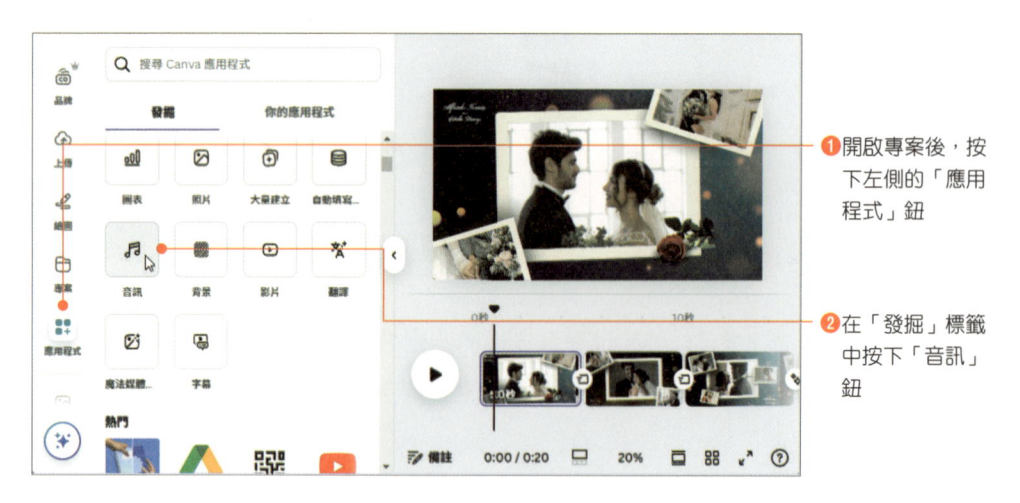

❶ 開啟專案後,按下左側的「應用程式」鈕

❷ 在「發掘」標籤中按下「音訊」鈕

簡報與影音動畫的處理 06

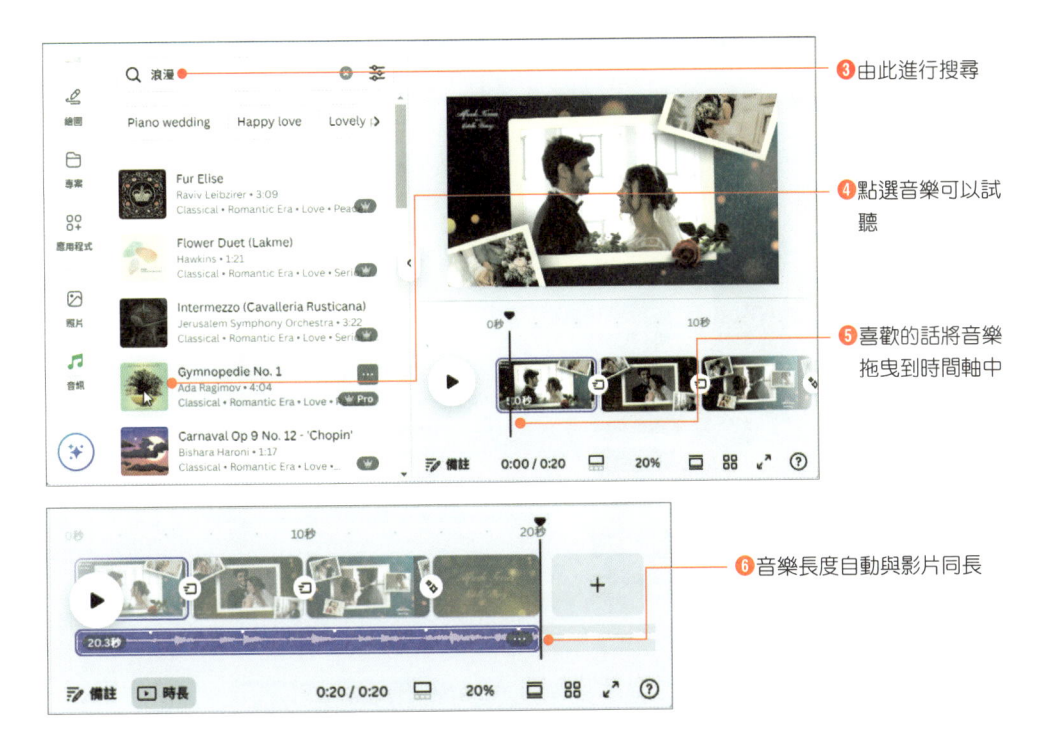

❸ 由此進行搜尋

❹ 點選音樂可以試聽

❺ 喜歡的話將音樂拖曳到時間軸中

❻ 音樂長度自動與影片同長

除了使用「應用程式」的「音訊」功能來加入音樂，如果你有自己的音樂要加入，就透過「上傳」鈕來進行檔案上傳或自己錄製。

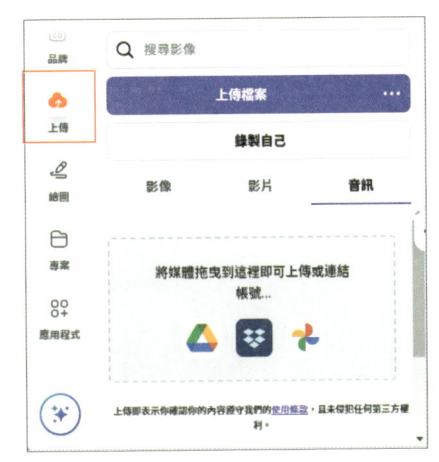

6-2-10 分享與下載影片

好不容易設計好影片，當然要與他人分享你的作品。最簡單的方式就是下載到你的電腦上，然後再轉傳至所要的平台上。在輸出品質方面，共有四種選擇，預設值為 1080p(HD)，輸出影片為 1920 x 1080 像素，若用於社交媒體，可選擇 720p，最

高品質為 4K(UHD)，此輸出畫質為 3840 x 2160，適用於大螢幕，而最差的品質則為 480p，適用於草稿。

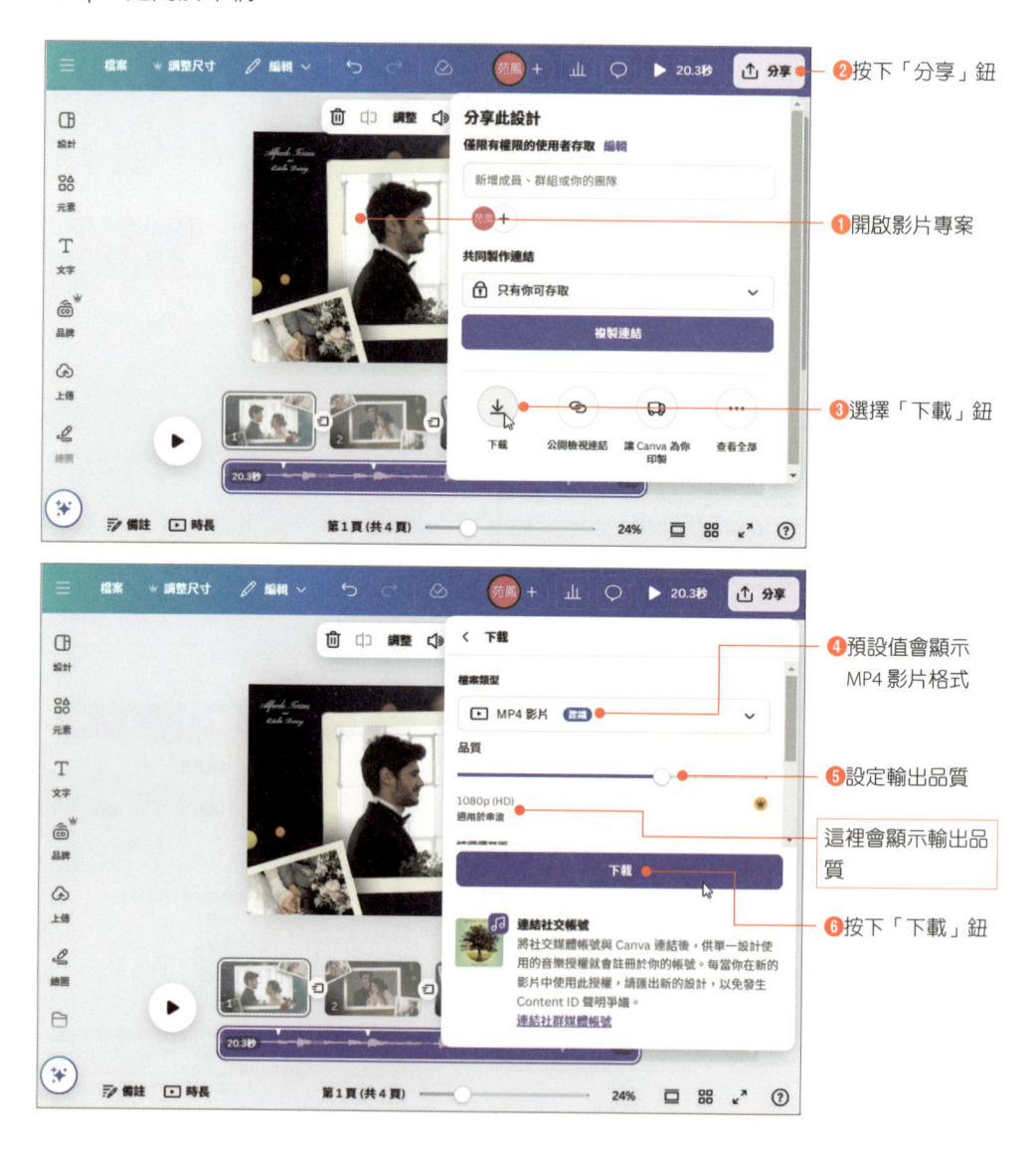

❶ 開啟影片專案
❷ 按下「分享」鈕
❸ 選擇「下載」鈕
❹ 預設值會顯示 MP4 影片格式
❺ 設定輸出品質
這裡會顯示輸出品質
❻ 按下「下載」鈕

稍等一下，影片會自動下載到電腦的「下載」資料夾中。

6-3 影音進階編輯技巧

前面一小節，我們已經將影片常用的編輯技巧做了說明，相信各位應該可以很自信的編輯影片。這小節我們將進一步介紹進階的技巧，讓各位在上字幕、音訊處理方面，也可以在 Canva 中完成。

6-3-1 自動為影片加上字幕

影片中加入字幕，通常可以提高點閱率，因為在很多公眾場合，手機是必須是關靜音的，此時如果有字幕出現，就可以知道影片內容在講什麼。

在 Canva 裡，有一個功能是利用語音來辨識聲音，同時自動為影片加入字幕，只不過此功能只能在 Canva 平台上檢視，如果使用「分享」功能來「下載」MP4 影片，是看不到影片字幕的。

由於輔助字幕是自動產生的，目前尚未提供編輯的功能，而且字幕的精確度仍無法完全正確，這取決於演講者的口齒清晰程度，但是透過連結網址的方式，還是可以把字幕呈現出來。

這裡提供兩種加入輔助字幕的方式供各位參考：

方式 1

加入有語音的影片後，由左側點選「文字」鈕，再從顯示的面板中點選「動態文字／Captions」功能。

❷ 點選「文字」鈕

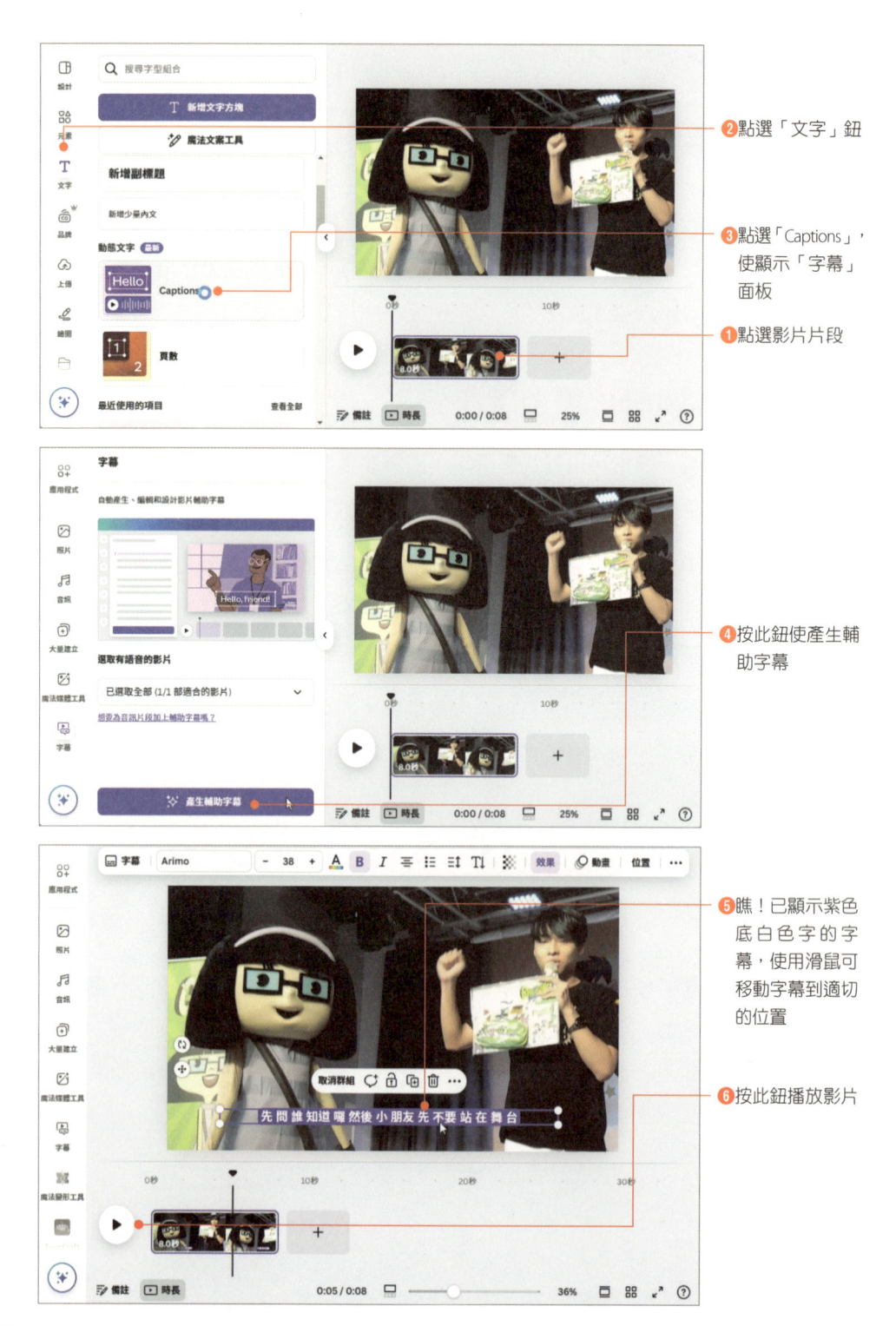

❸ 點選「Captions」，使顯示「字幕」面板

❶ 點選影片片段

❹ 按此鈕使產生輔助字幕

❺ 瞧！已顯示紫色底白色字的字幕，使用滑鼠可移動字幕到適切的位置

❻ 按此鈕播放影片

方式 2

由 Canva「首頁」的右上角按下「設定」⚙ 鈕,啟動字幕功能。

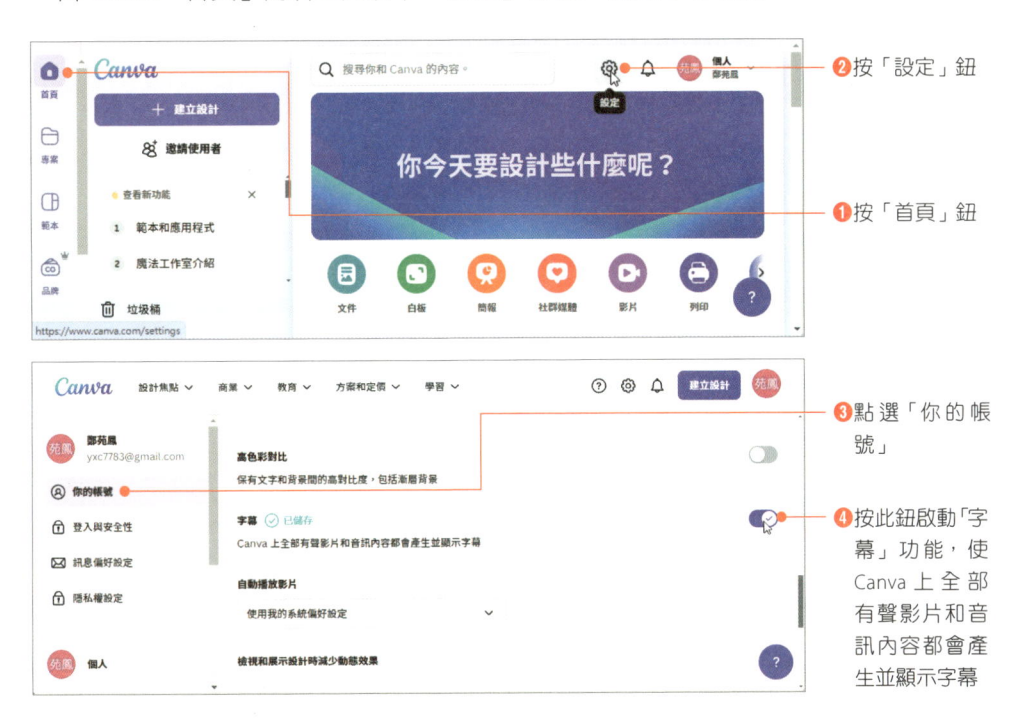

❷ 按「設定」鈕

❶ 按「首頁」鈕

❸ 點選「你的帳號」

❹ 按此鈕啟動「字幕」功能,使 Canva 上全部有聲影片和音訊內容都會產生並顯示字幕

設定完成後,開啟你的有聲影片,然後在時間軸上點選影片片段,按右鍵執行「顯示唯讀輔助字幕」指令,如此一來就可以看到黑底白字的字幕。

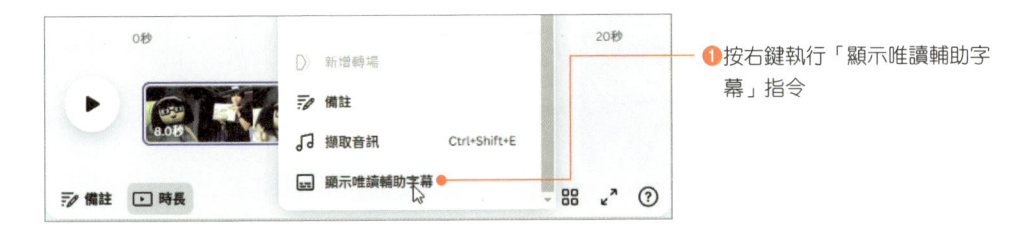

❶ 按右鍵執行「顯示唯讀輔助字幕」指令

❸ 已顯示黑底白色的字幕囉

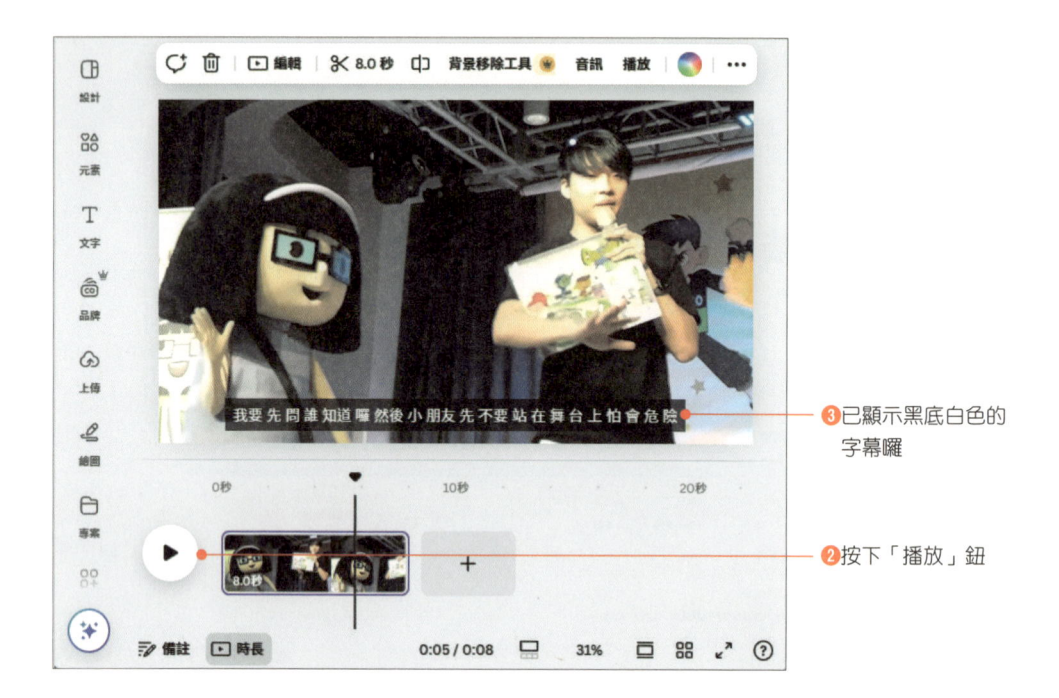

❷ 按下「播放」鈕

以上兩種方式皆可以顯示輔助字幕，筆者實測的結果，覺得第二種的精確程度會比第一種效果好些。但是，如果你希望輔助字幕也可以讓其他人看到，建議選用第一種的設定方式，再透過「公開檢視連結」，這樣就可以看到輔助字幕。方式如下：

❶ 點選「文字」鈕方式，加入「Captions」後，再按下「分享」鈕

❷ 點選「公開檢視連結」鈕

❸ 點選「建立公開檢視連結」

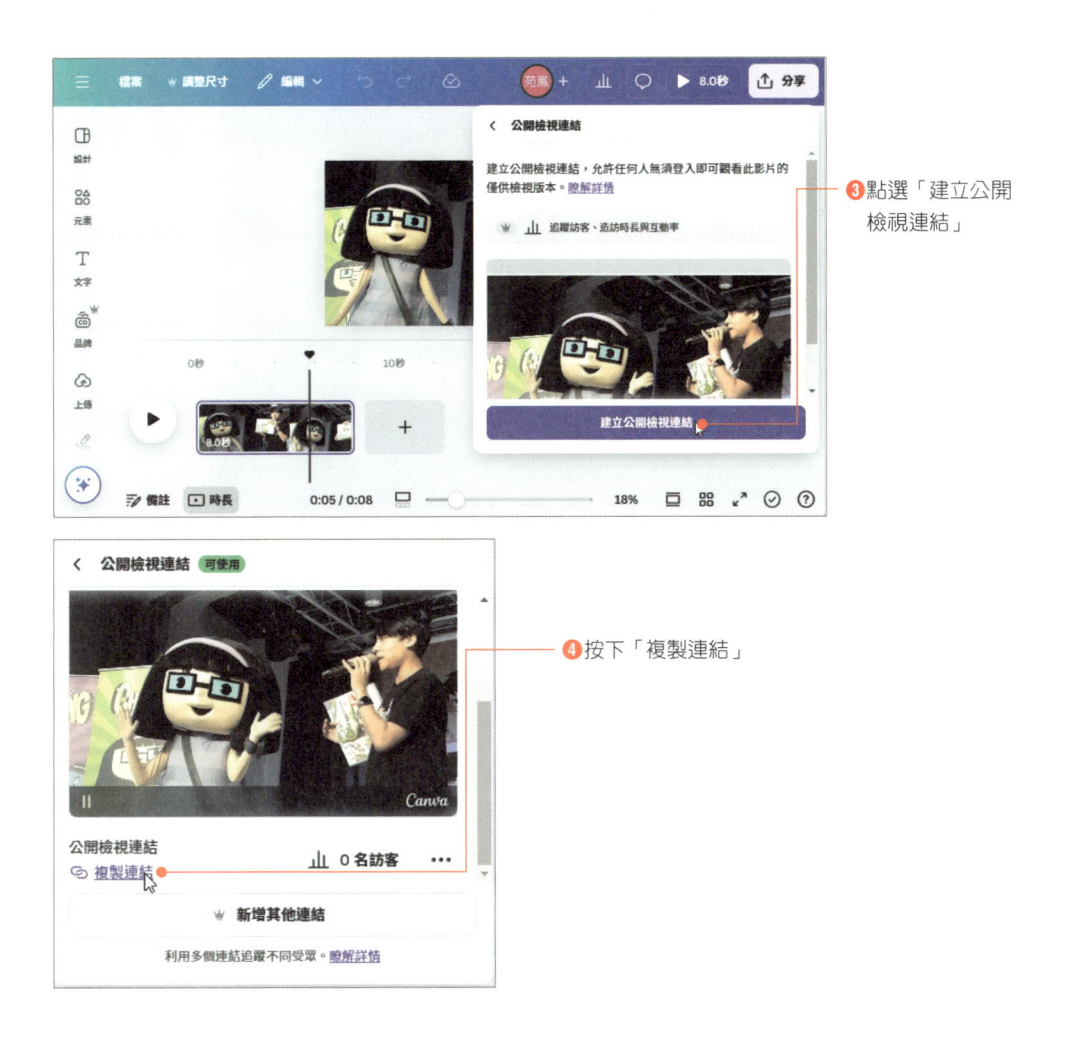

❹ 按下「複製連結」

將此連結提供給他人，其他人就可以透過連結網址來看到影片中的字幕囉！如下圖所示：

6-3-2 去除影片背景

在進行影片製作時,對於背景不是很複雜的影片,我們可透過「背景移除工具」來消除影片的背景,讓主體人物可以與我們設定的畫面完美的整合在一起。

❶ 將背景較單純的影片素材放入頁面中

❷ 按下「背景移除工具」鈕

❸ 影片去背後，可與下方的素材完美整合

6-3-3 音訊的淡入淡出

加入背景音樂後，雖然影片結束時聲音就立即切斷，但往往會有突兀的感覺。此時我們可以利用「減弱」的功能來設定聲音的淡入與淡出，也就是背景音樂從無漸漸地加大聲音，結束時聲音漸漸地變成無。設定方式如下：

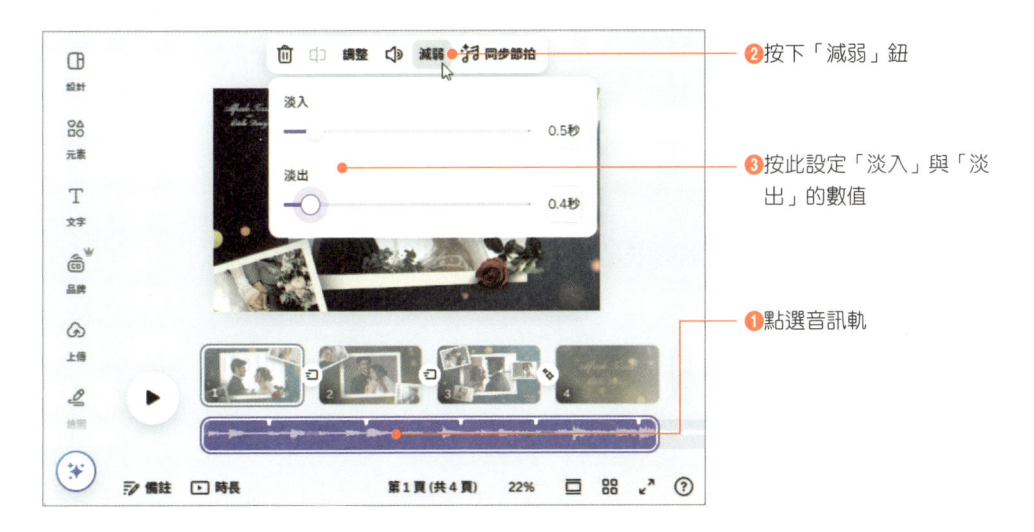

❷ 按下「減弱」鈕

❸ 按此設定「淡入」與「淡出」的數值

❶ 點選音訊軌

6-35

6-3-4 控制音量大小

加入的背景音樂如果音量過大或過小，想要調整音量，可在時間軸上點選聲音軌，按右鍵選擇「音量」來進行調整。

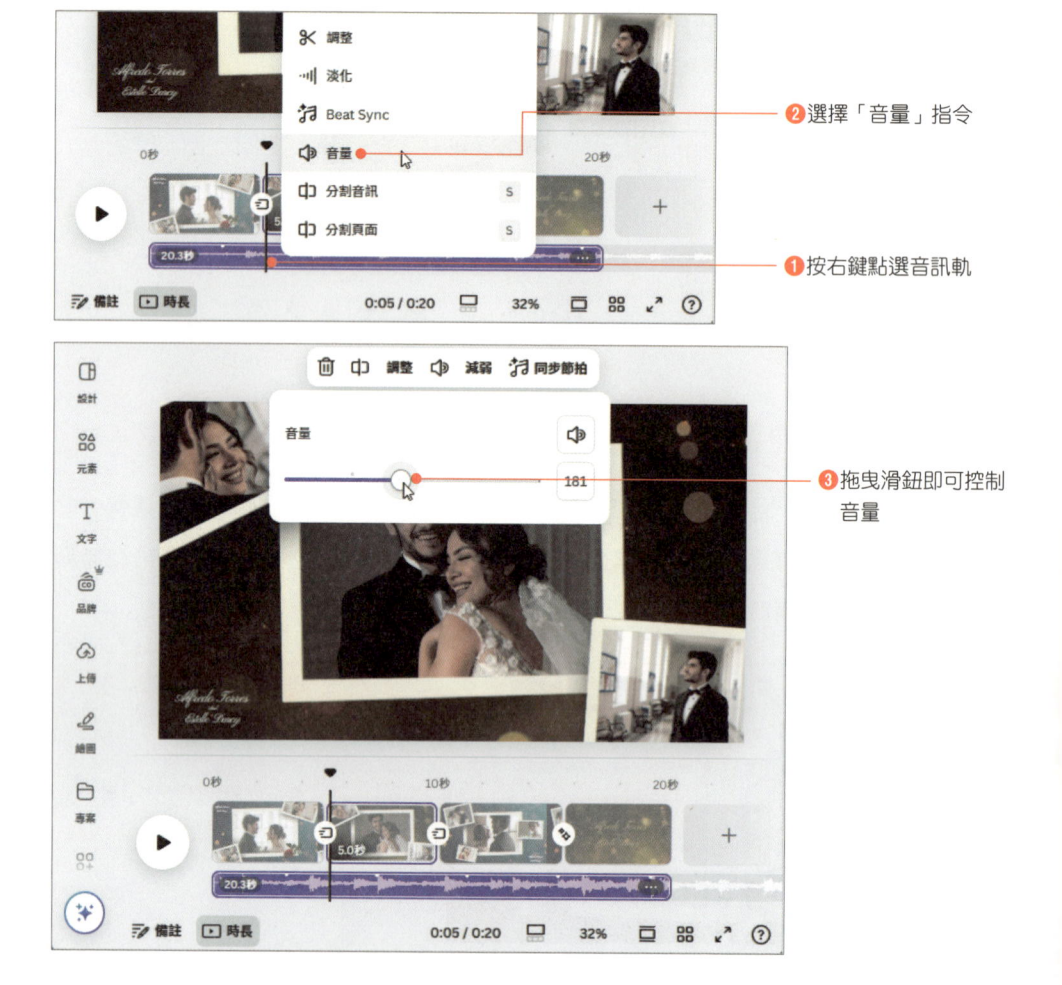

❶ 按右鍵點選音訊軌
❷ 選擇「音量」指令
❸ 拖曳滑鈕即可控制音量

6-3-5 設定為同步節拍

「同步節拍」的功能是將你的頁面和素材與音樂對拍，來達到完美的結合。使用方式很簡單，只要在上方的工具列上點選「同步節拍」鈕就可以搞定。

② 按下「同步節拍」
　　鈕

③ 開啟「立即同步」
　　開關

① 點選音訊軌

④ 顯示同步的結果

6-37

MEMO

07

網站專案與
課程設計

在這個章節中，我們要和各位介紹網站專案的設計與課程的設計，其中課程設計僅限於團隊的使用，如果你未選用「Canva 團隊版」的訂閱方案，就無法將課程內容分享給團隊成員，不是團隊成員也無法分享課程喔。

7-1 網站專案設計

在社群平台上，各位在瀏覽內容時，經常會看到許多的一頁式廣告，用來宣傳自家的商品，並提供你訂購商品。這些一頁式的廣告，事實上也可以利用 Canva 來製作。因為 Canva 裡有許多的範本可供你套用和修改，而且設計的內容不但可以顯示在電腦上，在行動裝置上它還會自動調整尺寸，以適合手機的顯示，它也能夠依你的需要包含導覽選單，方便瀏覽者切換頁面。最重要的是它能加快你製作網頁的時間，所以這裡我們就來了解，如何製作這樣的網頁內容。

7-1-1 建立一頁式專案

首先我們從「首頁」按下「網站」，裡面就有許多的範本可供選用。先挑選一個與你的專案相關的範本，然後選擇「套用全部」即可。

❶點選「首頁」

❷按下「網站」鈕

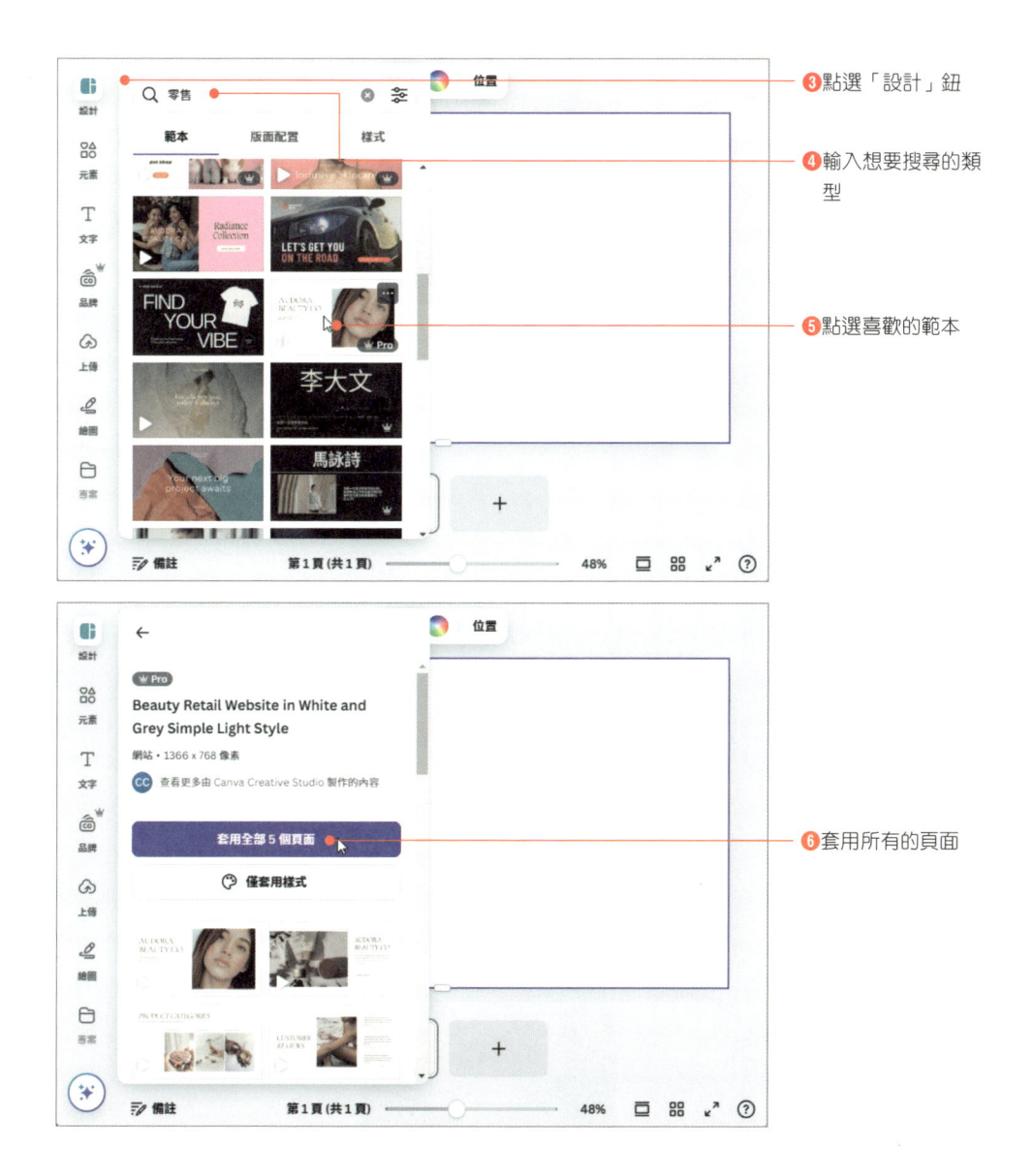

網站專案與課程設計 07

❸ 點選「設計」鈕

❹ 輸入想要搜尋的類型

❺ 點選喜歡的範本

❻ 套用所有的頁面

7-3

❼拖曳此處,即可瀏覽此直式排列的頁面

由此可進行頁面的移動、隱藏、複製、刪除、新增等處理

7-1-2 檢視模式切換

剛剛建立的網頁,就像各位在臉書等社群平台上所看到的一頁式網頁。事實上它和一般簡報的頁面相同,只是檢視模式不同而已。各位可以按下右下角的「縮圖檢視」🔳鈕,就會切換到如下的「縮圖檢視」模式,再按一下「捲動檢視」🔲鈕,就會顯示上方的一頁式網頁。

縮圖檢視模式

再按此鈕一下,就會變回一頁式的網頁

7-1-3　替換素材與文字

有了範本的雛形後，接著就是透過「上傳」 鈕，上傳你的圖片／影片等素材，點選文字方塊即可更換文字，文字方塊不夠用，可使用「文字」 T 鈕來「新增文字方塊」，只要各位熟悉第四章教授的內容，就可以輕鬆完成文字和圖像的編排。如右圖所示：

7-1-4　設定頁面標題

假如你希望網頁中可以包含導覽選單，方便瀏覽者隨意切換到任何一個頁面，那麼你必須要為每個頁面進行標題的命名，這樣設計出來的網頁才能夠進行切換。

要為頁面命名，可以在下方縮圖的右上角按下 鈕，在開啟的面板中進行設定。

❷按於此處，並輸入名稱「home」

❶點選縮圖右上角的按鈕

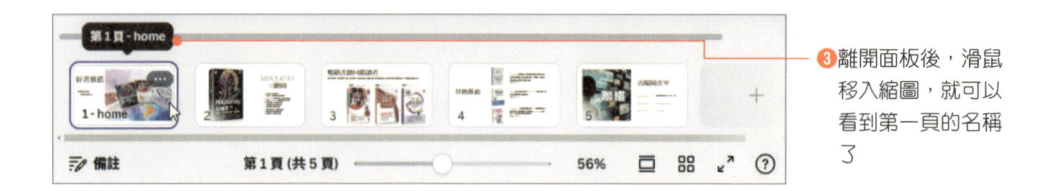

❸ 離開面板後,滑鼠移入縮圖,就可以看到第一頁的名稱了

接下來請以相同方式完成所有頁面的命名,而各頁面的名稱顯示如圖。

7-1-5　設定外部連結

在一頁式網頁中,如果需要將文字或圖片連結到外部網站或是電子郵件,只要輸入連結的網址即可。這裡以電子郵件做示範:

❷ 按下「連結」鈕

❶ 選取要做連結的郵件地址

❸ 輸入「mailto:」，接著再輸入電子郵件地址

❷ 按下「完成」鈕離開即可

7-1-6 跨平台網站預覽與調整

頁面的標題都設定完成後，各位可以在右下角按下「捲動檢視」 鈕，你就可以觀看一頁式網頁的內容。另外，如果按下右上角的「預覽」鈕則可進行桌上型電腦或行動裝置的預覽。

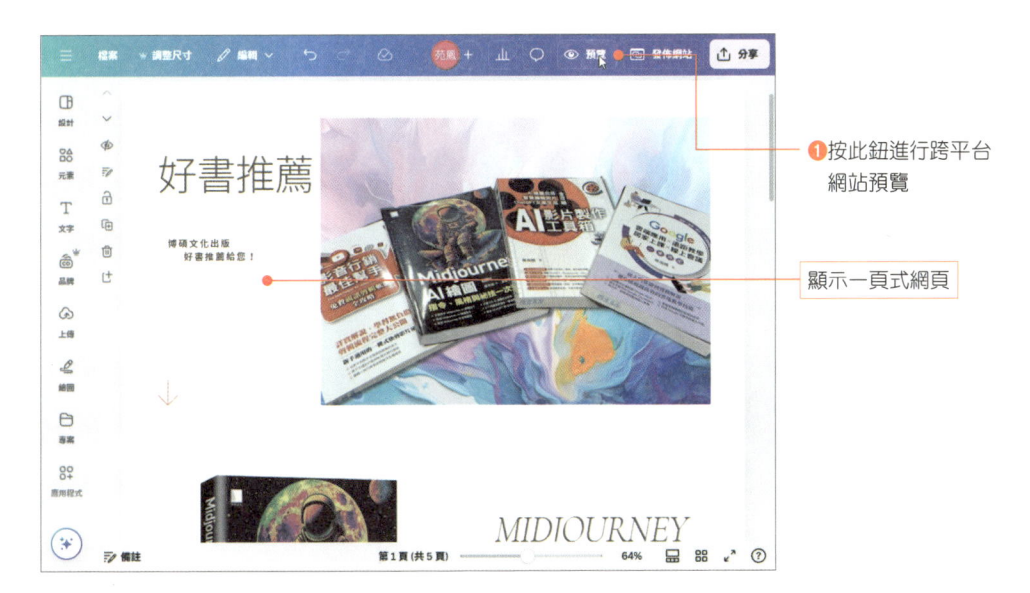

❶ 按此鈕進行跨平台網站預覽

顯示一頁式網頁

❸ 再按下此鈕

❷ 此處顯示桌上型電腦的預覽

按此鈕關閉視窗離開

❹ 瞧！切換成行動裝置的預覽了

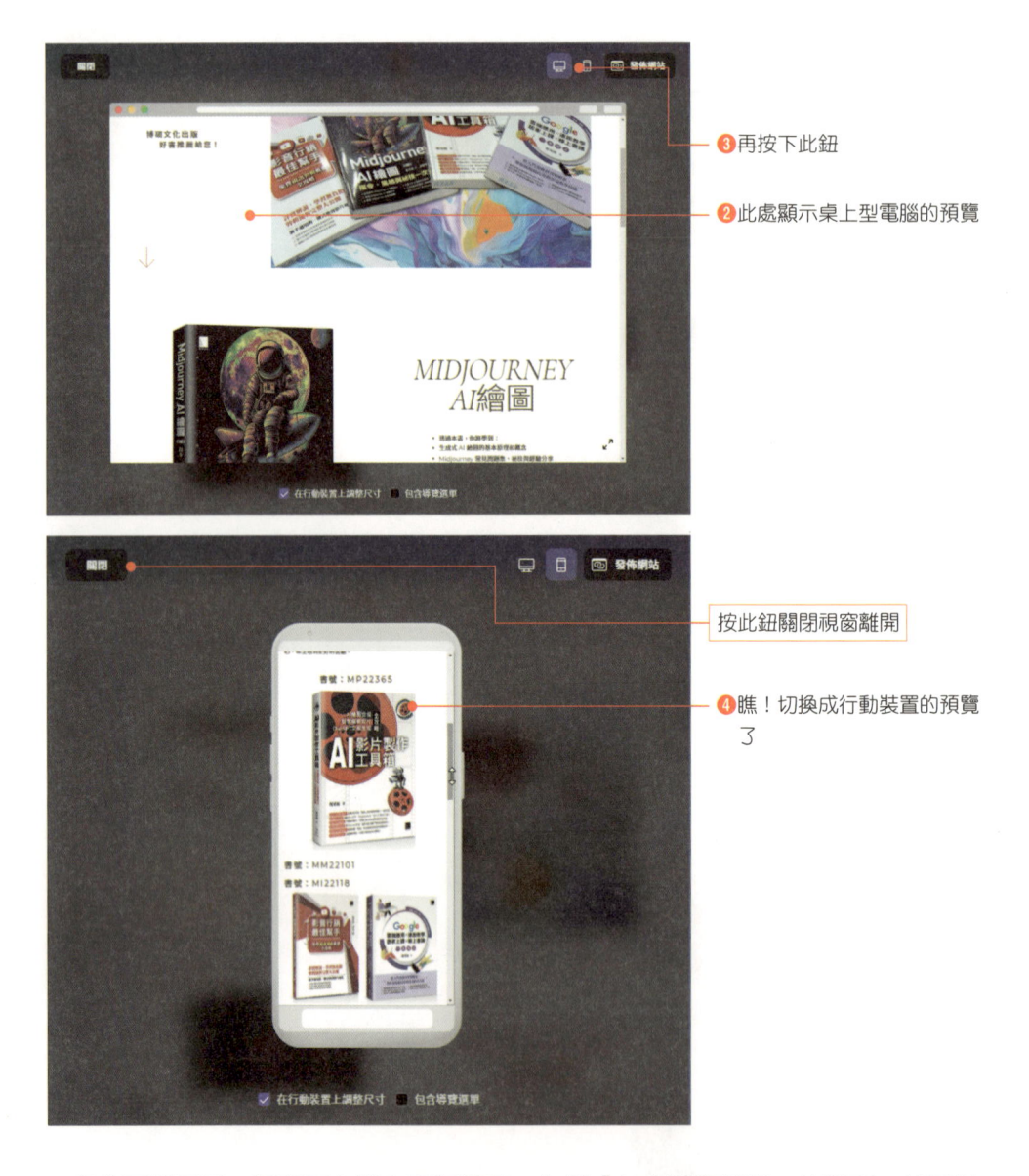

　　各位可以看到，視窗下方還有兩個選項，勾選「包含導覽選單」的選項，就可以看到導覽選單囉！

網站專案與課程設計 *07*

桌面版由此進行頁面的切換

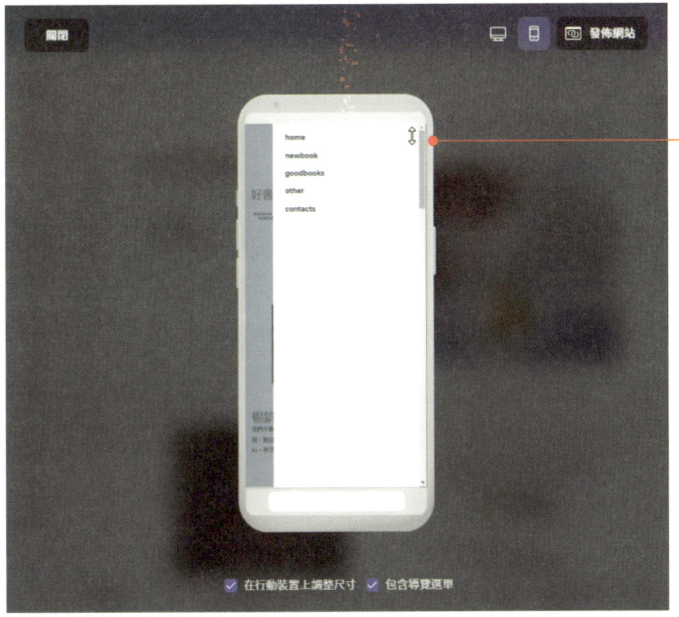

手機版按下右上角的按鈕，就會顯示頁面的選單

7-9

7-1-7 網站發佈至免費網域

網站設計完成後，就可以考慮將網站發佈出去，這樣任何人只要有連結網址，就可以看到你的一頁式網站。在網域部分，你可以使用自有的網站空間，也可以向 Canva 購得新網域，最低費用是一年 18.99 美金，或是向 Canva 領取一個免費的網域。

在此我們以領取免費的 Canva 網域作介紹，讓各位不用再多花費金錢，就可以發佈網站。領取免費網域與發佈方式如下：

❶ 按下「發佈網站」鈕

❷ 點選「使用自訂網域」

❸ 選此項領取一個免費的 Canva 網域

❹ 按下「繼續」鈕

網站專案與課程設計 07

❺ 輸入自訂的名稱

❻ 按此鈕領取免費網域

❼ 顯示已領取一個免費的 Canva 網域

❽ 按此鈕使用此網域

此處顯示免費的網域

❾ 按下「發佈設定」

7-11

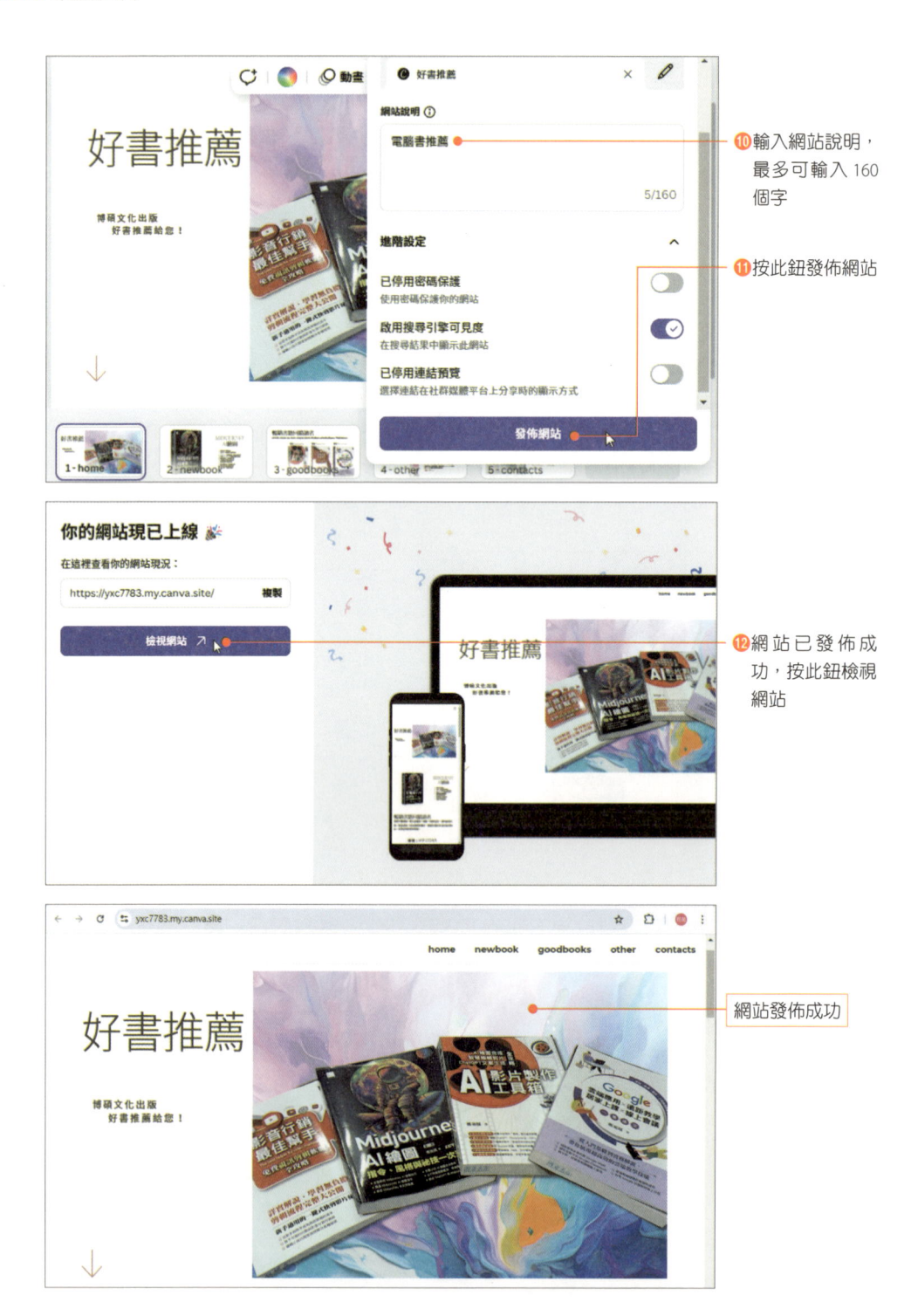

⓵⓪ 輸入網站說明，最多可輸入 160 個字

⓵⓵ 按此鈕發佈網站

⓵⓶ 網站已發佈成功，按此鈕檢視網站

網站發佈成功

7-1-8 重新發佈或取消發佈

當網站發佈後,如果你有更新網頁內容,就必須要重新發佈。要重新發佈網站,只要點選「發佈網站」鈕,再按下「重新發佈網站」鈕就可以重新發佈。

❶ 按此鈕
❷ 點選「重新發佈網站」鈕,重新發佈

如果因故想要取消網站的發佈,在點選「發佈網站」鈕後,點選「發佈設定」,就可以看到「取消發佈網站」的功能了。

❶ 按下「發佈網站」鈕
❷ 點選「發佈設定」

❸ 按下「取消發佈網站」

❹ 按此鈕確定

7-2 課程清單的建立與管理

如果你有在進行 Canva 課程教學，你可以將想要展示的設計專案、素材和相關資料，以「課程」的方式進行整理和管理，方便學習者開啟、學習和分享。此一小節就針對課程的建立與管理做說明。

7-2-1 建立課程

首先我們建立一個課程資料夾，以便整理相關的檔案。請按下「專案」鈕後，由右側「新增」課程，並輸入課程名稱與說明。

網站專案與課程設計 07

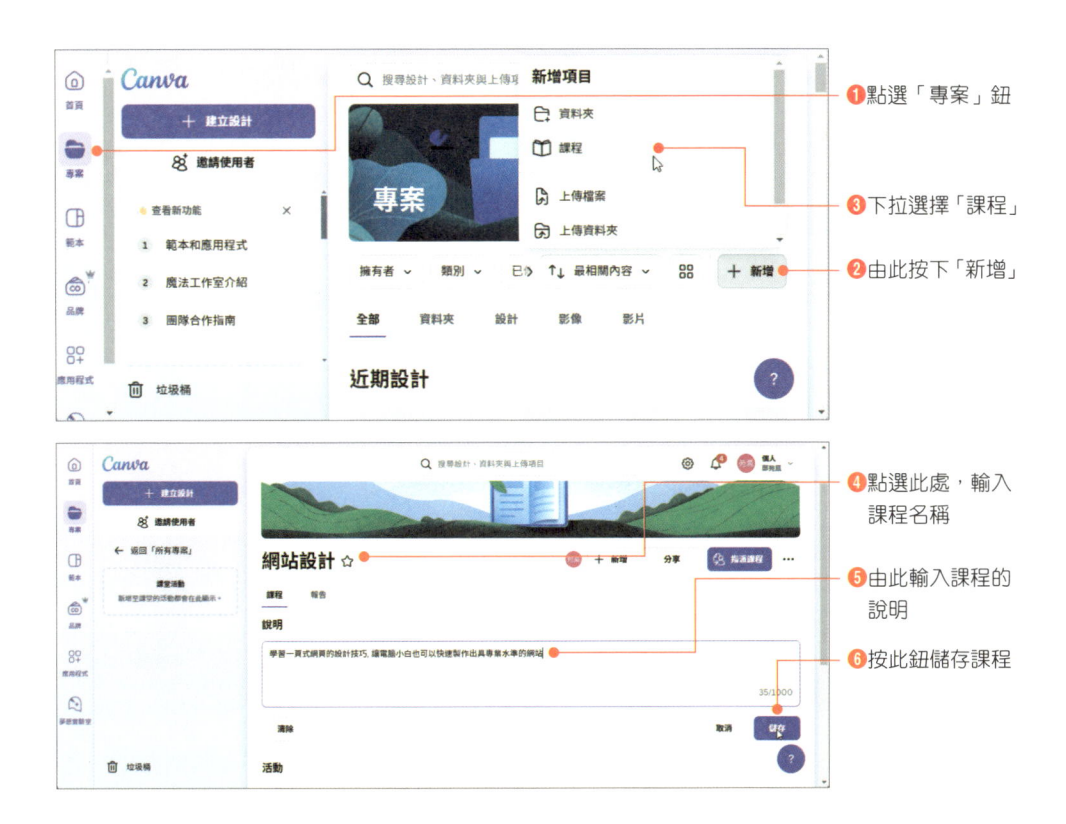

❶ 點選「專案」鈕
❸ 下拉選擇「課程」
❷ 由此按下「新增」

❹ 點選此處，輸入課程名稱
❺ 由此輸入課程的說明
❻ 按此鈕儲存課程

建立之後，切換到「專案」鈕，就可以在「資料夾」標籤中看到剛剛建立的「課程」資料夾，點選之後即可進入資料夾中，並看到剛剛課程「說明」與「活動」。

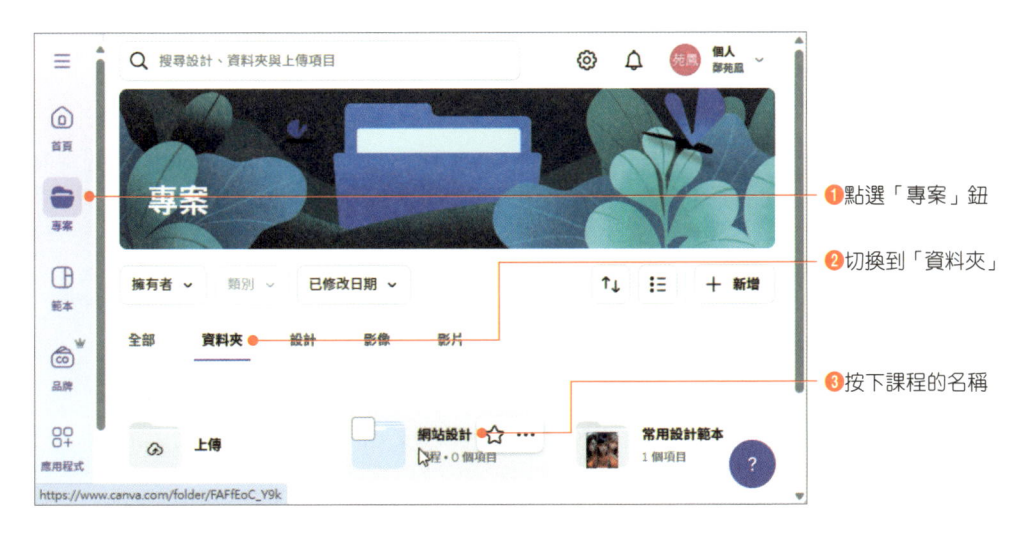

❶ 點選「專案」鈕
❷ 切換到「資料夾」
❸ 按下課程的名稱

7-15

❹ 進入課程資料夾，並顯示相關內容

7-2-2 新增設計至課程資料夾

建立課程後，接下來可以利用「新增項目」的方式，將你的設計或相關檔案上傳至課程資料夾中。如果你尚未有設計，可以在此選擇「建立新設計」，如果已經有設計，也可以直接將設計新增進來。

這裡示範的是將現成的設計新增至資料夾中。

❷ 在開啟的選項中，點選「選擇設計」

❶ 點選此項

❸ 點選「你的專案」

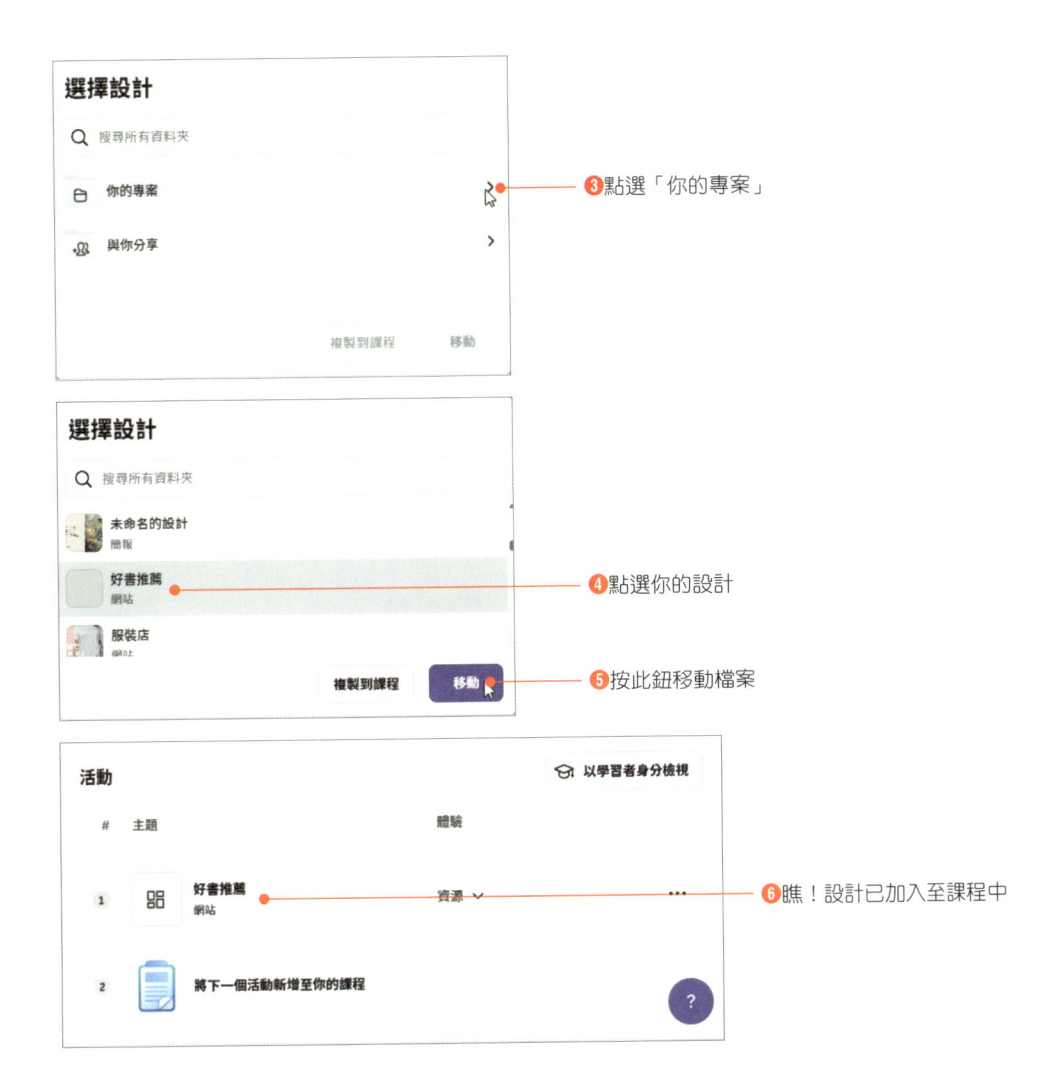

❹ 點選你的設計

❺ 按此鈕移動檔案

❻ 瞧!設計已加入至課程中

7-2-3 以學習者身分檢視課程

在 Canva 中所建立的課程,可提供兩種活動體驗:一個是「資源」體驗,可讓團隊成員存取該設計,但不會取得複本。另外一個是「範本」體驗,團隊的成員可自行完成此活動的範本,再與你做分享。

按下此鈕，可看到的兩種活動體驗

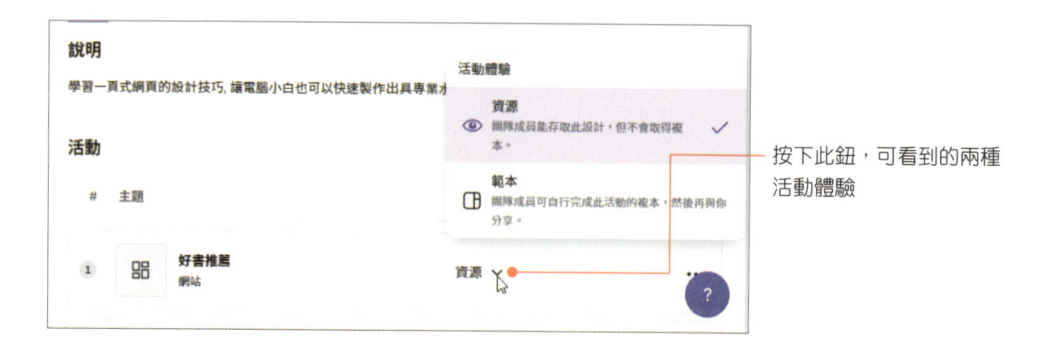

在建立課程後，如果你想以學習者的身分來檢視課程內容，以便了解學習者所看到的畫面，可按下「以學習者身分檢視」鈕來進行查看。

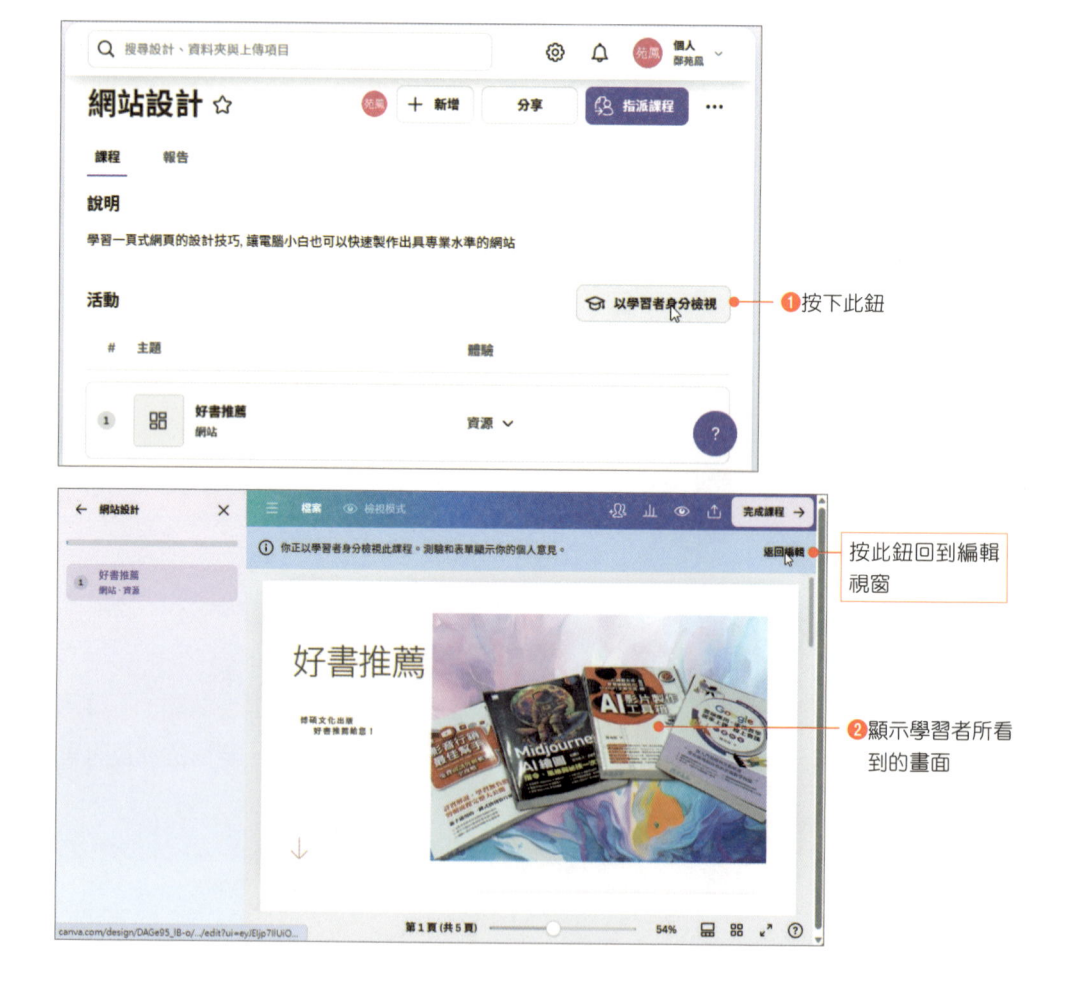

❶ 按下此鈕

按此鈕回到編輯視窗

❷ 顯示學習者所看到的畫面

7-2-4 排序課程先後順序

當課程資料夾中已經存放多個設計後,如果需要依照課程的難易程度來調整先後順序時,可以透過如下拖曳的方式來進行調整。

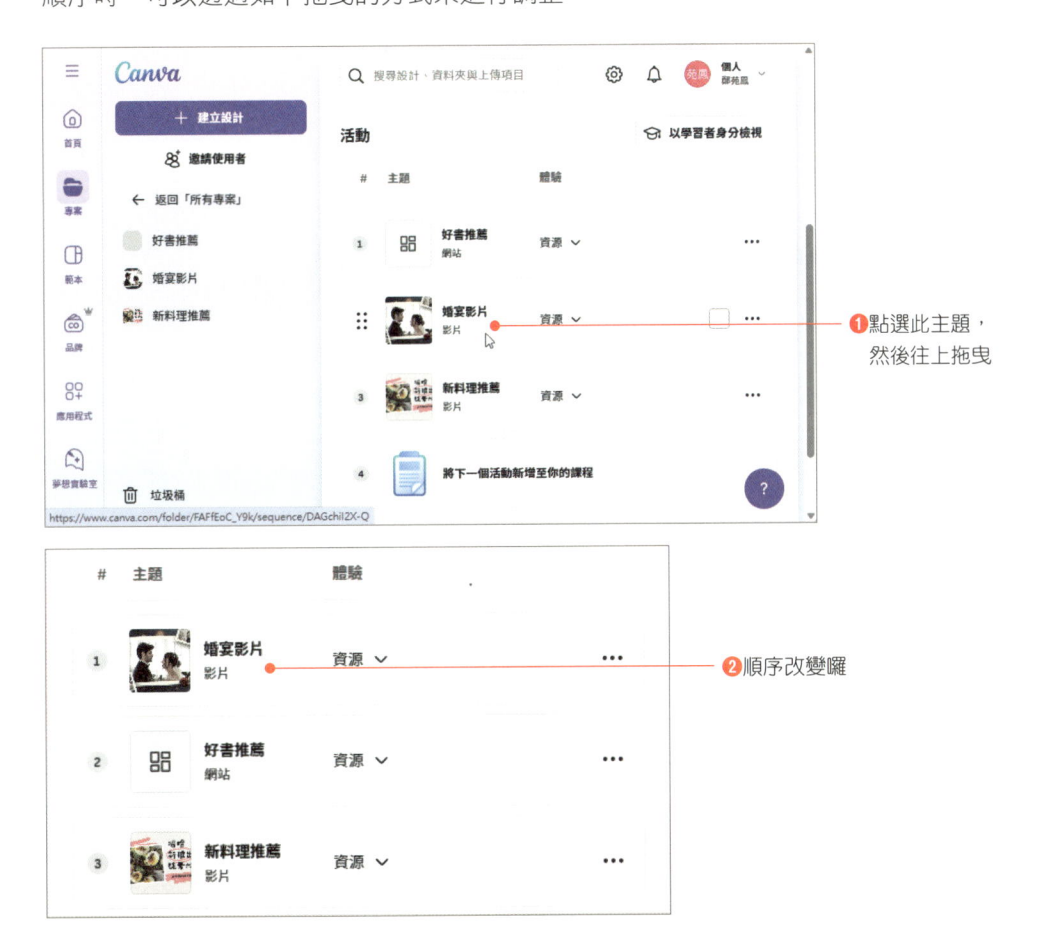

❶點選此主題,然後往上拖曳

❷順序改變囉

7-2-5 移除課程

如果課程的主題想要從課程中移除,或是想要刪除,可在主題名稱的後方按下「選項」 ••• 鈕,即可從清單中選擇「從課程中移除」,或是「移至垃圾桶」的指令。

❶ 按「選項」鈕

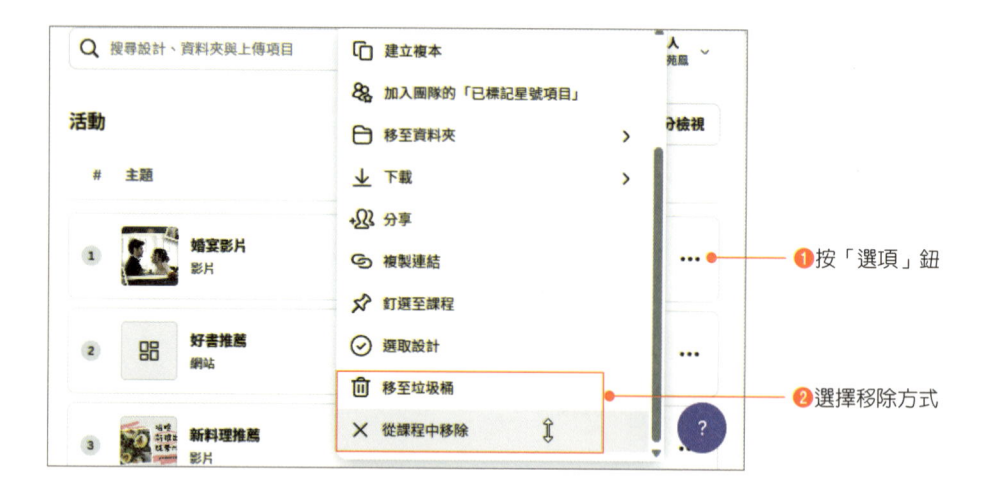

❷ 選擇移除方式

08

社交媒體與
行銷材料設計

Canva 提供大量的範本與素材，可讓設計者製作社交媒體或網路行銷的各種文件，前面的各章中已經跟各位介紹了範本的應用方式、圖文設計技巧、濾鏡特效的使用，而這個章節將是這些功能靈活運用，讓各位在設計社交媒體或行銷上，可以更輕鬆自如。

8-1 社群圖片設計－Facebook 封面

首先我們來為社群媒體進行設計，你可以進行 Facebook 的貼文或封面的設計，也可以進行 Instagram 的貼文、限時動態、Reel，或是 Twitter 貼文、Pinterest 釘圖、LinkedIn 背景照片等的設計。這些社群圖片設計，皆可在「首頁」鈕中找到。

❶點選「社群媒體」鈕

❷由此選擇所需的社群媒體

按此鈕可以看到更多的預設項目

這裡我們以 Facebook 封面為例來進行設計,讓各位體驗設計的樂趣,在無設計基礎的情況下,也可以輕鬆完成社群圖片的製作。

8-1-1 建立 Facebook 封面

首先我們先建立空白的臉書封面,以便確定版面大小,同時為封面命名,方便之後檔案的找尋。

❶點選「Facebook 封面(橫式)」的選項,使開啟空白檔案

❷由此輸入封面的名稱,按下「Enter」鍵確定

8-1-2 以關鍵字搜尋範本

這個範例我們是以「多國語言學習系統」為主題,那麼就在「設計」鈕中搜尋「多國語言學習」的關鍵字,看看 Canva 給了我們什麼建議的範本。

❶ 點選「設計」鈕

❷ 由此輸入關鍵字「多國語言學習」,按下「Enter」鍵進行搜尋

❸ 找到喜歡的範本後,直接點選就可以套用

❹ 按下「僅套用樣式」鈕

❺ 空白頁面中已顯示剛剛選定的範本了

8-1-3 以關鍵字搜尋元素

剛剛選定的範本雖然是健康醫學中心的類型,但是我們可以將下方的醫護人員替換成各色的人種,如白人、黑人、黃種人等,這樣也可以顯示「多國語言」的特點。

請先將頁面中的插圖刪除後,由左側的「元素」鈕搜尋關鍵字「白色人種」,看看有那些合適的「圖片」。

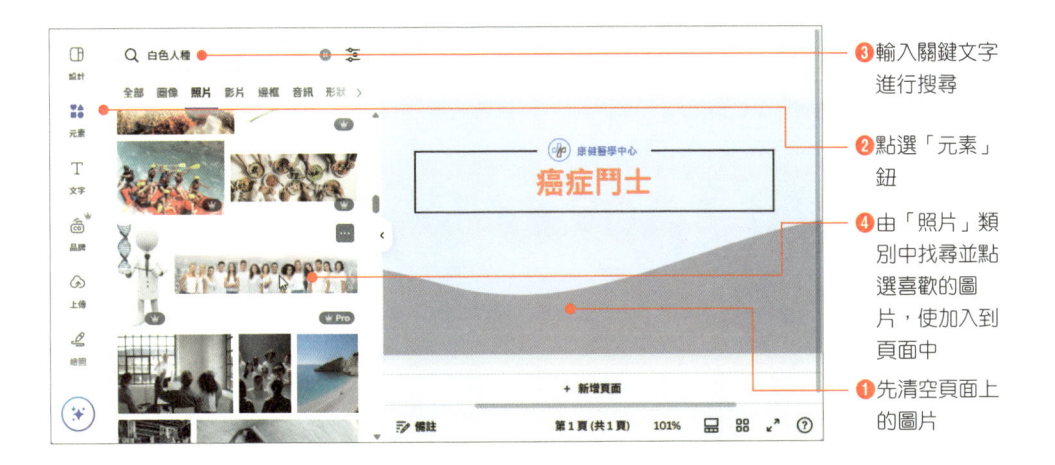

[圖示說明]

❸ 輸入關鍵文字進行搜尋
❷ 點選「元素」鈕
❹ 由「照片」類別中找尋並點選喜歡的圖片,使加入到頁面中
❶ 先清空頁面上的圖片

8-1-4 以「背景移除工具」去除圖片背景

圖片加入到頁面後,透過四角的圓形控制點,即可放大縮小圖片;上下左右中心點的矩形控制點可以裁切畫面;另外,以滑鼠按住圖片不放,即可調整圖片的擺放位置。

● 按此鈕控制縮放比例
● 按住拖曳不放可移動位置
● 按此鈕進行裁切

不過圖片背景跟我們的頁面並不相襯,所以我們可以利用「背景移除工具」來去除多餘的背景。

❷ 按下此鈕
❶ 點選圖片

❸背景去除囉

8-1-5 加入「陰影」效果增加立體感

要讓人物可以和背景之間有距離感,可以考慮加入「陰影」效果,由工具列上點選「編輯」鈕,即可在顯示的面板中,由「陰影」效果進行調整。選定陰影效果後,還可以調整陰影的模糊化程度、角度、距離、顏色、強度等屬性。

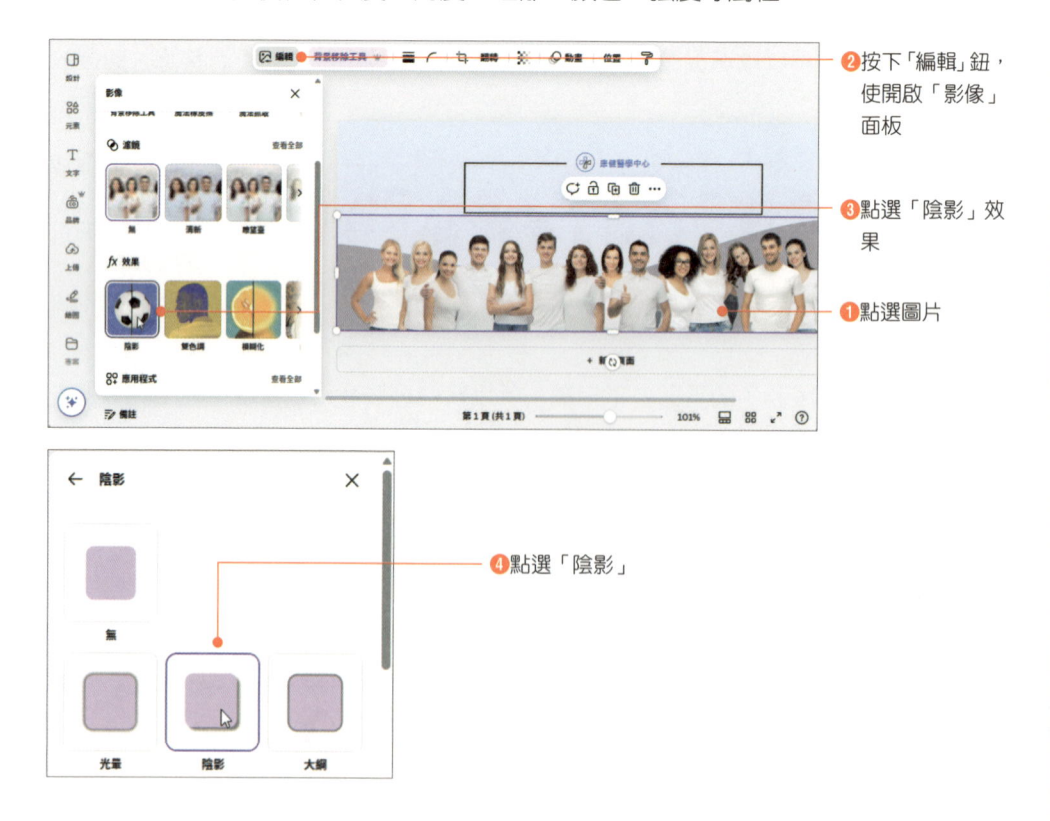

❷按下「編輯」鈕,使開啟「影像」面板

❸點選「陰影」效果

❶點選圖片

❹點選「陰影」

8-1-6　加入標題文字

圖片大致處理完畢，接下來就是將粉絲專頁的名稱加入，讓人清楚知道你的粉專主題。

❶ 反白標題的文字方塊，直接輸入標題文字

❷ 按下「文字顏色」鈕

❸ 先選定藍色，再由色盤中選定想要的藍色

❹ 按此鈕全部變更

❺ 面板繼續下移，設定陰影的相關屬性

❻ 由此觀看陰影的位置與效果

❺ 完成文字的設定

8-1-7 上傳標誌與標準字

粉專封面的最後,我們要將公司的 LOGO 與標準字上傳並編排至封面上,這樣可以加深粉絲對企業的印象,請準備好的你的標誌與標準字。

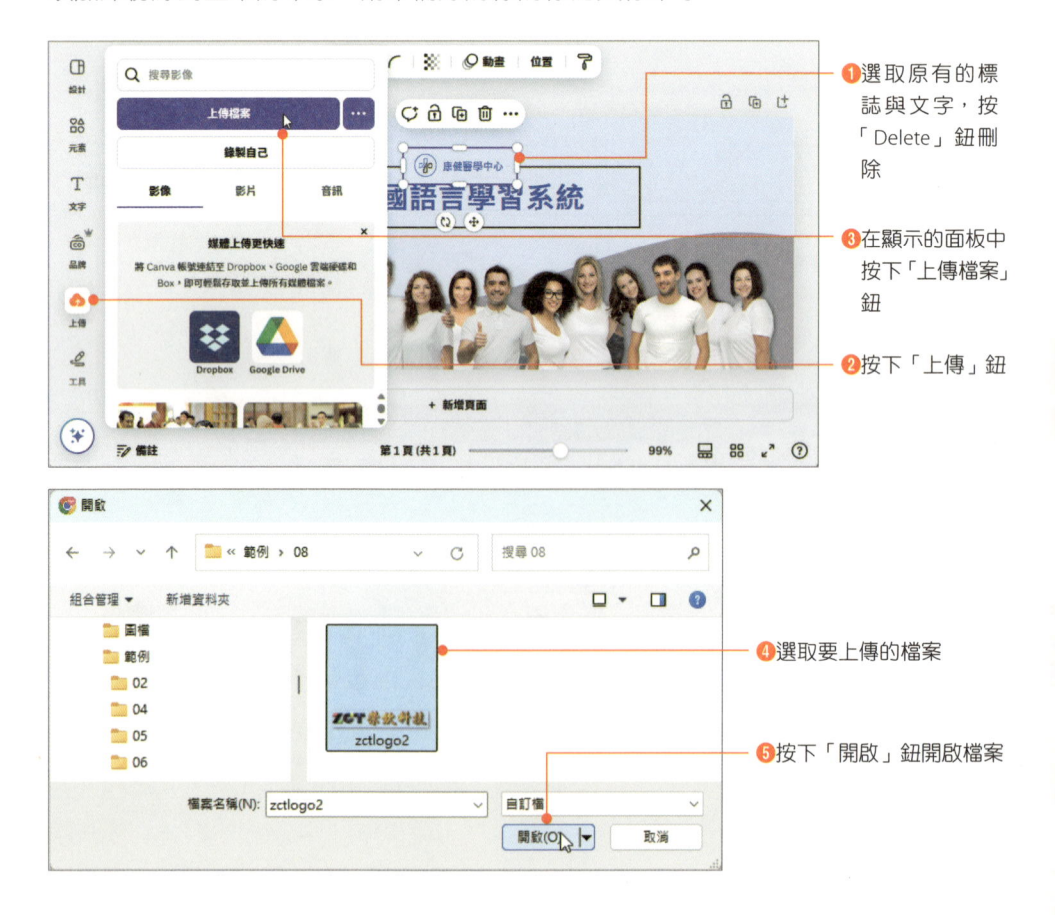

❶ 選取原有的標誌與文字,按「Delete」鈕刪除

❸ 在顯示的面板中按下「上傳檔案」鈕

❷ 按下「上傳」鈕

❹ 選取要上傳的檔案

❺ 按下「開啟」鈕開啟檔案

❼縮放到適當的比例就完成囉

❻點選剛剛上傳的圖檔,並拖曳到頁面中

❼完成臉書封面的設計

8-1-8 輸出圖片

封面設計完成後,最後就是輸出成 JPG 或 PNG 格式的圖檔,請由右上角的「分享」鈕進行輸出。

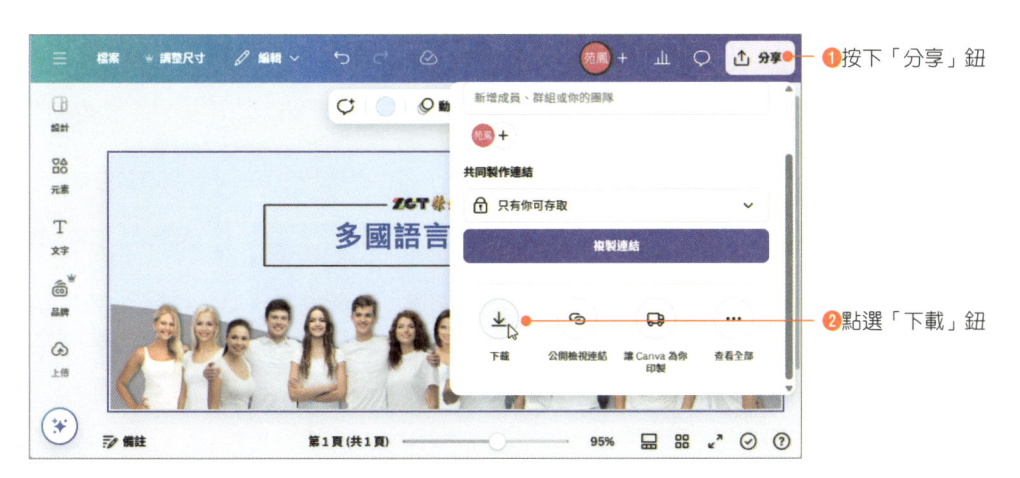

❶按下「分享」鈕

❷點選「下載」鈕

[圖示說明]
❸ 選擇 JPG 或 PNG 格式皆可
❹ 按下「下載」鈕即可

8-2 IG 行銷宣傳品製作 — Instagram 貼文

在這個小節中,我們將以 Instagram 貼文為例,介紹邀請貼文的製作,讓各位可以在貼文中加入 Google 地圖,以了解餐廳的位置,同時可透過 QR Code 的掃描,來連結到餐廳的相關資訊。

8-2-1 建立 Instagram 貼文

首先我們先建立空白的 IG 貼文,以便確定版面大小,同時為封面命名,方便之後檔案的找尋,同時選定想要使用的範本。

[圖示說明]
❶ 點選「首頁」鈕
❷ 按下「社群媒體」鈕

❸ 點選「Instagram 貼文」

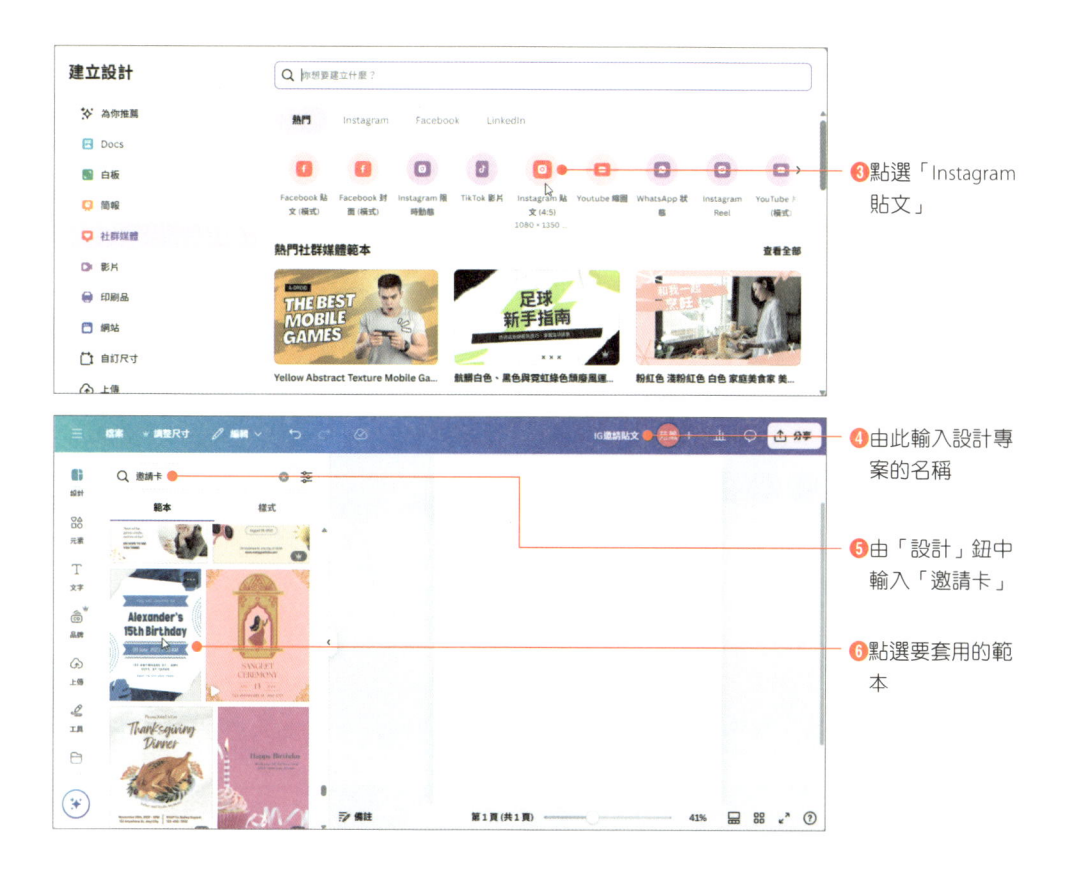

❹ 由此輸入設計專案的名稱

❺ 由「設計」鈕中輸入「邀請卡」

❻ 點選要套用的範本

8-2-2 編修設計版面

選定範本後，接下來就是調整版面位置，讓頁面有多餘的空間可以放入所需要地圖與 QR Code。同時加入邀請緣由與日期等相關資訊，另外再變更圖案的色彩，使畫面色彩看起來更豐富些。

❶ 刪除多餘的文字方塊後，變更標題與副標題文字，同時將文字方塊的位置上移如圖

8-11

❸ 點選「顏色」鈕

❷ 依序點選圖案

❹ 由此選定想要使用的色彩

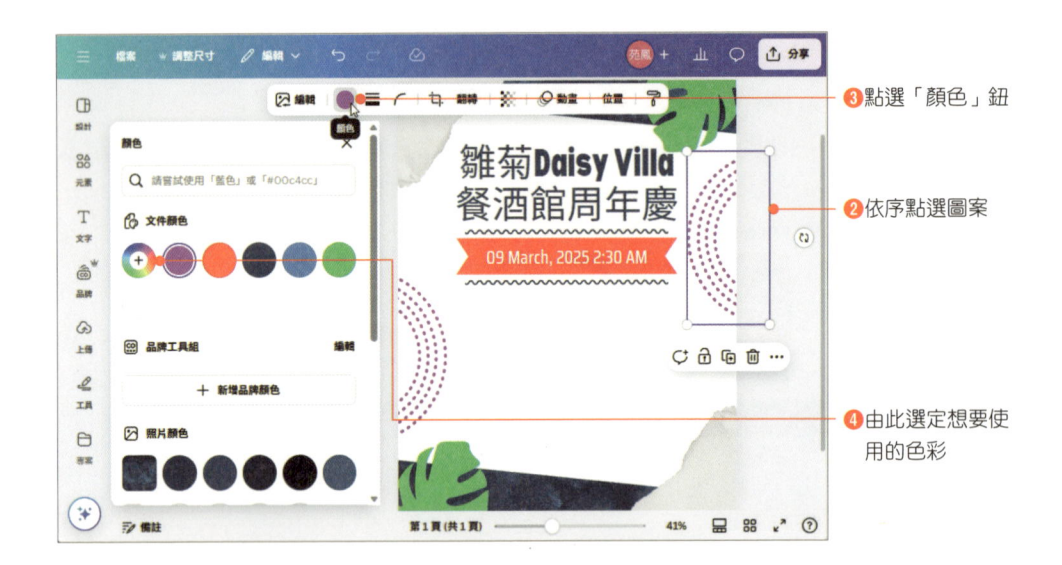

8-2-3 加入與調整 Google 地圖

版面大致底定後，接下來就是透過左側的「應用程式」鈕來加入 Google 地圖。

❶ 點選「應用程式」鈕

❷ 切換到「你的應用程式」標籤

❸ 點選「Google Maps」

❹ 由此輸入餐廳的地址,按下「Enter」鍵後使顯示餐廳位置

❺ 將生成的地圖拖曳到設計的頁面中

加入地圖後,只要按滑鼠兩下在地圖上,就可以針對方框中的地圖進行調整:

- 加按「Ctrl」鍵捲動滑鼠可縮放地圖,或按滑鼠兩下於地圖上,可放大地圖。
- 按住地圖不放進行拖曳,可以移動方框中的地圖。

也可以使用「+」、「-」鈕縮放地圖

　　透過以上兩種方式,就可自行決定餐廳所放置的位置,以及所顯示的周邊道路名稱。另外,在地圖外按一下左鍵,就會離開地圖的編輯狀態,此時可透過四角的圓形控制鈕來縮放地圖的比例,拖曳可調整地圖在版面上的位置。

8-2-4 加入 QR Code

在所行銷的頁面中加入 QR Code，可提供便利的聯絡方式，讓觀看者只要利用智慧型手機的相機功能對準 QR 碼，就可以快速且輕鬆的連結到網站、社群媒體或線上資源。

要加入 QR Code，一樣是透過「應用程式」來加入，方式如下：

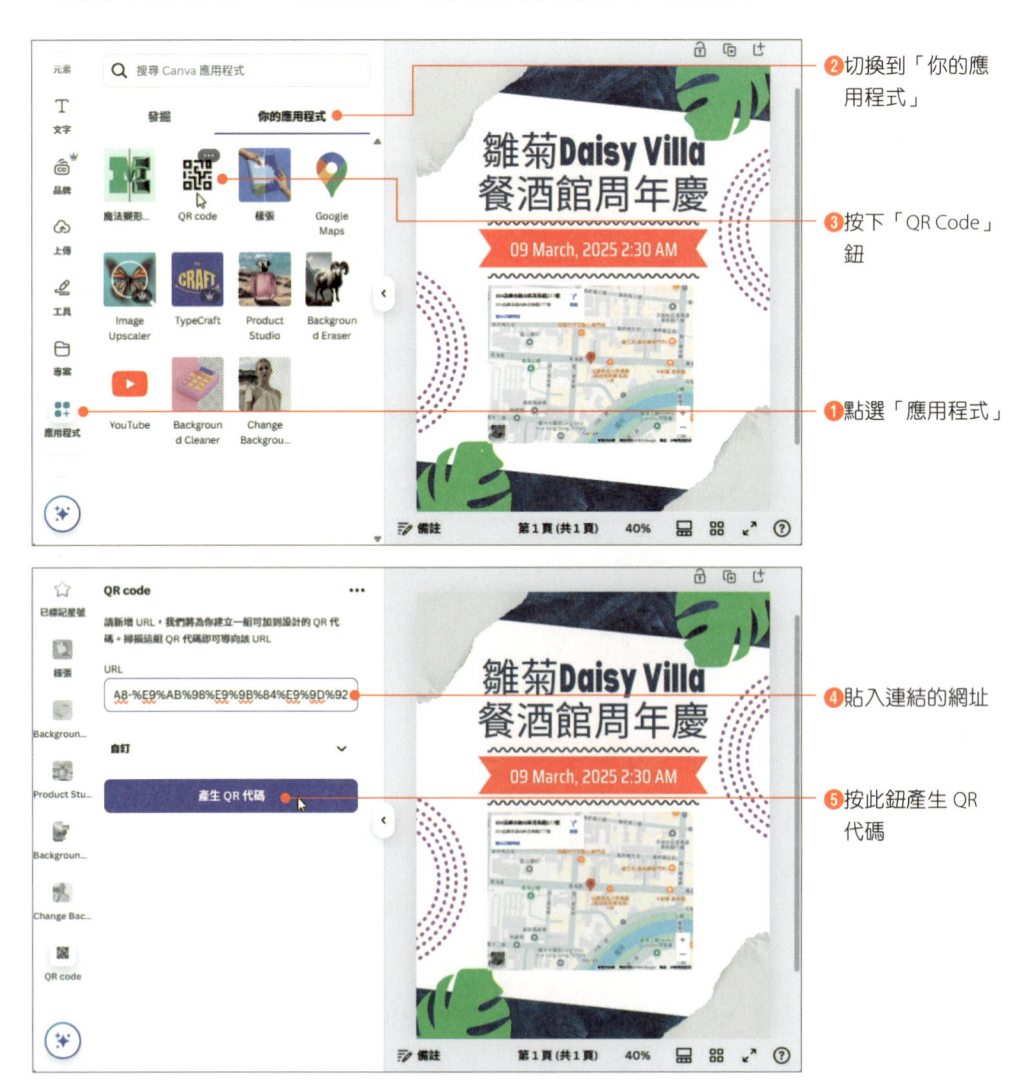

❶ 點選「應用程式」
❷ 切換到「你的應用程式」
❸ 按下「QR Code」鈕

❹ 貼入連結的網址
❺ 按此鈕產生 QR 代碼

❻ 調整比例大小即可

8-3 快速生成品牌一致性的素材

當各位利用 Canva 設計了宣傳版面後，相信各位都會想將它運用到各個行銷管道上，然而每個行銷管道所要求的版面並不相同，有時要調整版面可能就要花掉不少時間。

事實上在 Canva 中變更尺寸是件很容易的事，同時想要快速生成設計畫面看起來一致性也是很容易的事，現在我們就以 8-1 節的臉書封面為例，讓各位生成具有一致性的簡報內容。

8-3-1 建立副本

首先我們將 8-1 節完成的 Facebook 封面進行複製，再從副本開始進行編輯，這樣就不會影響到先前完成的臉書封面。

❶ 點選「首頁」鈕

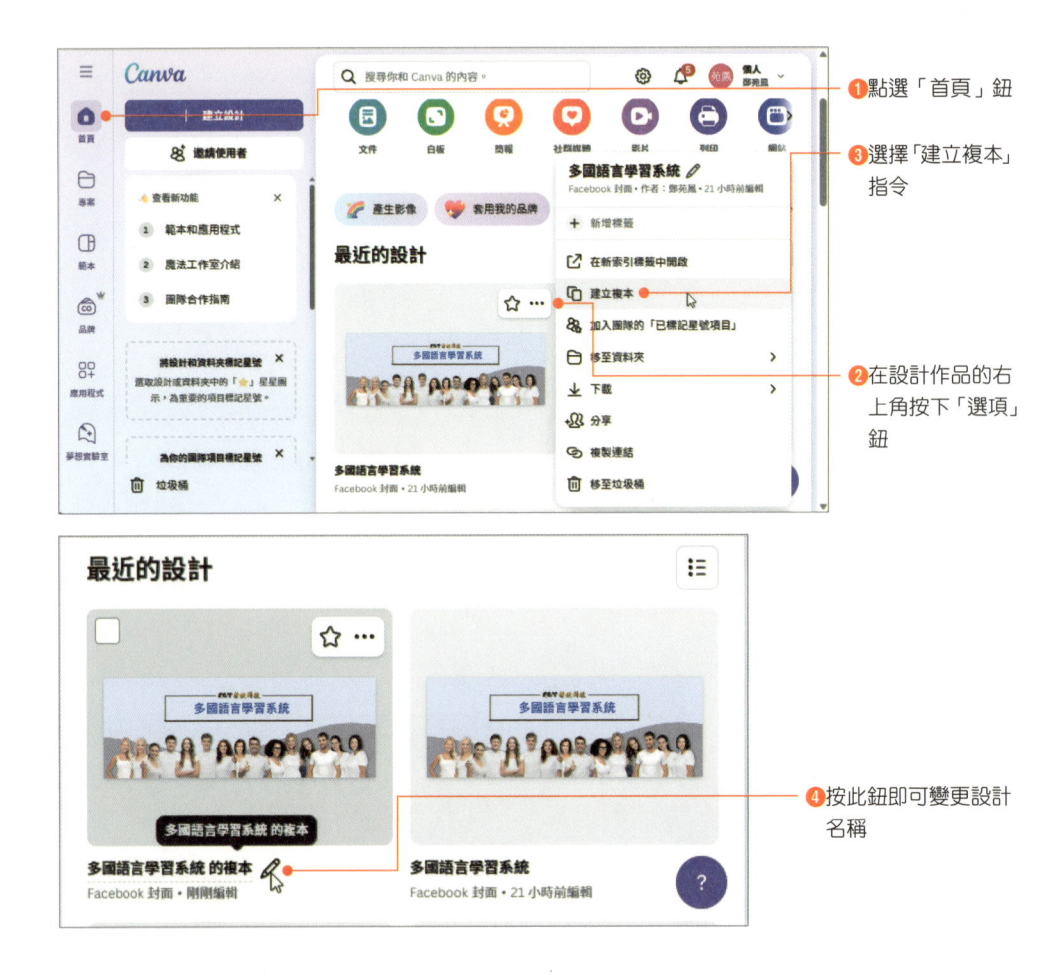

❸ 選擇「建立複本」指令

❷ 在設計作品的右上角按下「選項」鈕

❹ 按此鈕即可變更設計名稱

8-3-2 調整畫面尺寸

開啟剛剛的複本後,接下來就是根據你的需求來調整畫面尺寸。這裡以簡報為例,我們要將 Facebook 封面變更成為簡報尺寸。

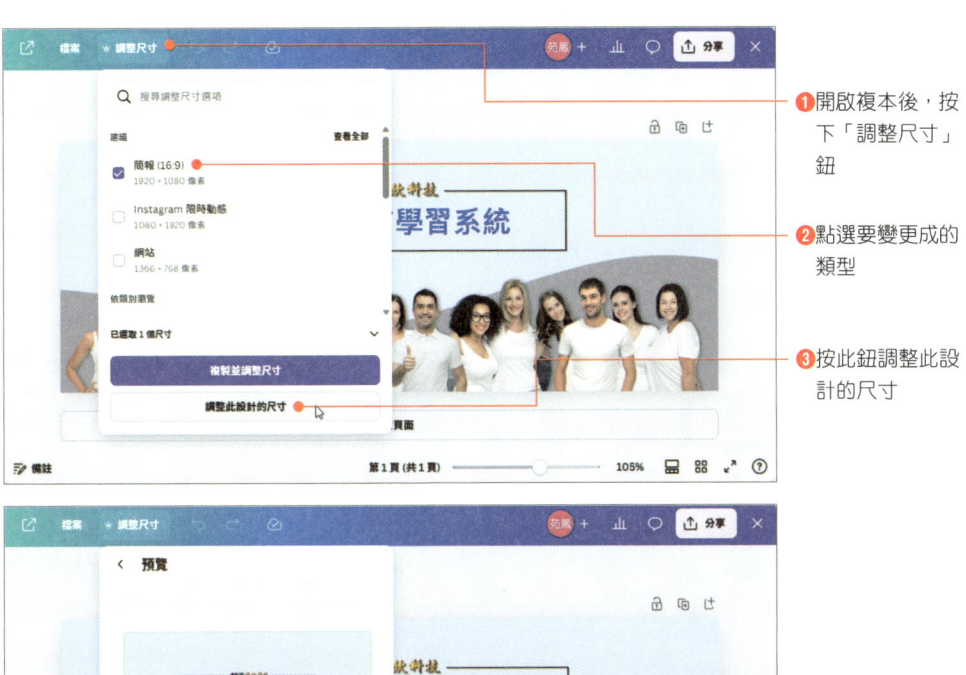

社交媒體與行銷材料設計 **08**

❶ 開啟複本後，按下「調整尺寸」鈕

❷ 點選要變更成的類型

❸ 按此鈕調整此設計的尺寸

❹ 再按下此鈕

❺ 已變更成為簡報的尺寸囉

8-17

8-3-3 自由編排版面設計

尺寸確定後,接下來就是由「範本」中加入喜歡的版面,也可以由「版面配置」中加入喜歡的版面配置。

由「範本」標籤選用範本與版面

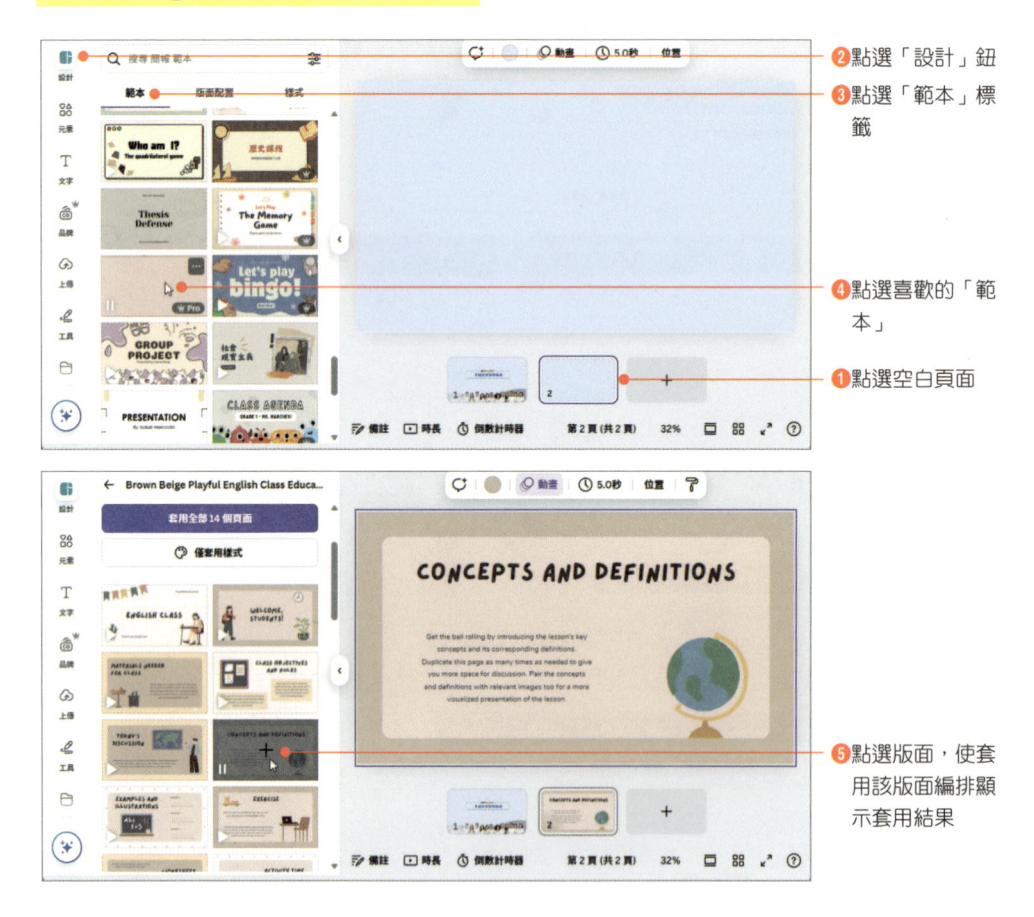

❷ 點選「設計」鈕
❸ 點選「範本」標籤
❹ 點選喜歡的「範本」
❶ 點選空白頁面
❺ 點選版面,使套用該版面編排顯示套用結果

由「版面配置」標籤套用版面

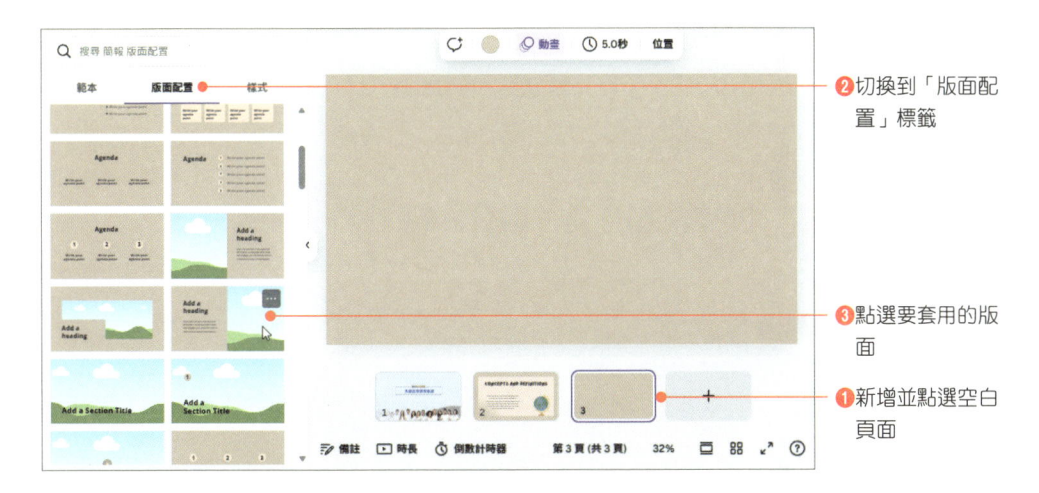

❷ 切換到「版面配置」標籤

❸ 點選要套用的版面

❶ 新增並點選空白頁面

加入喜歡的範本和版面配置後,接著就是依需要將圖文加入至簡報中。

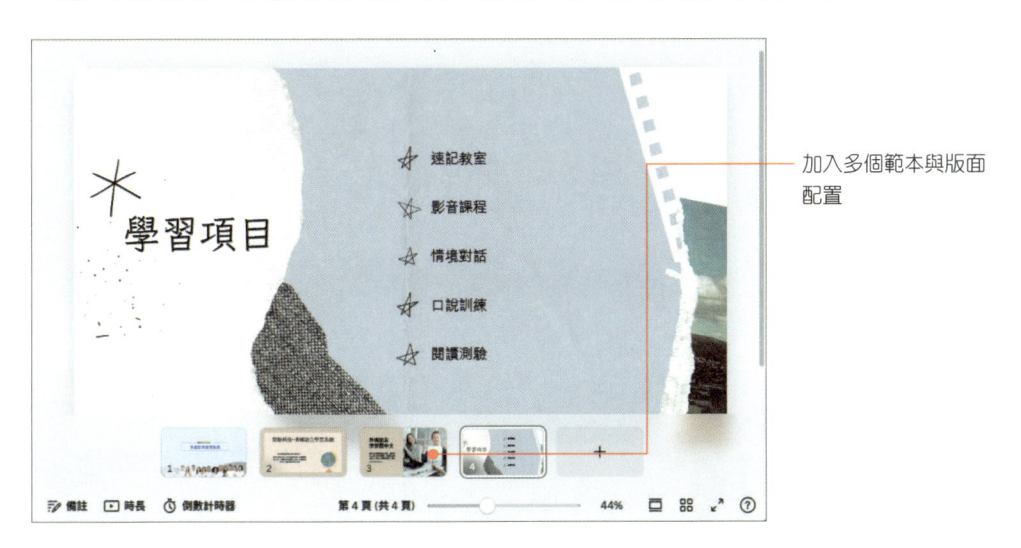

加入多個範本與版面配置

8-3-4 使用樣式統一色彩與字型

在加入多個範本後,有時候畫面看起來較沒有統一感,這時候可以考慮使用「樣式」標籤來將色彩或字型統一,讓所有的頁面看起來有統一感。

❷ 點選「設計」

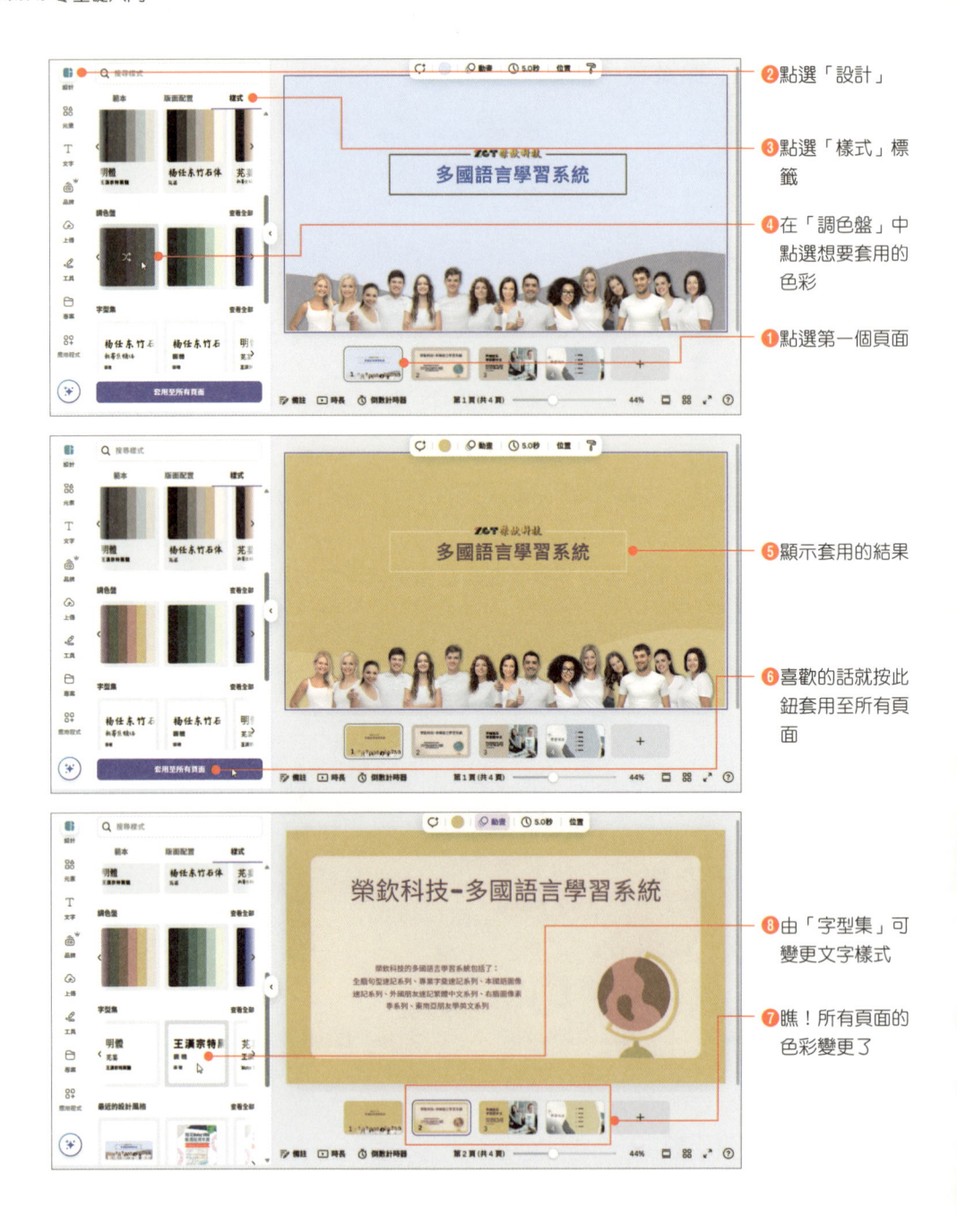

❸ 點選「樣式」標籤

❹ 在「調色盤」中點選想要套用的色彩

❶ 點選第一個頁面

❺ 顯示套用的結果

❻ 喜歡的話就按此鈕套用至所有頁面

❽ 由「字型集」可變更文字樣式

❼ 瞧！所有頁面的色彩變更了

8-4 製作拼貼短影片

社群中經常有人分享家庭聚會或居家生活的小短片，這裡我們將以小寶寶出生後四個月的「收涎」禮俗為主題，將親朋好友的祝福製作成一段具有拼貼效果的短影片，給小寶寶一段美好的回憶。

所謂的「收涎」禮俗，就是「收口水」習俗，在寶寶四個月大的時候，將 12 或 24 個餅乾以紅線串接起來，掛在小寶寶的脖子上，家中的長輩會依序將餅乾取下，在嬰兒的嘴上輕抹，象徵擦去口水，並講一些祝福的吉祥話，期盼小孩有好的未來。當然，在習俗進行時，即可以手機將每位長輩的祝福拍攝下來，作為影片製作的素材囉！

8-4-1 選定設計範本

首先我們在 Canva 裡選定想要的影片尺寸，並依照個人喜好找到要使用的影片範本。

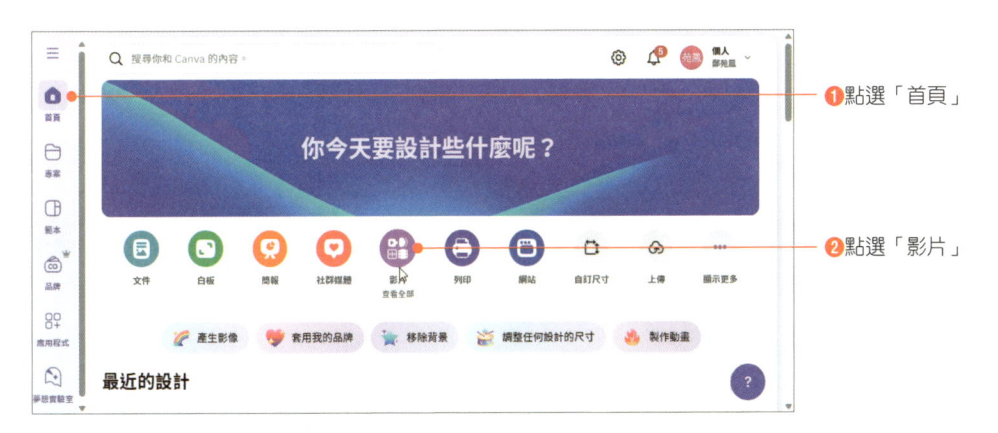

❶ 點選「首頁」
❷ 點選「影片」

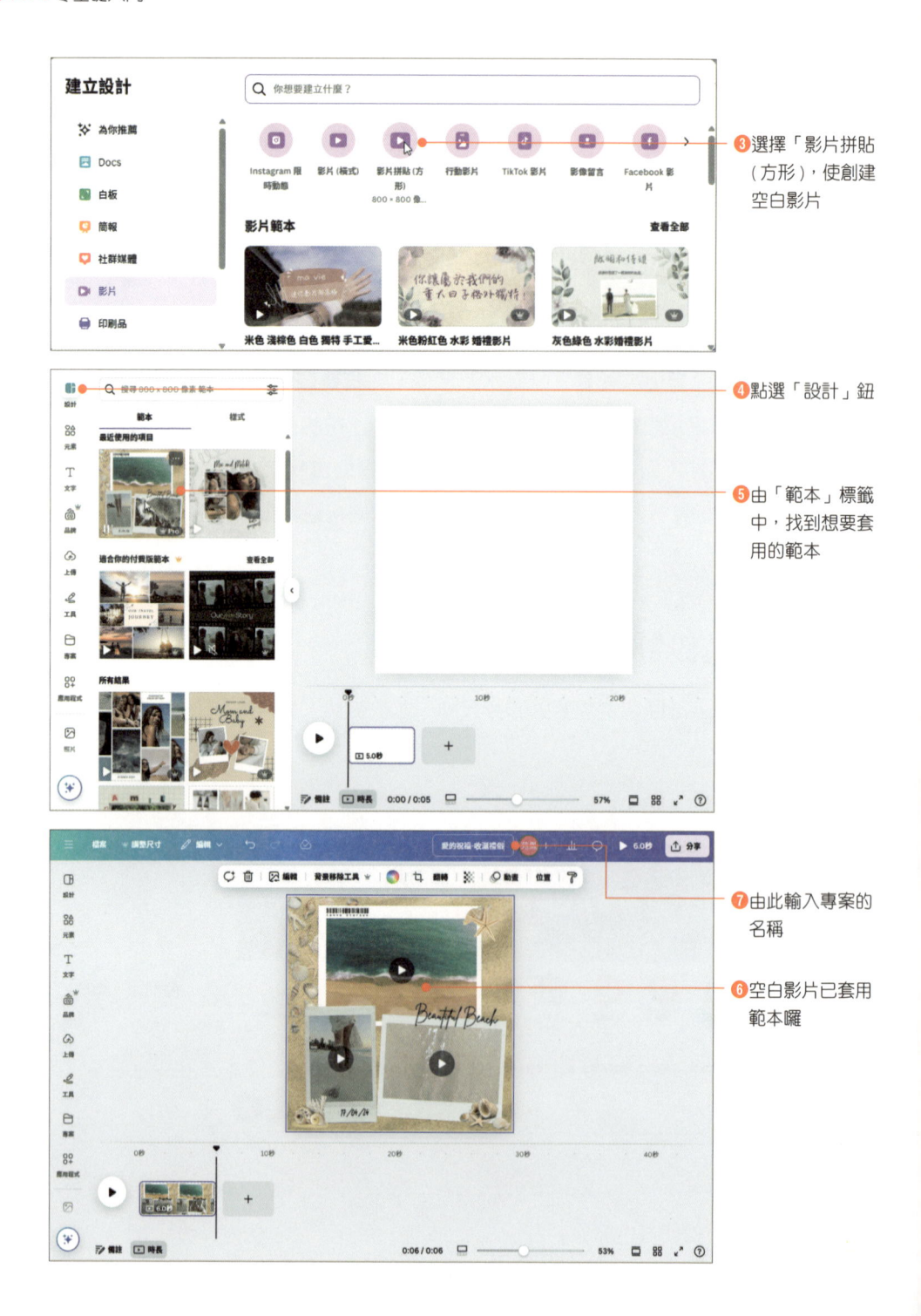

❸ 選擇「影片拼貼（方形）」，使創建空白影片

❹ 點選「設計」鈕

❺ 由「範本」標籤中，找到想要套用的範本

❼ 由此輸入專案的名稱

❻ 空白影片已套用範本囉

8-4-2　上傳與嵌入影片素材

確認範本後,接下來就是利用「上傳」功能,將相關的影片上傳到 Canva 上,以便將影片嵌入到影片框中。

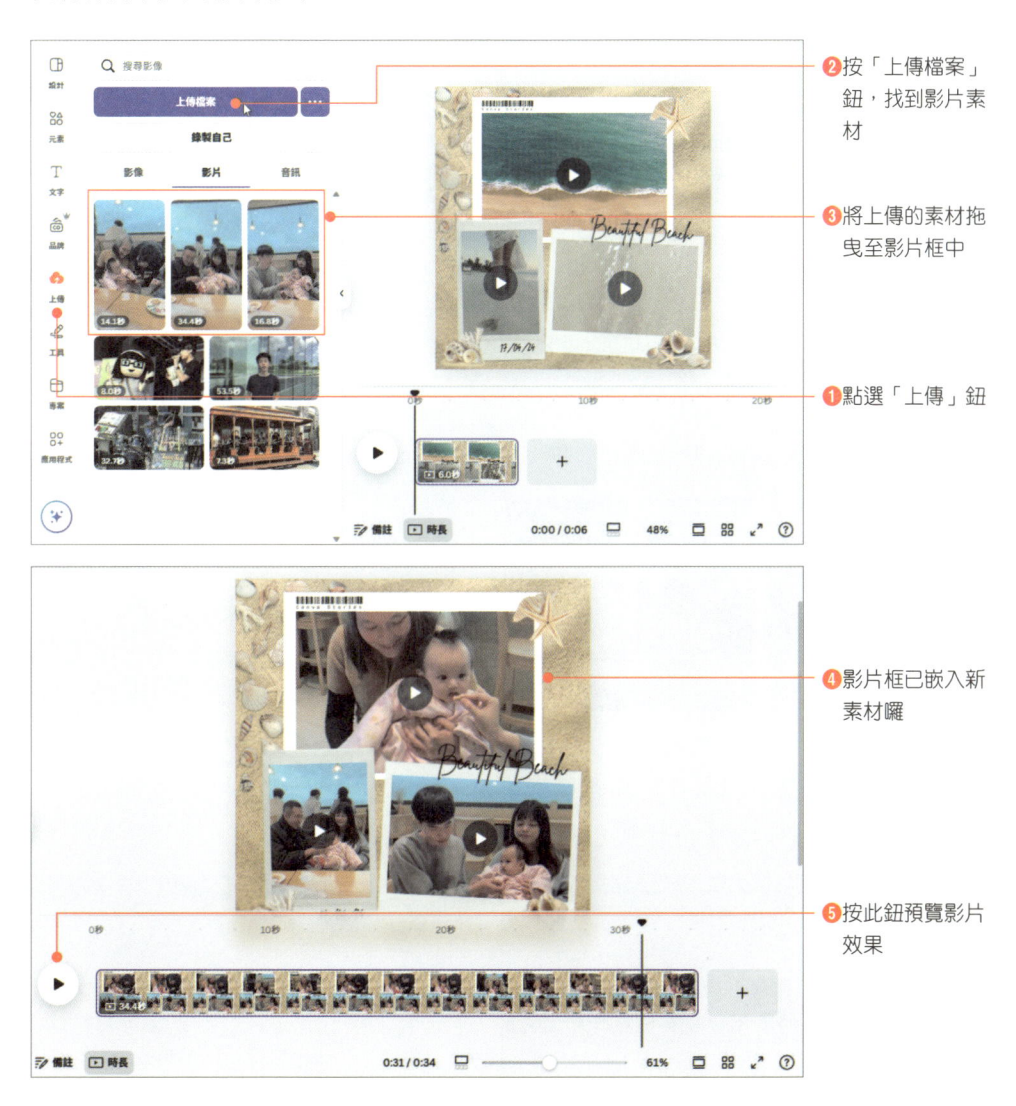

❶ 點選「上傳」鈕

❷ 按「上傳檔案」鈕,找到影片素材

❸ 將上傳的素材拖曳至影片框中

❹ 影片框已嵌入新素材囉

❺ 按此鈕預覽影片效果

8-23

8-4-3 修剪影片長度

三段影片素材都加上去了，但是影片總長度是以最長的影片為標準。如下圖所示，當你將滑鼠游標移到影片的尾端（最右側），就可以在時間軸上看到影片的總長度。

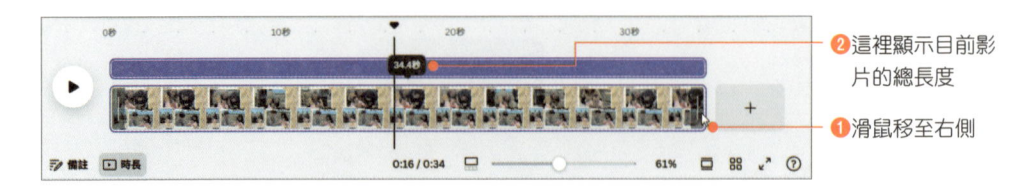

❷ 這裡顯示目前影片的總長度
❶ 滑鼠移至右側

每一支影片片段的長度是不相同，想知道每支影片素材的長度，可在「上傳」的「影片」標籤中看到影片的秒數。

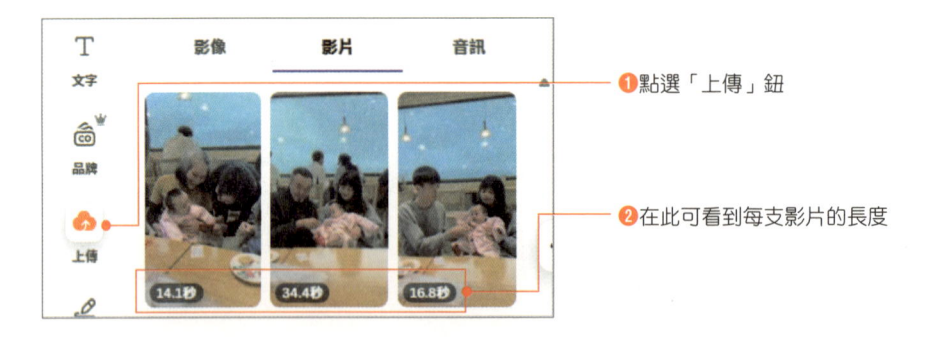

❶ 點選「上傳」鈕
❷ 在此可看到每支影片的長度

所以比較短的影片片段，它會重複在影片框中播放。如果你只想保留精彩的片段，可以考慮以最短的影片為準來修剪影片。

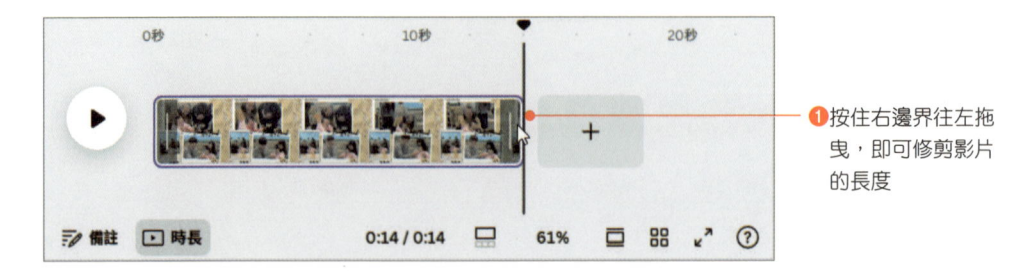

❶ 按住右邊界往左拖曳，即可修剪影片的長度

將時間軸的影片長度修剪為 14 秒後，對於較長的影片片段，可以透過「裁短」鈕來決定要保留哪一個部分。方式如下：

❷ 按下「裁短」鈕

❶ 點選較長的影片片段

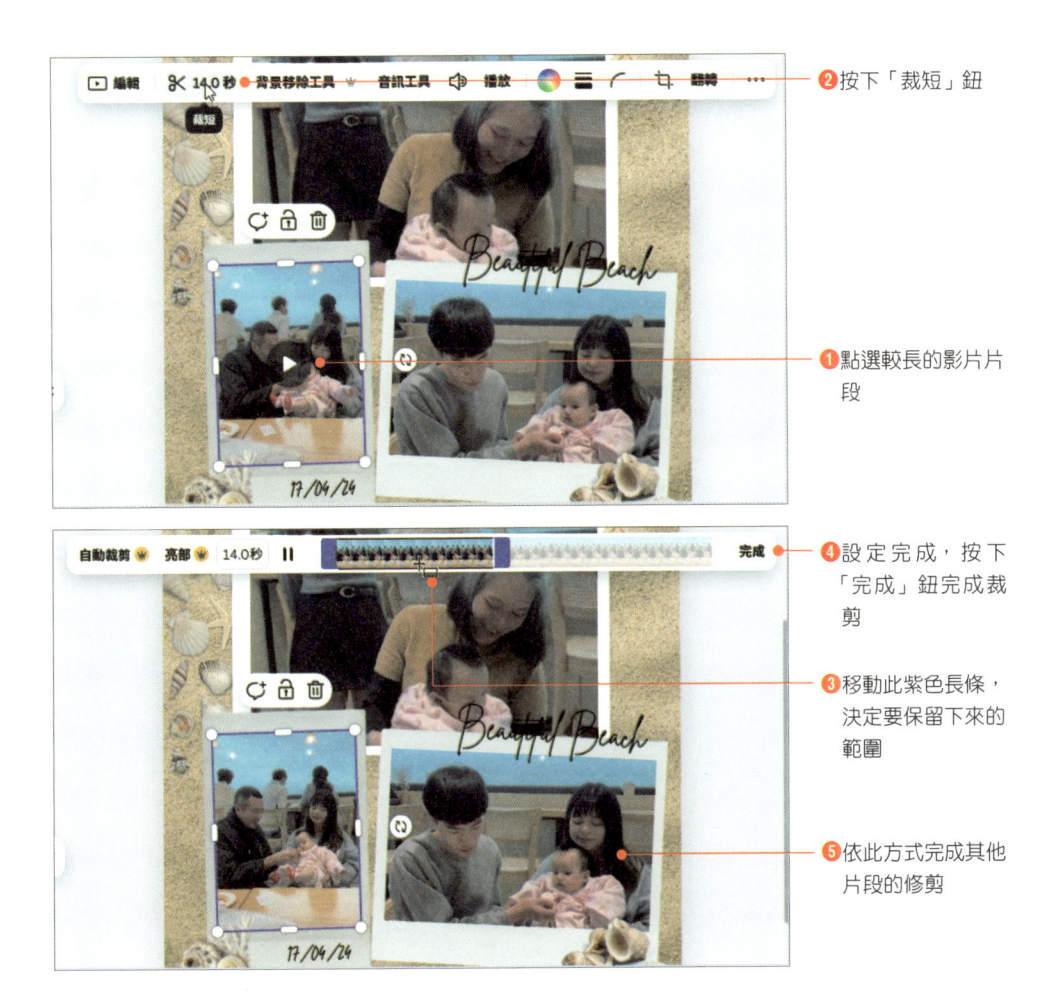

❹ 設定完成，按下「完成」鈕完成裁剪

❸ 移動此紫色長條，決定要保留下來的範圍

❺ 依此方式完成其他片段的修剪

8-4-4 裁切與旋轉影片

如果拍攝時人物較小，想要放大人物的比例，或是拍攝的畫面有些傾斜，想要進行調正，可以在影片框中按兩下滑鼠，即可進行調整。

❶ 按兩下於影片框

❷ 由此調整旋轉角度

❸ 由此縮放比例大小

❹ 按此鈕完成

8-4-5 控制音量播放與否

這個專案中嵌入三段影片,每個影片片段聲音都很大,就會覺得很吵,想要控制影片的音量大小以及是否靜音,可以透過「音量」🔊 鈕來控制。

❷ 按下此鈕可變成「靜音」

如要調整音量大小，可拖曳此滑鈕

❶ 點選影片

❸ 以同樣方式，將此影片也做靜音處理

8-4-6 替換標題文字

影片大致處理完，接下來將標題文字替換成我們的標題。

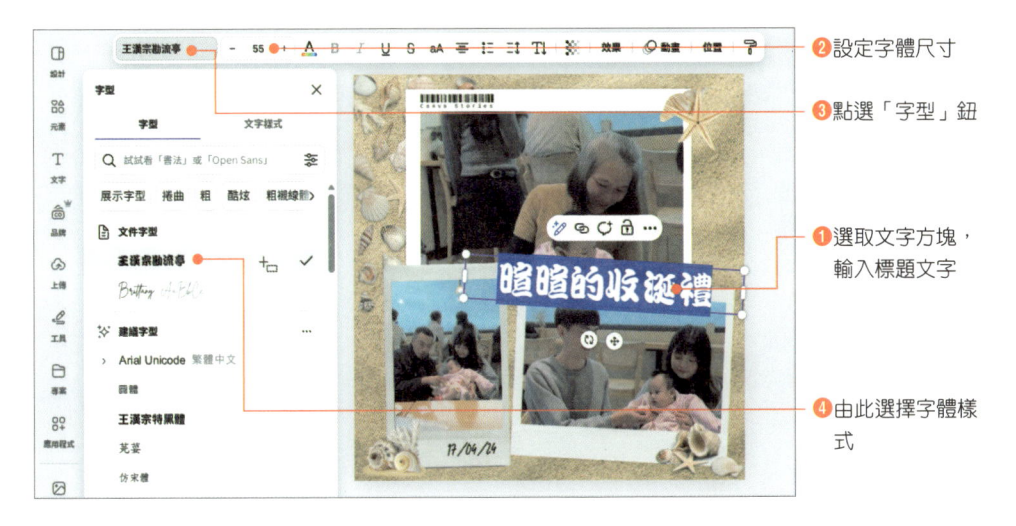

❷ 設定字體尺寸

❸ 點選「字型」鈕

❶ 選取文字方塊，輸入標題文字

❹ 由此選擇字體樣式

❺ 按「文字顏色」鈕

❻ 選定文字顏色

❼ 依序完成文字設定

8-4-7 搜尋與加入背景音樂

製作影片少了背景音樂陪襯，總覺得有些單調，讓我們從「元素」裡面來找找背景音樂吧！點選「元素」後，輸入關鍵字來搜尋背景音樂。

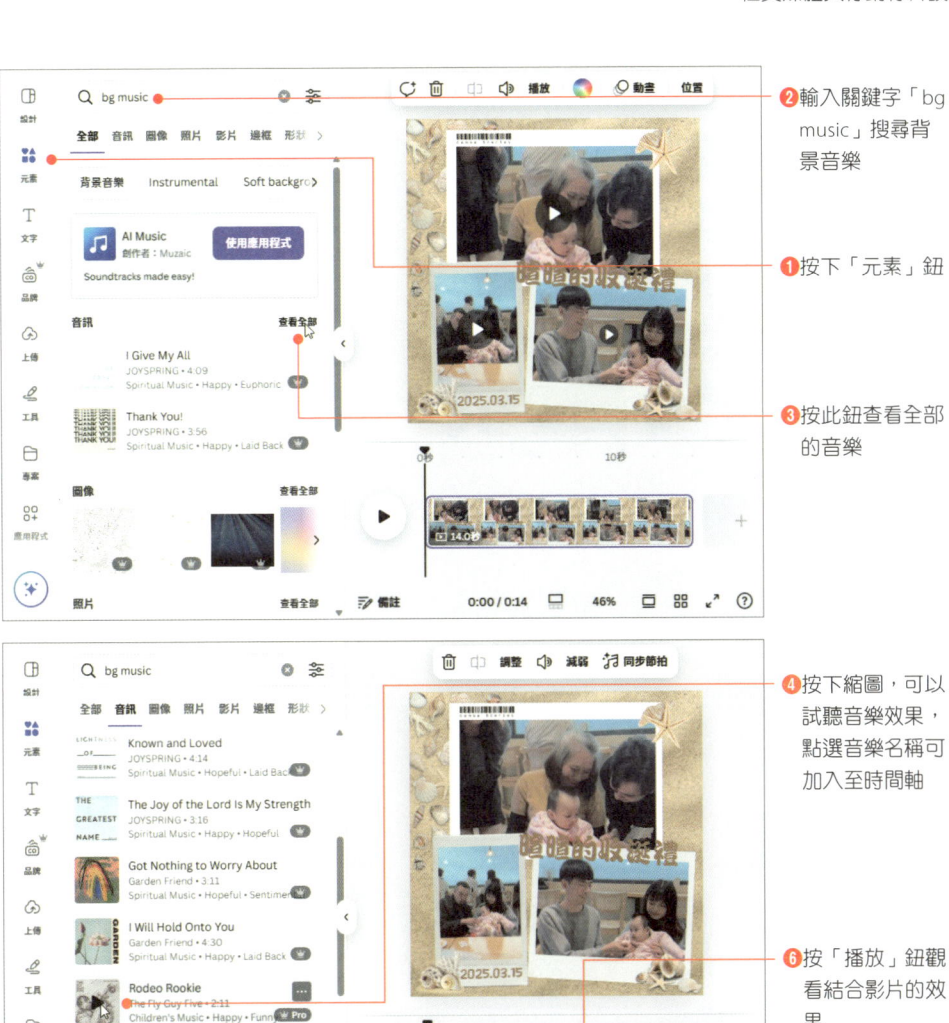

❷ 輸入關鍵字「bg music」搜尋背景音樂

❶ 按下「元素」鈕

❸ 按此鈕查看全部的音樂

❹ 按下縮圖,可以試聽音樂效果,點選音樂名稱可加入至時間軸

❻ 按「播放」鈕觀看結合影片的效果

❺ 瞧!音樂加入了

8-4-8 聲音淡出淡入

各位是否注意到,音樂在結束的時候是突然斷掉,顯得很不自然。這時候可以在音軌點選的情況下,由「減弱」鈕來調整音樂的淡入與淡出。

❷ 按下「減弱」鈕

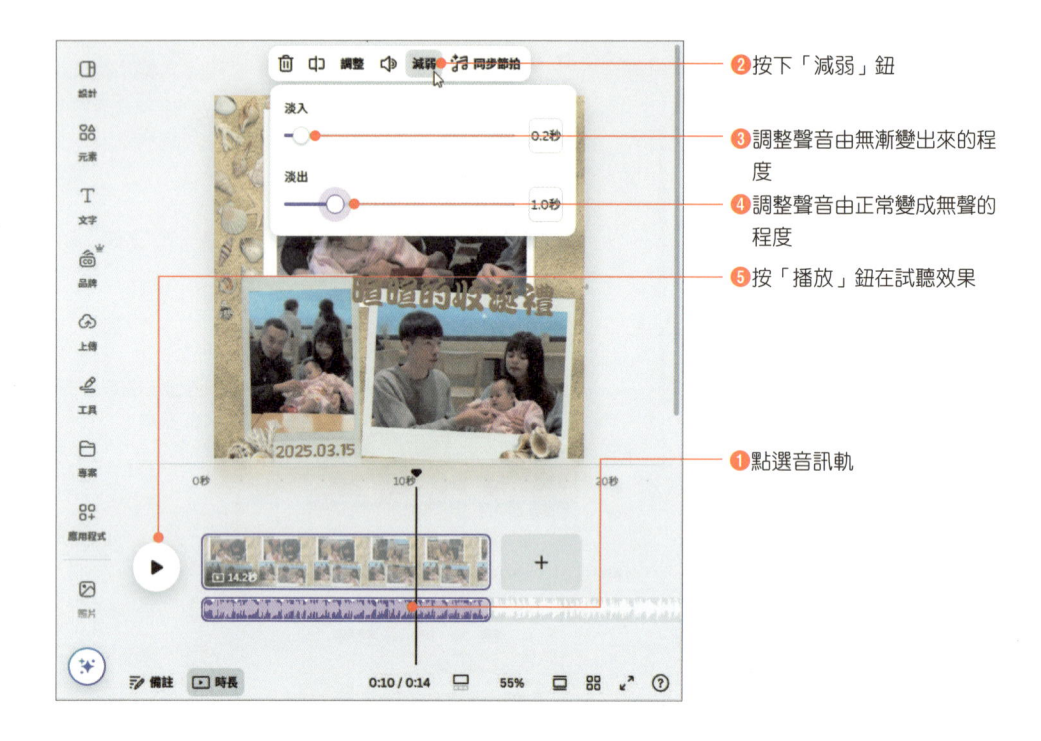

❸ 調整聲音由無漸變出來的程度

❹ 調整聲音由正常變成無聲的程度

❺ 按「播放」鈕在試聽效果

❶ 點選音訊軌

8-4-9 下載影片分享

影片製作完成後，你可以先按下視窗右上角的「播放」鈕，這樣可以更清楚的觀看影片最後的呈現效果。

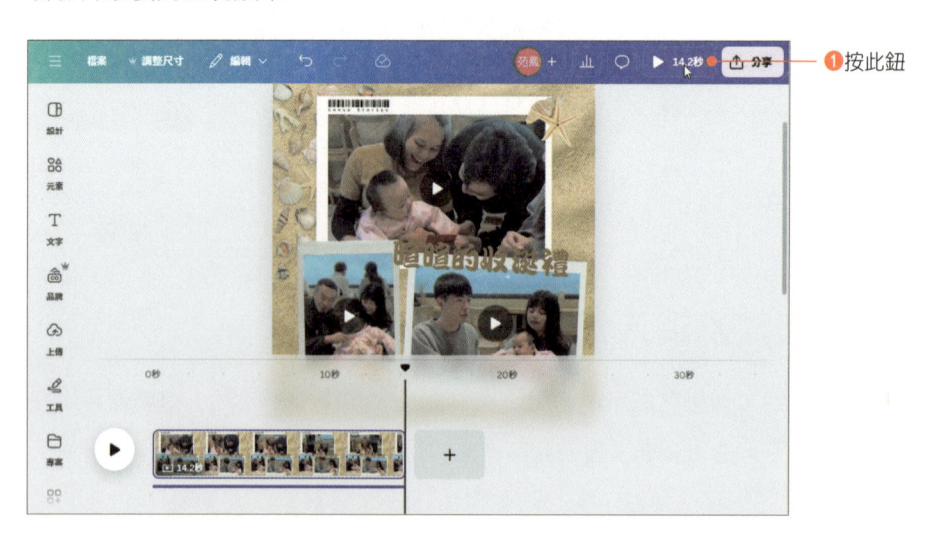

❶ 按此鈕

❸ 觀看完畢,按此鈕關閉視窗

❷ 按此鈕可以全螢幕顯示

確認影片沒問題後,就可以按下「分享」鈕來進行影片的下載。

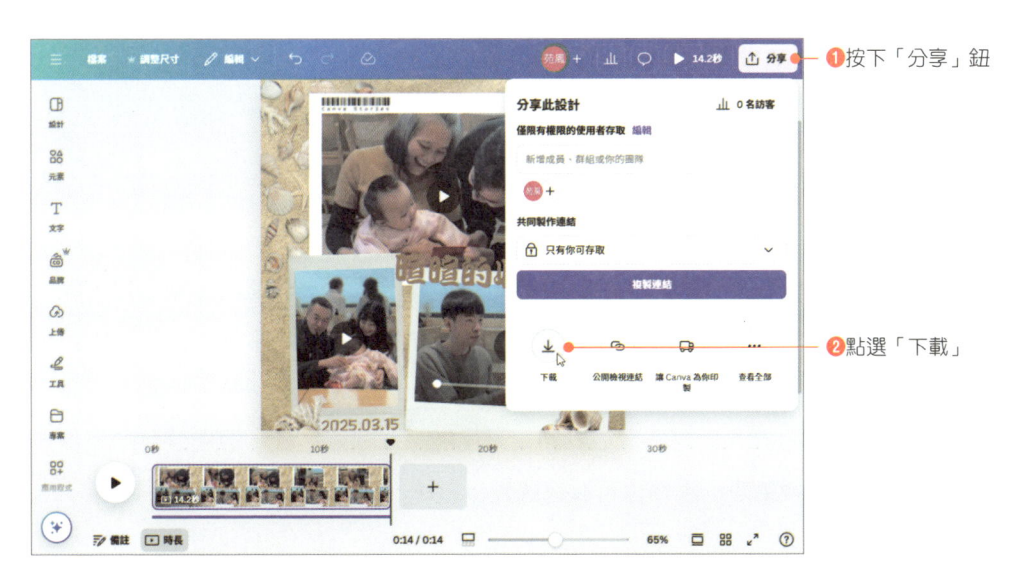

❶ 按下「分享」鈕

❷ 點選「下載」

❸按此鈕下載影片就完成囉

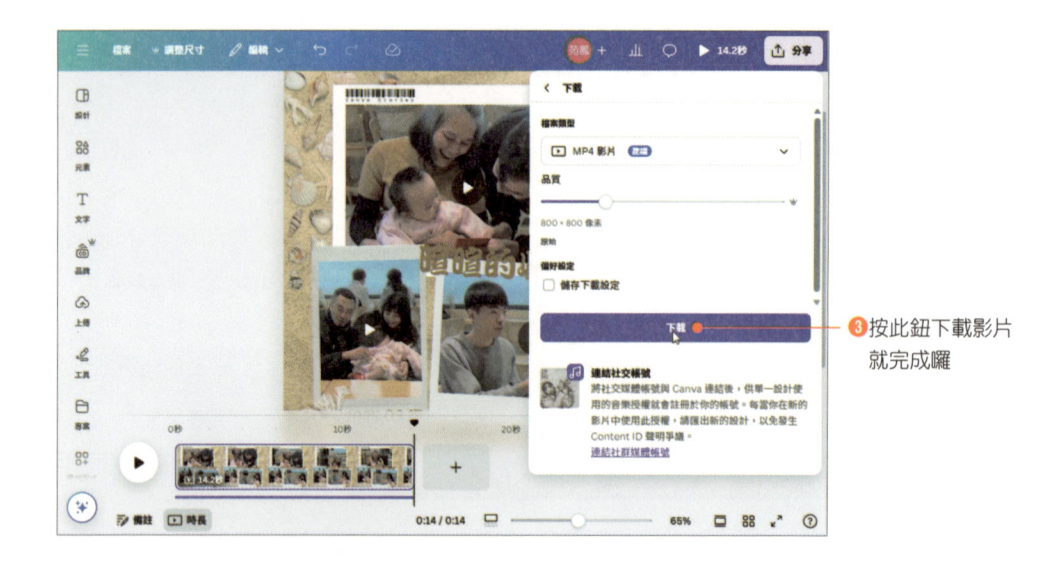

8-5 設計 YouTube 影片

　　YouTube 是一個影片分享的網站，可讓用戶上傳、觀看、分享與評論影片。除了個人上傳自製的影片與他人分享外，很多製片或傳播公司也將電視短片、預告片、音樂錄影帶剪輯後，上傳到 YouTube 做宣傳。很多人也因為上傳影片後點擊率高，而增加許多的廣告收入。這個章節我們要來設計 YouTube 影片，透過現有的範本，加上個人的創意與構想，讓你也可以快速製作影片。

8-5-1 選擇範本與設定版面

　　首先我們選擇「影片」，找到「YouTube 影片」的類型，再透過關鍵字找到同類型的範本，就可以快速建立影片的雛型。

社交媒體與行銷材料設計 08

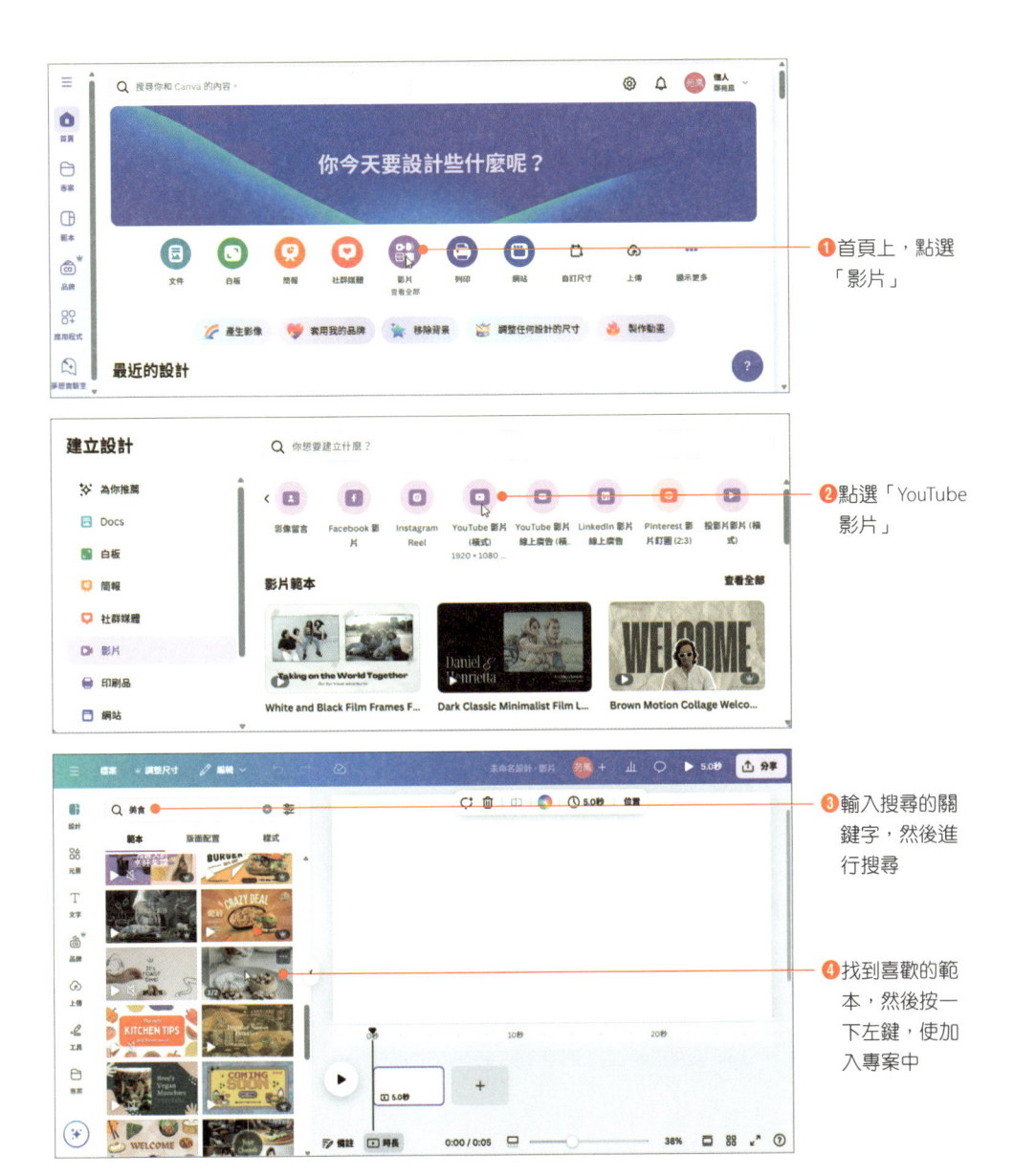

❶ 首頁上，點選「影片」

❷ 點選「YouTube 影片」

❸ 輸入搜尋的關鍵字，然後進行搜尋

❹ 找到喜歡的範本，然後按一下左鍵，使加入專案中

8-33

❻由此輸入專案的名稱

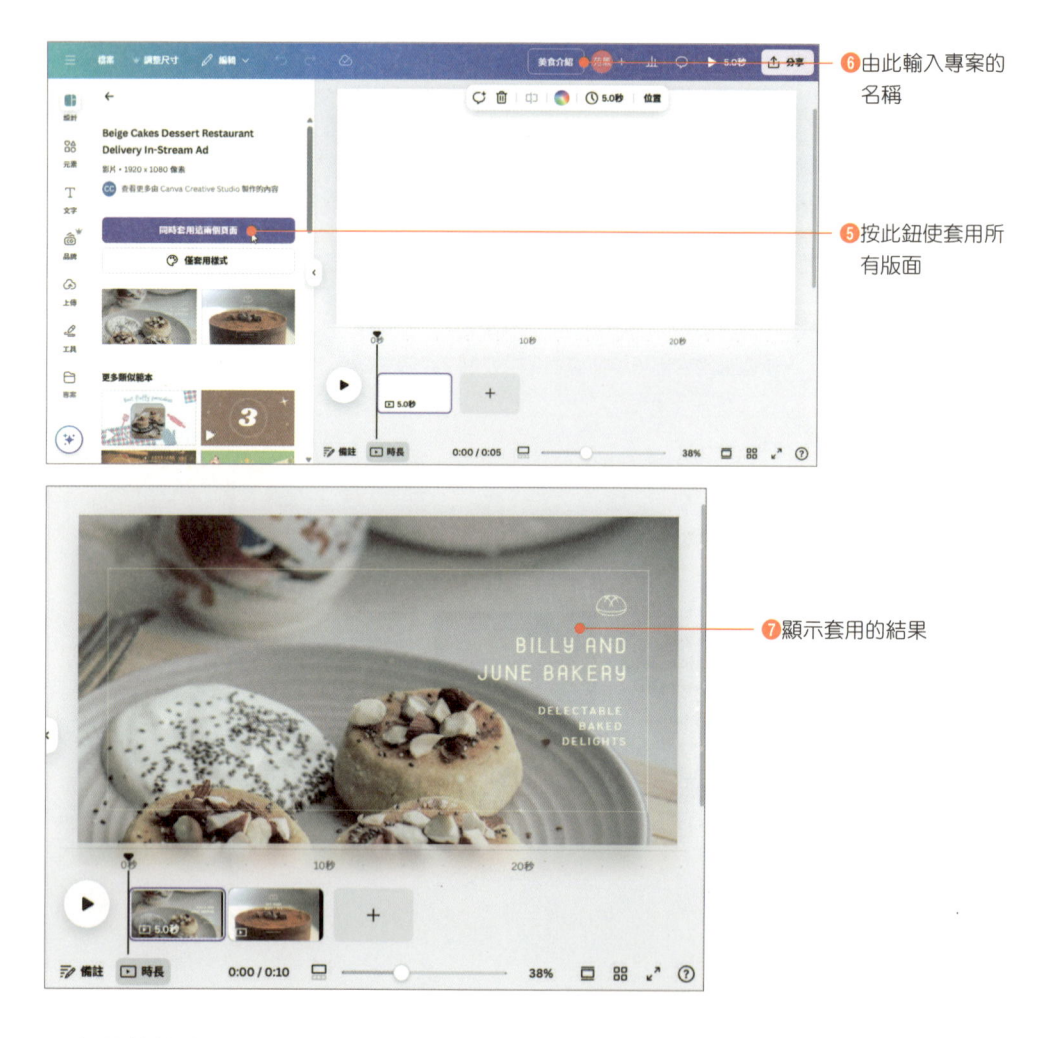

❺按此鈕使套用所有版面

❼顯示套用的結果

在針對範本進行搜尋時,你也可以輸入「YouTube 片尾」、「YouTube 縮圖」、「YouTube 封面」... 等之類的關鍵字,也可以找到一些範本,讓你將搜尋的結果應用在影片的前端、片尾等處喔。特別是想在片尾宣傳個人或公司行號的頻道,或是增加其他影片點閱率,都是很有幫助喔!

8-5-2 複製頁面與版面編排

在這個範例中,我們主要是將多個相片串接成為影片,用以宣傳餐廳中的美食。設計中我們會多次複製第一個頁面,屆時再替換底層的圖片和文字說明即可。不過在複製頁面之前,我們先將店家的 LOGO 與名稱替換完成,這樣複製頁面後,就不用再一一更換店家名稱。

❶ 先取消標題文字與 LOGO 的群組

❷ 按此鈕上傳 LOGO

④ 拖曳到頁面中，
並修改標題文字

③ 點選 LOGO

變更好版面後，我們就可以進行複製頁面的動作。

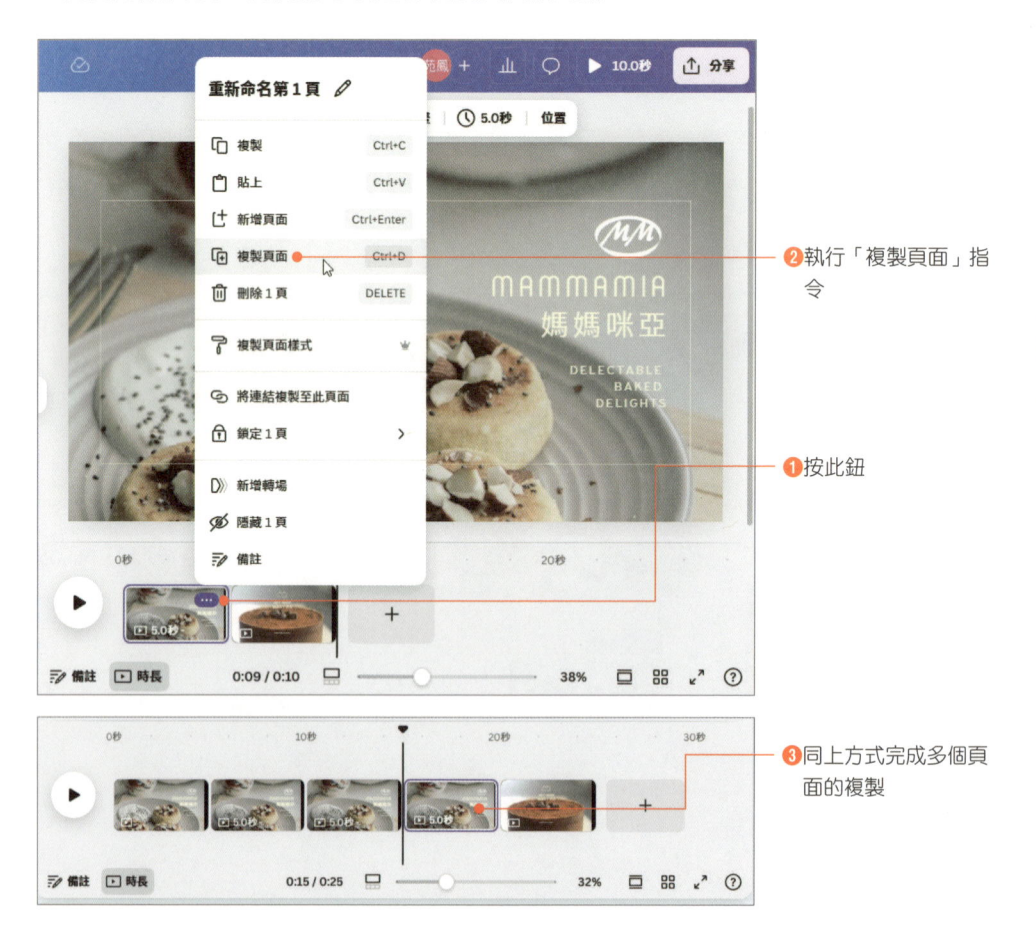

② 執行「複製頁面」指令

① 按此鈕

③ 同上方式完成多個頁面的複製

接下來再利用「上傳」鈕將相關的圖片上傳到 Canva 上,再拖曳到頁面的底圖上,即可快速完成替換的工作。

❶ 按此鈕上傳圖片

❷ 依序將圖片拖曳到底圖中,使替換照片

❸ 切換到最後一張頁面

❹ 按滑鼠兩下進入編輯狀態,調整圖片的位置

❺ 設定完成,按「完成」鈕離開

❻ 完成所有版面的編排

8-5-3 使用「魔法動畫工具」設定動畫

為了讓靜態的畫面和文字能顯示動態效果,我們要使用「動畫」功能來設定頁面的動態效果,你可以自行由「頁面動畫」的面板中挑選喜歡的動畫,如果時間不夠,或是影片的頁面很多,也可以考慮使用「魔法動畫工具」,讓 AI 幫你選風格的動畫。

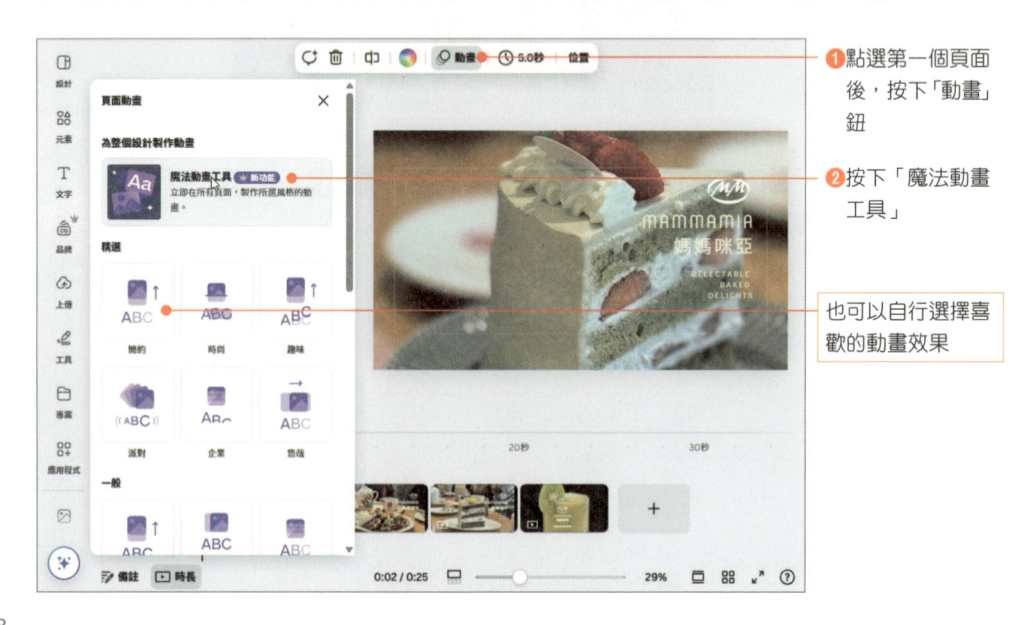

❶ 點選第一個頁面後,按下「動畫」鈕

❷ 按下「魔法動畫工具」

也可以自行選擇喜歡的動畫效果

❸點選 Canva 所建議的風格

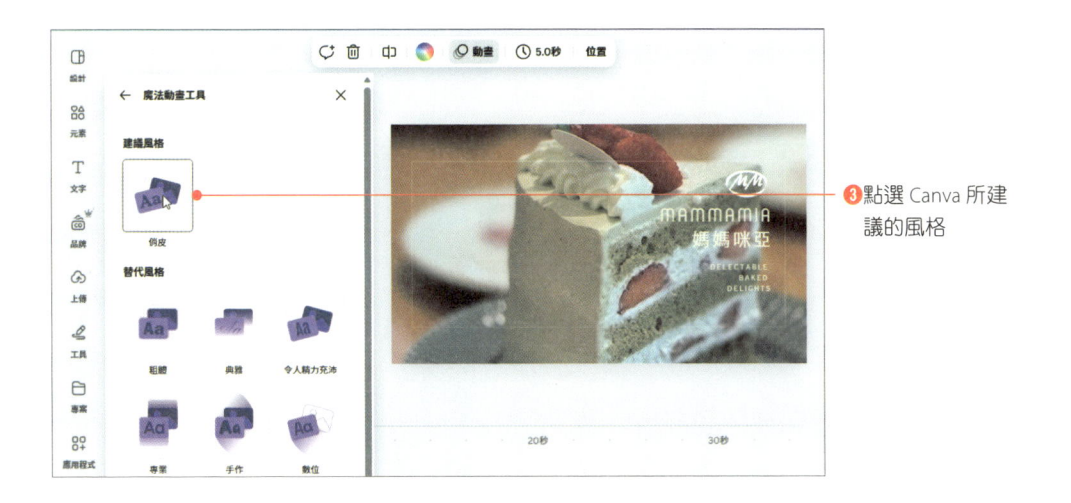

8-5-4 新增與變更轉場效果

在選用「魔法動畫工具」時，事實上影片中大多已加入轉場效果，如果沒有的話，可在兩段影片片段中間按下「新增轉場」鈕，就會顯示「轉場」的面板讓你選擇轉場效果。

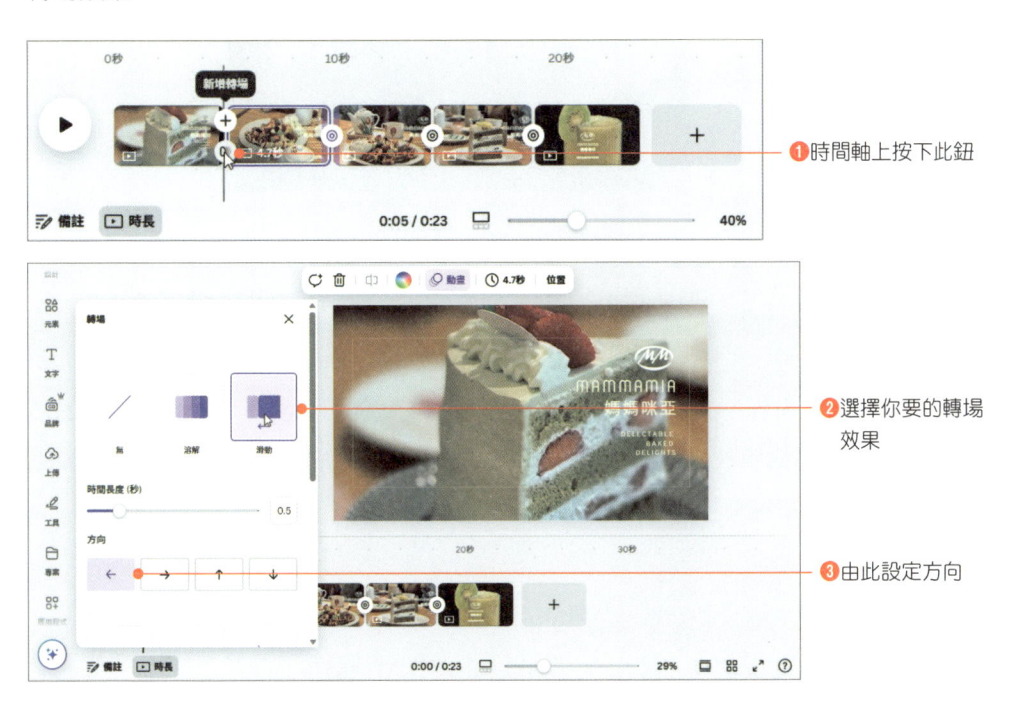

❶時間軸上按下此鈕

❷選擇你要的轉場效果

❸由此設定方向

如果已有轉場效果，但是你想更換成其他的效果，也是在兩段影片之間按下轉場按鈕，即可進行變更。

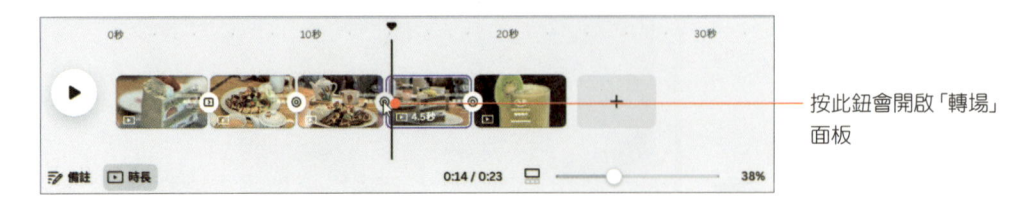

按此鈕會開啟「轉場」面板

8-5-5 音樂同步節拍

影片串接完成，也加入轉場特效，接下來就是加入好聽的背景音樂來襯托影片的氣氛。搜尋背景音樂的技巧在 8-4-7 節已經介紹過，所以請自行選擇音樂並加入至時間軸中。

❶ 選擇喜歡的音樂

❷ 音樂加入至時間軸

由於專案中是由許多的影片片段所組合而成的，我們可以利用「同步節拍」的功能，透過 AI 技術找到歌曲中的節拍，再將節拍轉換成音軌上的斷點，利用這些斷點以使頁面與音樂節拍相互配合。使用方式如下：

②按下「同步節拍」鈕

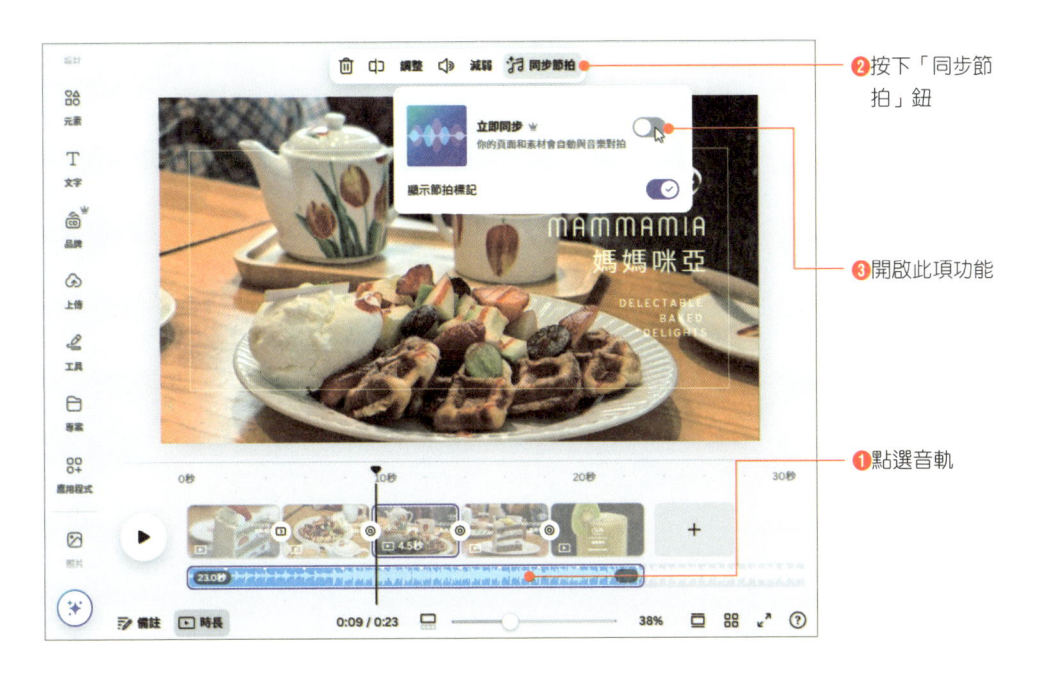

③開啟此項功能

①點選音軌

設定完成後你就可以發現,畫面的切換與音樂能完美的配合喔!

有關社交媒體與行銷材料的設計,我們就介紹到這裡,希望各位可以透過這些範例的應用,靈活運用 Canva 的各項功能,讓你設計之路變得更寬廣,節省更多的時間與精力。

MEMO

09

Canva 的 AI 應用與自動化工具

Canva 的 AI 技術為設計領域帶來全新體驗，讓創作變得更加智能、高效。本章將介紹 Canva 內建的 AI 應用與自動化工具，包括能提供建議的 AI 小幫手、強大的魔法文案工具，以及 Canva Docs 的視覺文件功能。此外，我們還將探索 AI 生成圖像與影片的技術，以及各種實用的 AI 工具，幫助您提升設計效率，讓創意表達更加多元化。

9-1 提供建議的 AI Canva 小幫手

　　Canva 小幫手是 Canva 平台內建的 AI 智能工具，專為提升使用者的設計體驗而打造。它能在你創作的每個階段提供即時建議與專業支援，讓設計過程更加流暢、更高效。

　　在設計方面，Canva 小幫手會根據您的設計內容與風格，提供專業的建議，例如：配色方案、字體搭配，以及排版優化，讓作品的視覺效果更好更專業。在素材方面，無論你是需要圖片、範本、還是元素，Canva 小幫手都能快速推薦合適的素材，幫助您輕鬆豐富設計內容，提升作品質感。另外在設計過程中，若是遇到困難或缺乏靈感，只需向小幫手提問，它便會即時回應，提供解決方案或創意建議，幫助你突破設計瓶頸。所以，無論是新手設計師，還是經驗豐富的創作者，Canva 小幫手都是你的貼心設計夥伴，讓設計變得更簡單、更專業！

　　例如：在下面的專案當中，筆者想加入主播人物做商品的解說，但是不知道怎麼做，就可以直接問 Canva 小幫手。

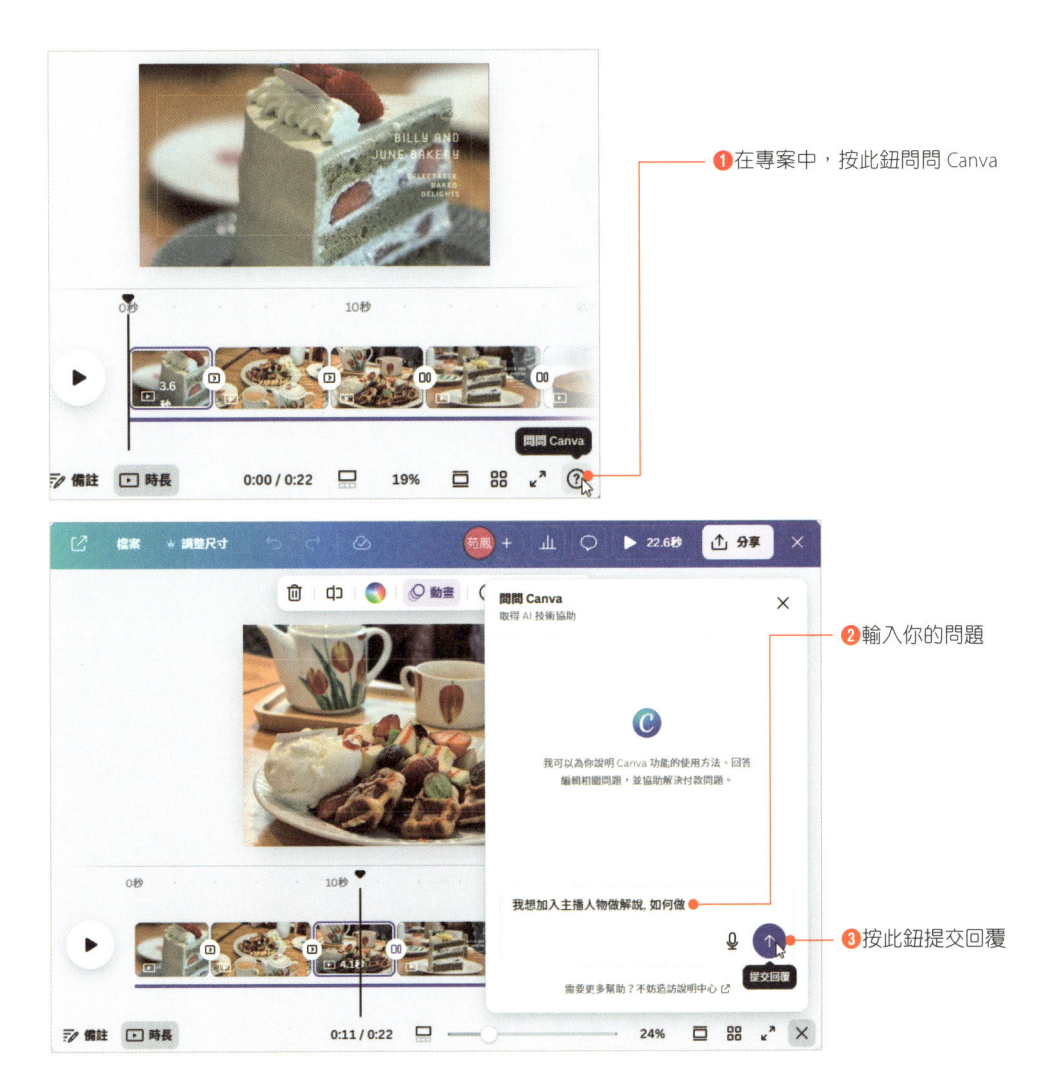

❶ 在專案中，按此鈕問問 Canva

❷ 輸入你的問題

❸ 按此鈕提交回覆

❹ 立即顯示小幫手的答覆

即使你還未有任何專案在進行，任何時候都可在視窗右下角看到 ❓ 鈕，並進行提問喔！

❶ 按此鈕

❷顯示詢問的對話框

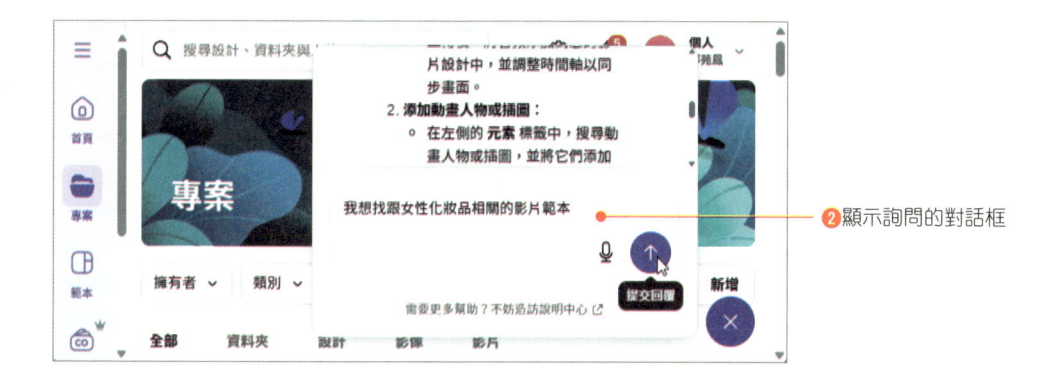

9-2 文字生成的魔法文案工具

「魔法文案工具」是 Canva 提供的 AI 工具之一，只要輸入你的需求，它可以幫助設計者快速生成各式各樣的文案，不僅提升了創作的效率和品質，還可以根據你的需求繼續書寫、縮短文案、重寫、甚至是寫得更正式或風趣些⋯⋯，設計者不需要再絞盡腦汁，還可讓你產生更多的靈感。

9-2-1 開始使用魔法文案工具

想要使用「魔法文案工具」，請由「首頁」點選「文件」鈕，就可以在空白文件的工具列上看到「魔法文案工具」了。

❶點選「文件」，使開啟空白文件

[圖示說明]
❷ 魔法文案工具顯示在此，按一下就會顯示下方的提示區塊
此為文字輸入區
也可以由此選擇設計的類型

在提示區塊中，你可以描述你的寫作任務，至少 5 個字以上，按下「產生」鈕就可以幫你產生文案。另外下方則提供各種類型，諸如：部落格貼文、專案提案、新聞稿、行銷策略、社群媒體說明文字、課程大綱、問卷調查、產品說明…等等，點選類型後，它都有範本供你參考，只要根據你的主題修改範本的內容即可。

例如：我想在學校單位為自家的產品－「多國語言學習系統」網站，進行銷售的宣傳。

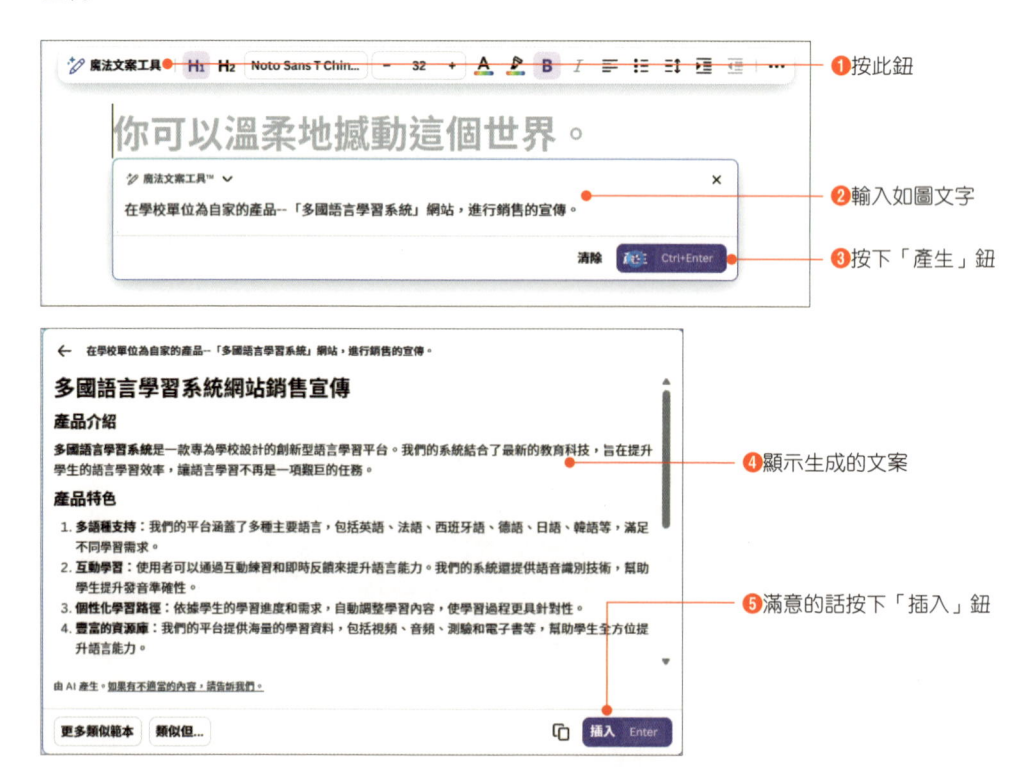

[圖示說明]
❶ 按此鈕
❷ 輸入如圖文字
❸ 按下「產生」鈕
❹ 顯示生成的文案
❺ 滿意的話按下「插入」鈕

❻ 瞧！版面底圖都幫你處理好了

9-2-2 修改文案

對於產生的文案，你還可以針對局部進行修正。例如：「產品介紹」部分，筆者覺得文案太少了，就可以選取該部分的文字，然後按下「魔法文案工具」鈕，再選擇「繼續書寫」指令，AI 就會自動幫你加長該段的內容。

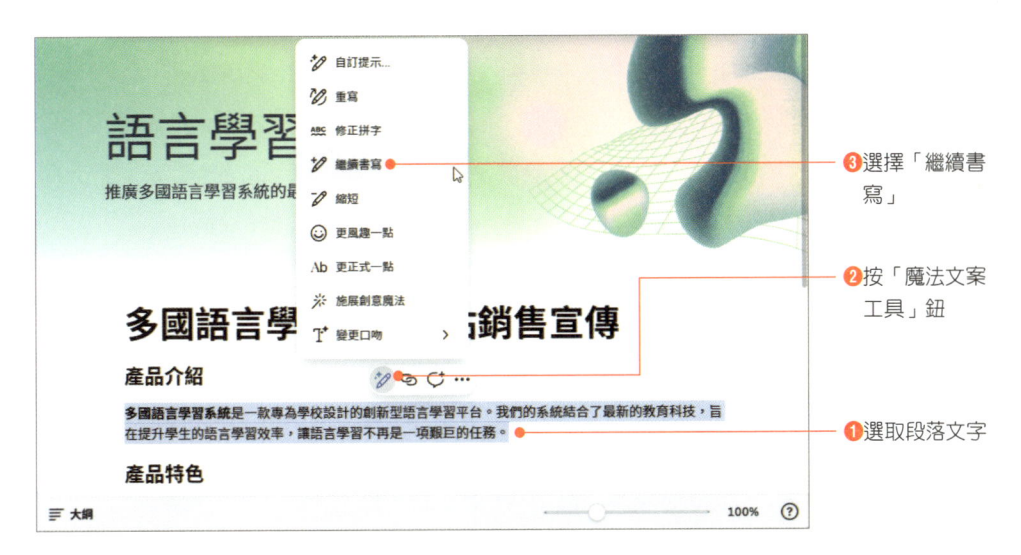

❸ 選擇「繼續書寫」

❷ 按「魔法文案工具」鈕

❶ 選取段落文字

④ 顯示新增的文案內容

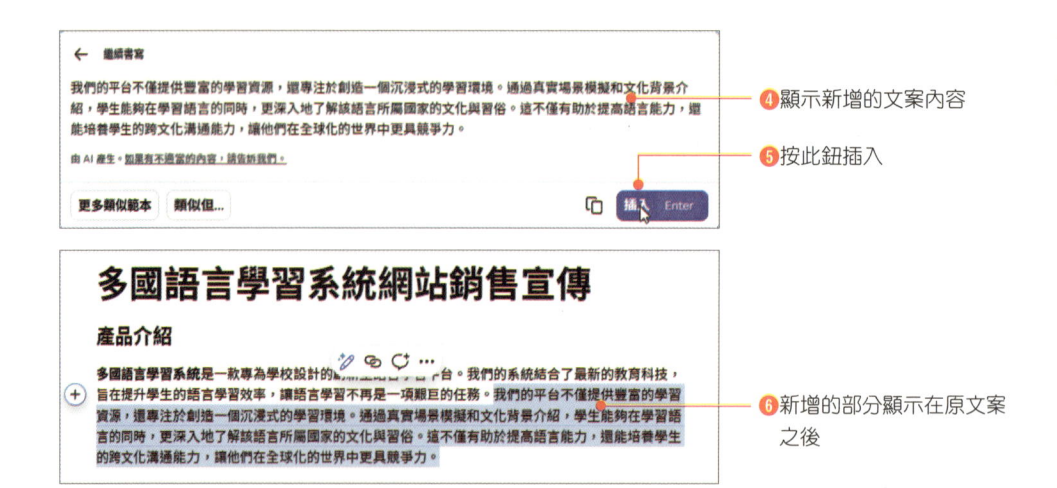

⑤ 按此鈕插入

⑥ 新增的部分顯示在原文案之後

在進行編修時,「魔法文案工具」提供多樣的功能,可以幫助使用者快速改寫、優化並量身定制文案,提升創作效率與品質。這些功能包括如下:

- **重寫**:重組並重新表達文字,除了保有原意外,會增加多樣性,並提升吸引力。
- **繼續書寫**:延續前面的敘述文字,擴充文案,讓文字銜接更流暢。
- **縮短**:可將較長的段落進行精簡濃縮,使成為強有力的短句。
- **更風趣一點**:將文字改寫的更輕鬆有趣一些,適合娛樂性的活動或社群,增加趣味和吸引力。
- **更正式一點**:將文字調整成專業、穩重,適用於正式溝通的場合。
- **施展創意魔法**:增加創意與想像力,使文字更生動更吸引人。
- **變更口吻**:除預設的「更風趣一點」、「更正式一點」的口吻外,可新增新的口吻,提升文字適用的場合。

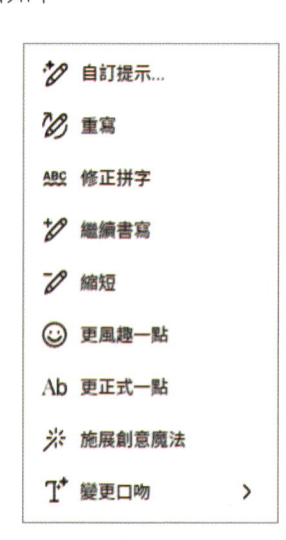

9-2-3 瀏覽更多類似的範本

當你對第一次生成的文案不甚滿意時，可以在對話框左下角按下「更多類似範本」鈕，它會再生成新的文案，如果你有生成多個文案時，可透過左上角來進行切換，比較後再選擇「插入」鈕插入文件中。

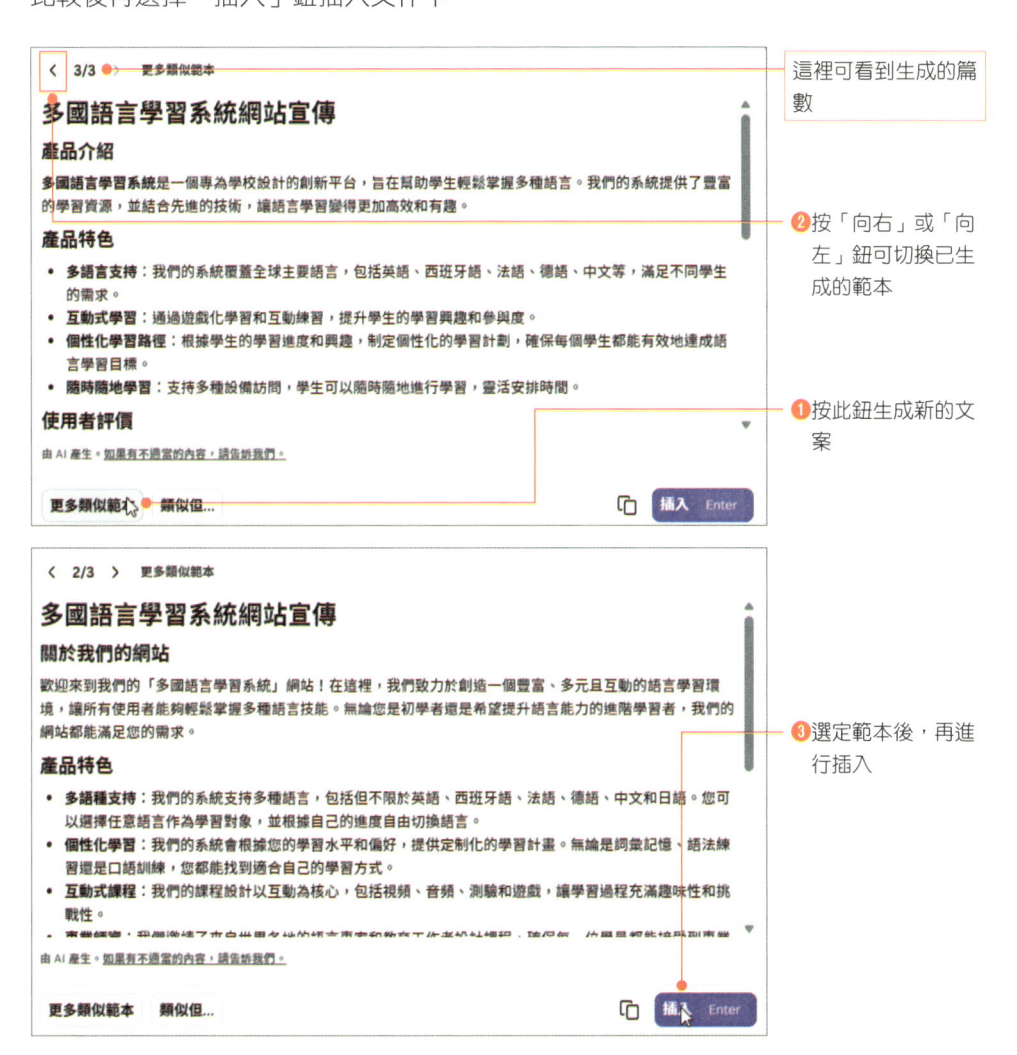

這裡可看到生成的篇數

❷ 按「向右」或「向左」鈕可切換已生成的範本

❶ 按此鈕生成新的文案

❸ 選定範本後，再進行插入

9-3 Canva Docs 視覺文件

剛剛我們利用「魔法文案工具」幫我們生成了銷售宣傳的文件，Canva 所生成的文件，還可以利用「魔法切換開關」將其轉換成簡報、轉換成設計，甚至幫妳進行翻譯，變成各國的語言，非常便利。這小節我們就來看看 Canva 文件的轉換功能。

9-3-1 文件轉簡報

想要將 Canva 文件轉換成簡報，可以由視窗左上方按下「魔法切換開關」，選擇「轉換為簡報」指令，就可以進行轉換。

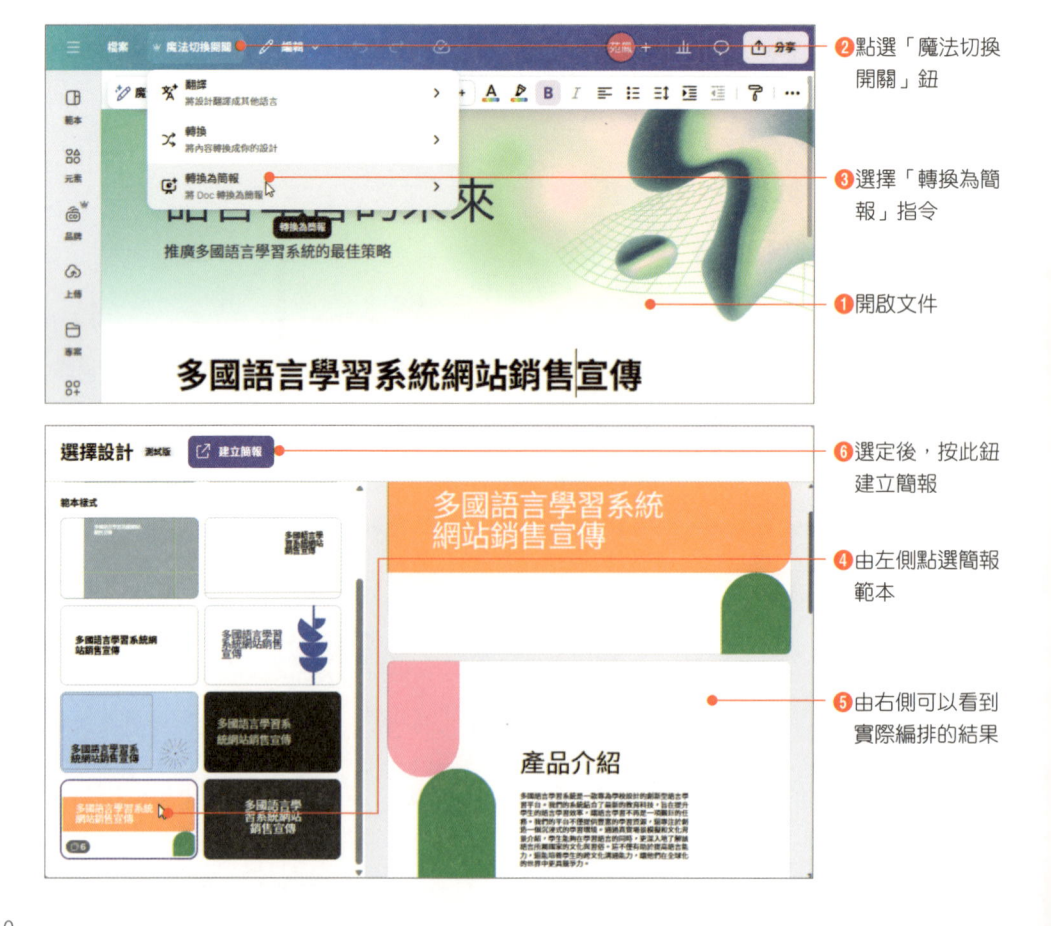

❷ 點選「魔法切換開關」鈕

❸ 選擇「轉換為簡報」指令

❶ 開啟文件

❻ 選定後，按此鈕建立簡報

❹ 由左側點選簡報範本

❺ 由右側可以看到實際編排的結果

❼ 文件順利轉換成簡報,請依簡報編輯技巧繼續編輯

順便提及的是,當文件轉換成簡報類型後,如果你還需要做更多的行銷策略,可由「調整尺寸」鈕下拉選擇轉換成「影片」、「網站」、「社群媒體」…或更多的類型。

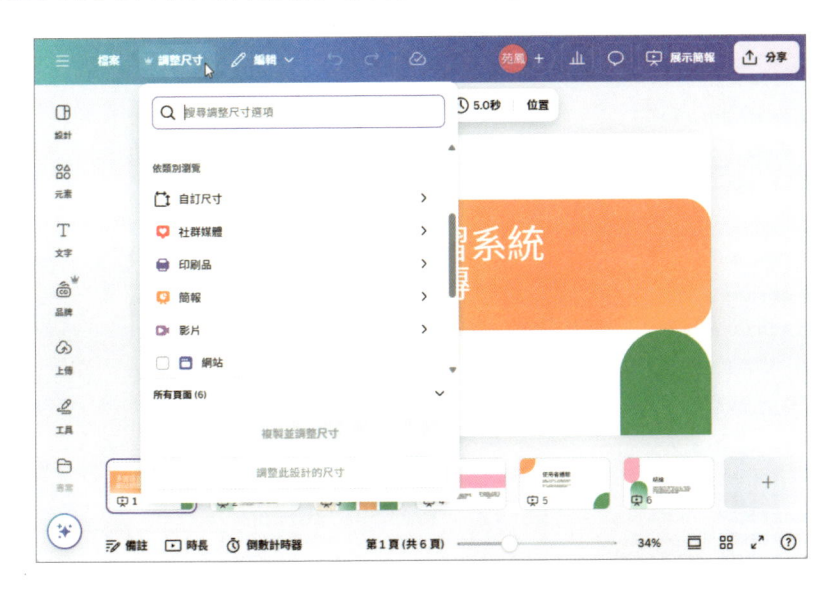

9-3-2 文件內容轉成設計

Canva 完成後，你可以將它轉成設計，例如：執行摘要、有創意的部落格貼文、簡報大綱、內容行銷構想、LinkedIn 貼文、行銷影片腳本、詳細專案計畫、專業電子郵件備忘錄、所有文字、詩、歌詞等，都是 Canva 所提供的選項。

這裡就以「行銷影片腳本」作為示範，看看「多國語言學習系統」要如何以影片方式做宣傳。

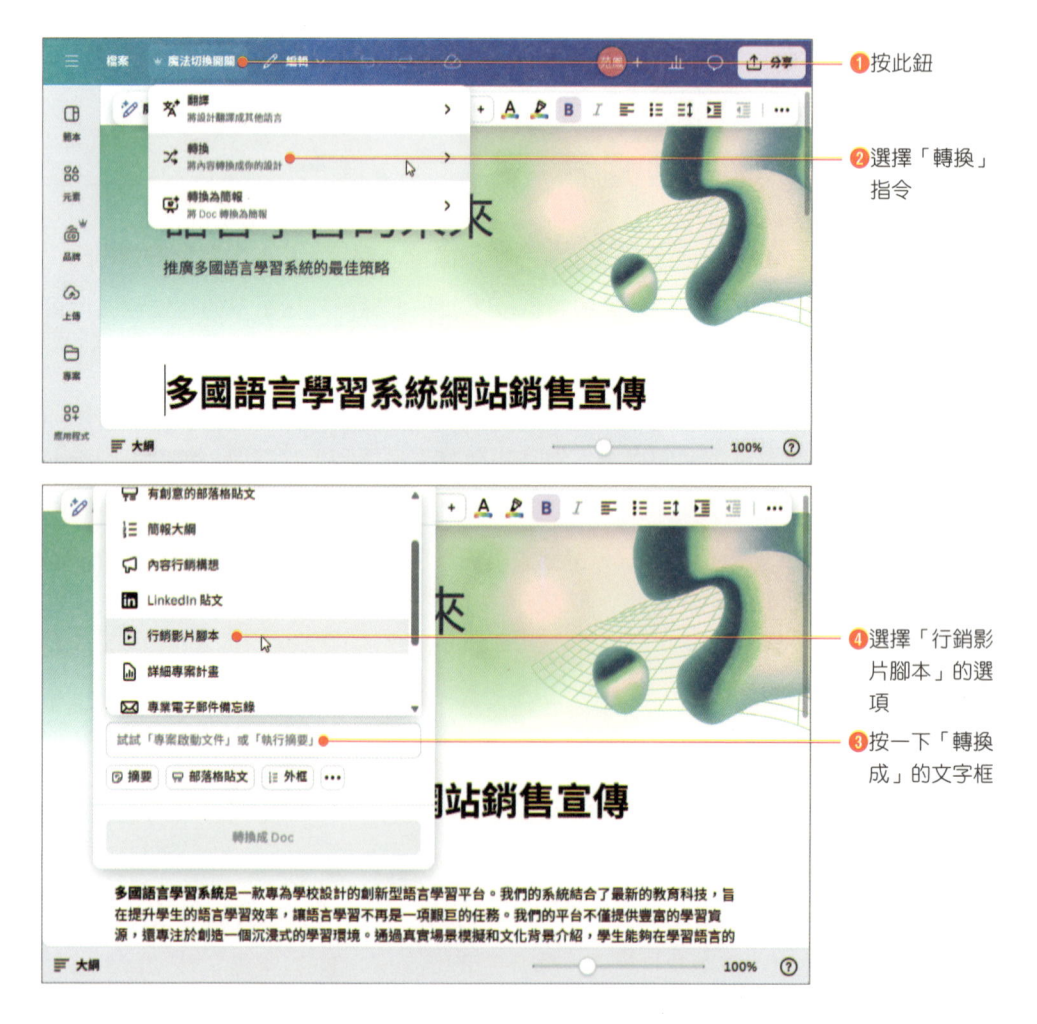

❶ 按此鈕

❷ 選擇「轉換」指令

❹ 選擇「行銷影片腳本」的選項

❸ 按一下「轉換成」的文字框

❺ 按此鈕轉換成 Doc

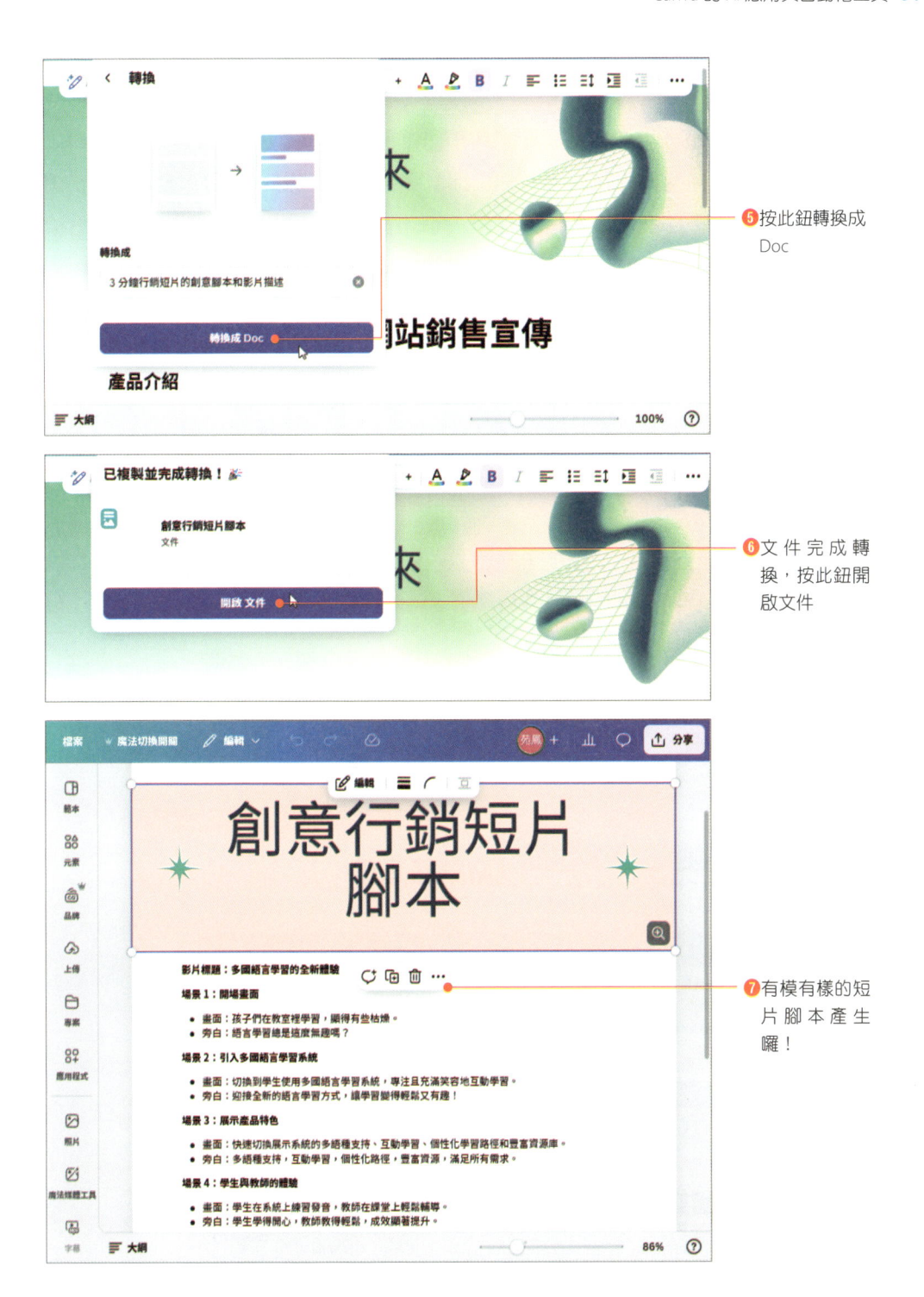

❻ 文件完成轉換，按此鈕開啟文件

❼ 有模有樣的短片腳本產生囉！

9-3-3 文件翻譯成其他語言

在全球化的世代,跨語言溝通都是常態,宣傳文件如果想要翻譯成其他國的語言,那麼 Canva 也可以透過 AI 來幫你進行文字的翻譯,翻譯時還可以設定語氣,諸如:原始、專業、友善、對話、詳細說明、啟發靈感等選項。

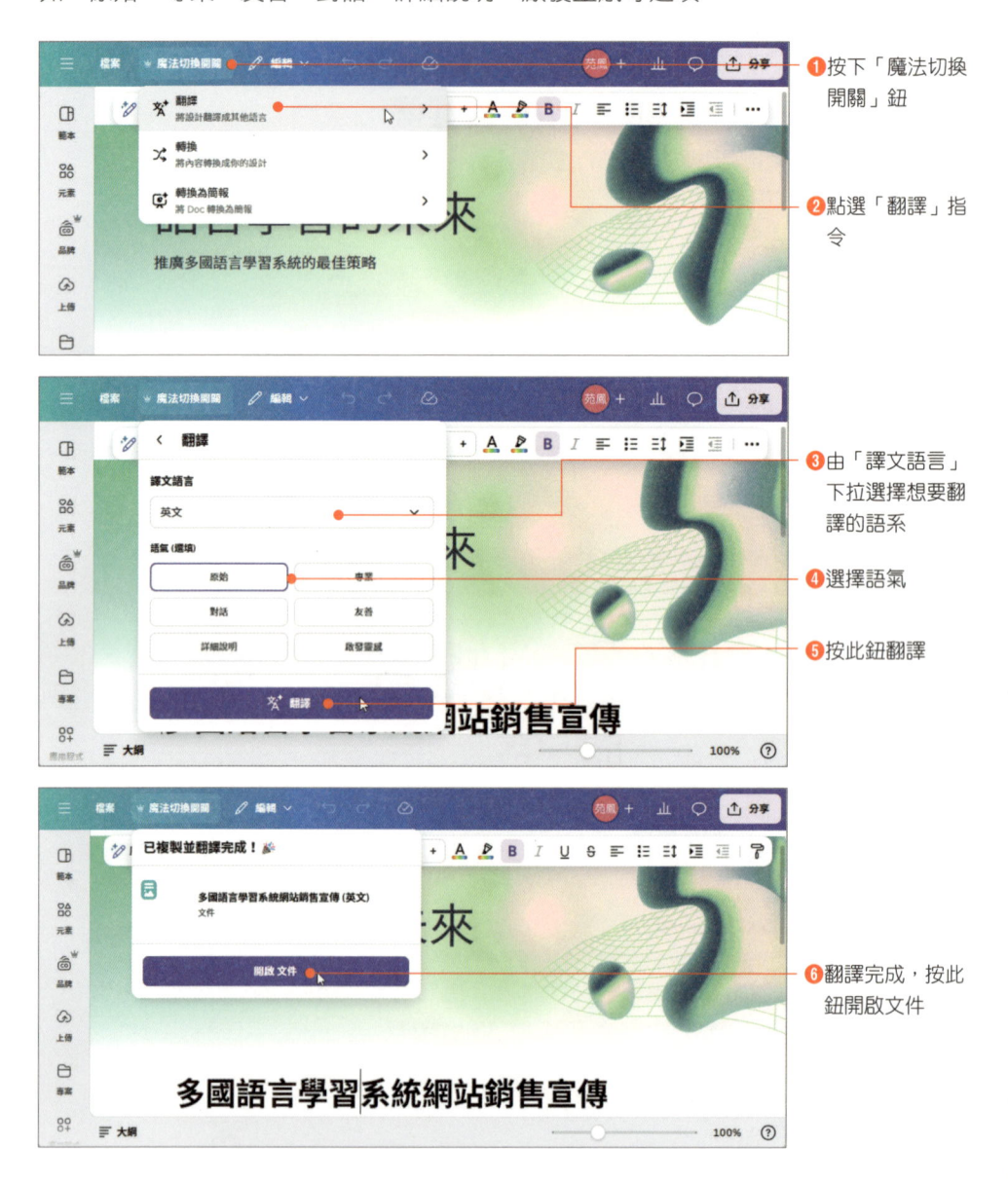

❶ 按下「魔法切換開關」鈕

❷ 點選「翻譯」指令

❸ 由「譯文語言」下拉選擇想要翻譯的語系

❹ 選擇語氣

❺ 按此鈕翻譯

❻ 翻譯完成,按此鈕開啟文件

❼輕鬆完成翻譯文件

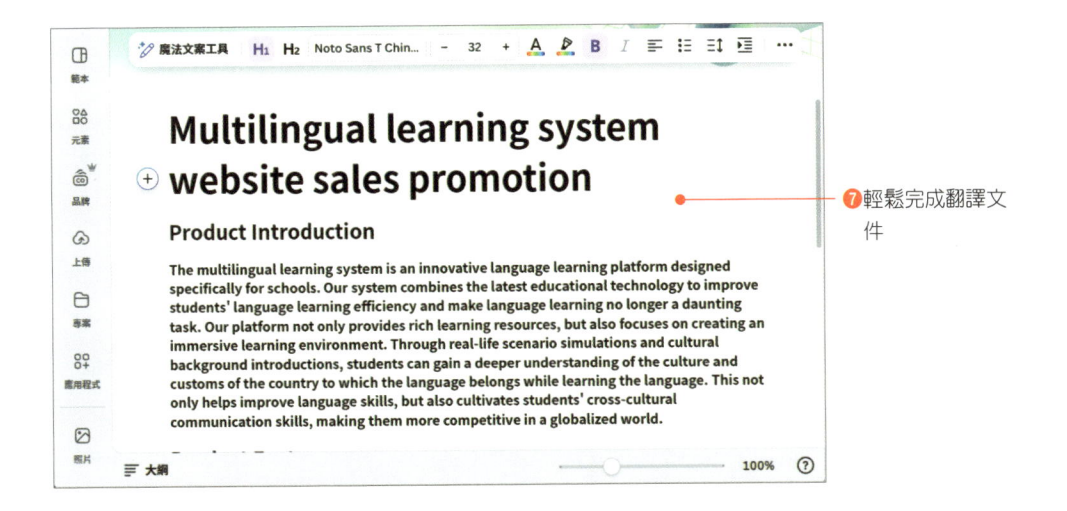

9-4 Canva 的 AI 圖像與影片生成技術

　　數位時代，人工智慧（AI）正以驚人的速度發展，並迅速滲透到各行各業。其中，AI 繪圖技術的崛起，不僅為藝術創作開闢了新的天地，還改變了我們處理和欣賞圖像的方式。同樣地，Canva 在這個部分也不遑多讓，利用 AI 工具可以根據你的文字描述，來生成獨一無二的圖像，將此圖像運用在插畫或是設計中，都是非常方便且精美的。這裡我們就來探討，如何利用「魔法媒體工具」將文字轉換成影像或是影片。

9-4-1 「魔法媒體工具」的文字生成圖片

　　首先我們來為電腦桌面設計一個獨一無二的畫面。請由「首頁」右側按下「顯示更多」鈕，接著在「辦公與商業」的類別中，即可看到「桌面背景」的圖示鈕。

[圖示：Canva 首頁畫面]

❶ 按此鈕顯示更多

❷ 選擇「桌面背景」鈕，即可建立空白的文件

接下來從左側選擇「應用程式」鈕，在「發掘」標籤中，點選「魔法媒體工具」鈕後，就可以在「影像」標籤中輸入你要創作的內容。

這裡以下面的提示詞為例，來生成圖像。

一個可愛的小女孩駕馭著一輛白馬與敞篷的轎子，穿梭在雲朵間，天上飄下許多花瓣。

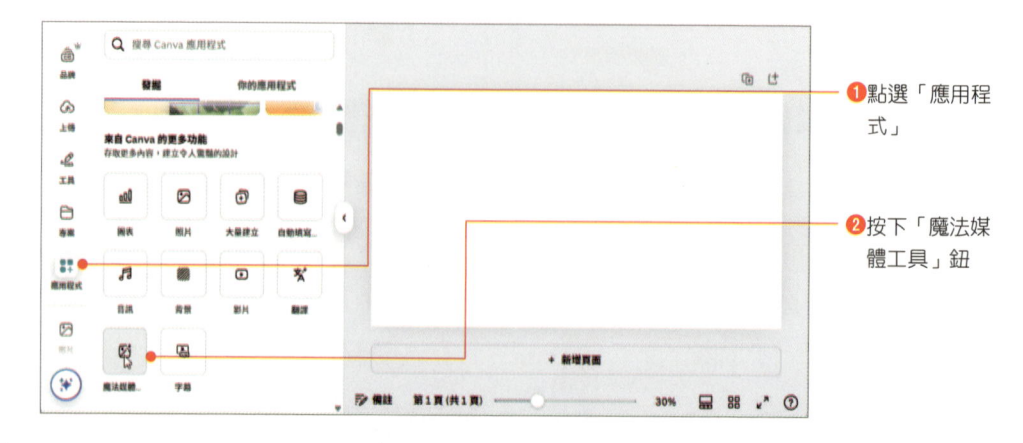

[圖示：Canva 應用程式畫面]

❶ 點選「應用程式」

❷ 按下「魔法媒體工具」鈕

❸ 輸入你的提示詞

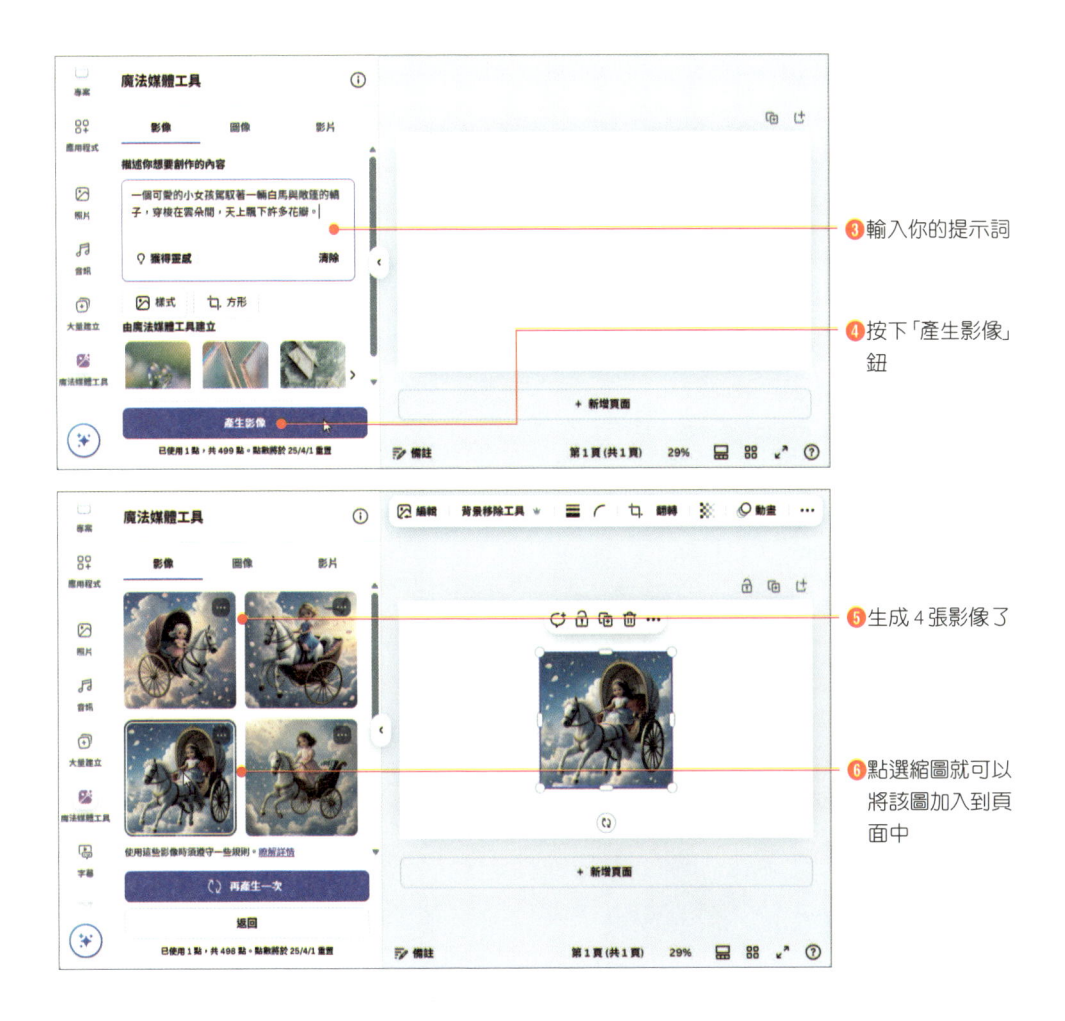

❹ 按下「產生影像」鈕

❺ 生成 4 張影像了

❻ 點選縮圖就可以將該圖加入到頁面中

9-4-2 產生更多類似圖片

AI 在生成圖像時，通常一次生成四張圖象，如果你喜歡其中一張的構圖，想要生成更多類似構圖的圖像，可在生成圖的右上角按下「選項」 鈕。

❶ 按「選項」鈕

❷ 選擇此指令

❸ 新生成的四張圖像

9-4-3　設定生成圖像的版面配置

　　剛剛生成的圖像是正方形的比例，但是我們生成的圖像是打算用在電腦桌面，比例上不同，如果直接運用在頁面上，勢必要切掉很大的面積。如下圖所示：

如果你有這個困擾，不妨使用 方形 鈕來變更版面配置。

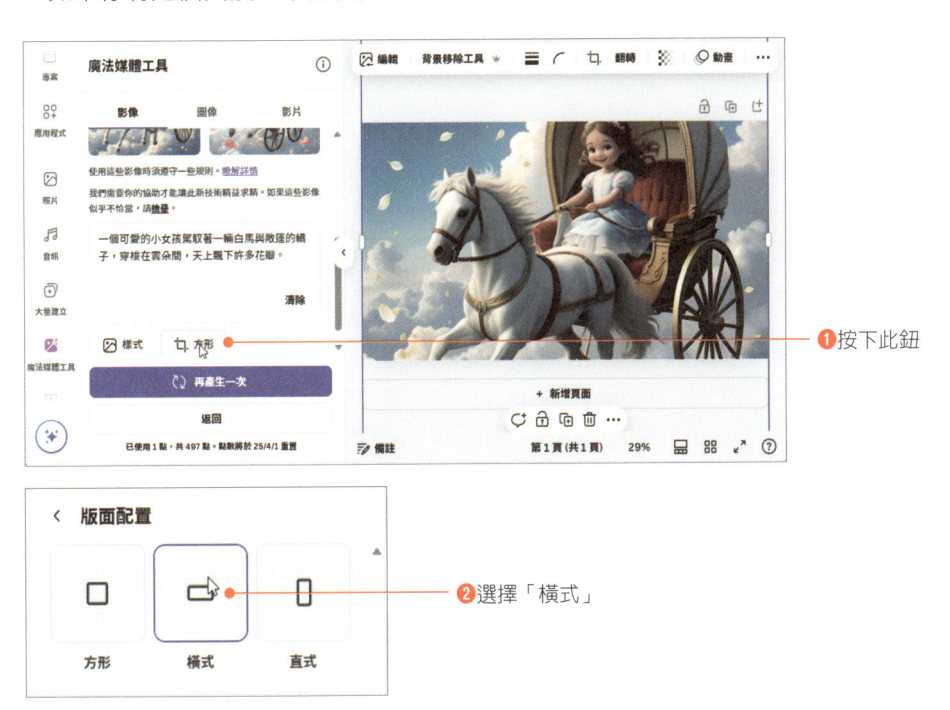

❶ 按下此鈕

❷ 選擇「橫式」

[畫面截圖]

❸ 瞧！生成的 4 張圖像為橫式的了

❹ 加入到頁面，被裁切掉的比例就比較少囉

❷ 按次鈕再產生一次

9-4-4　生成圖像套用樣式

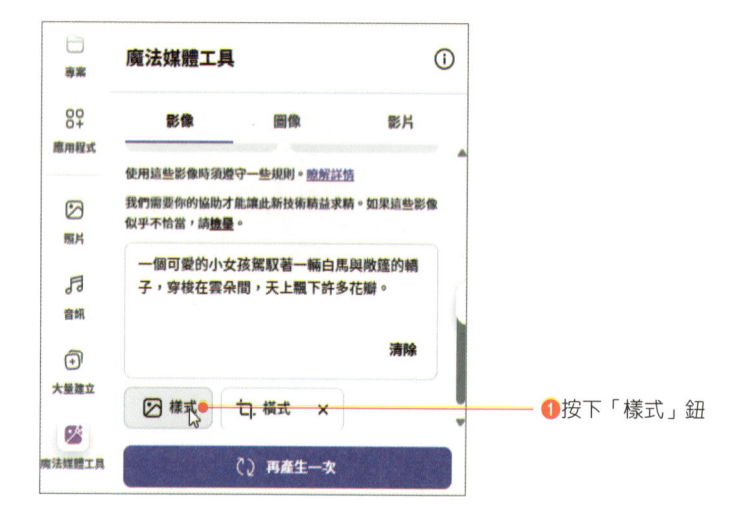

Canva 的 AI 繪圖功能和其他的 AI 繪圖平台相同，都可以加入不同效果。請按下 樣式 鈕，可加入「攝影」、「數位藝術」、「繪畫作品」三種類型，共 20 多種樣式。

❶ 按下「樣式」鈕

❷ 選擇要套用的樣式

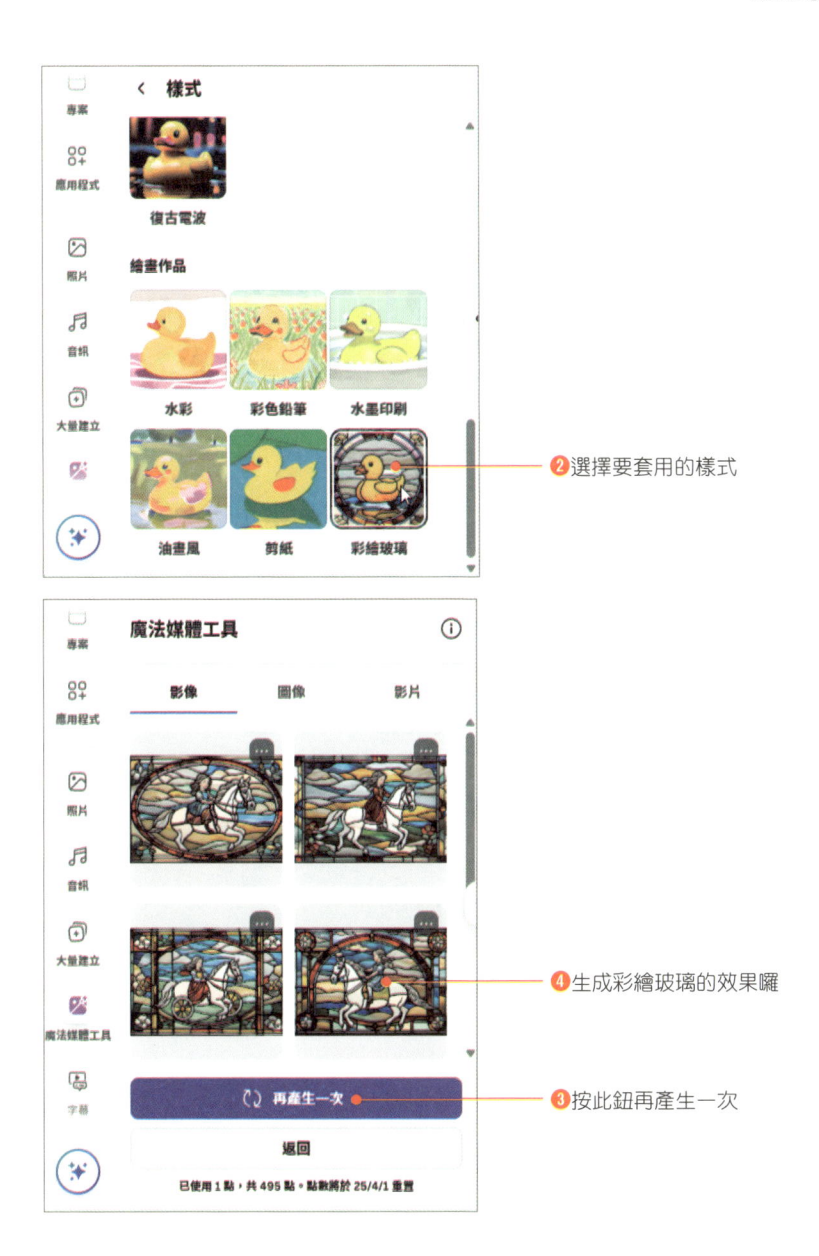

❹ 生成彩繪玻璃的效果囉

❸ 按此鈕再產生一次

9-4-5 「魔法媒體工具」的文字生成影片

　　Canva 的「魔法媒體工具」除了可以利用文字來生成影像外，也可以生成影片，只要在提示詞區輸入至少五個單字來描述場景，就可以產生影片。不過此項功能目前還在實驗階段，所以出現的人物或動物的場景有可能會不大對勁。

我們以下面的提示詞來生成影片。

一個可愛的小女孩駕馭著一輛白馬與敞篷的轎子，穿梭在雲朵間，天上飄下許多花瓣。

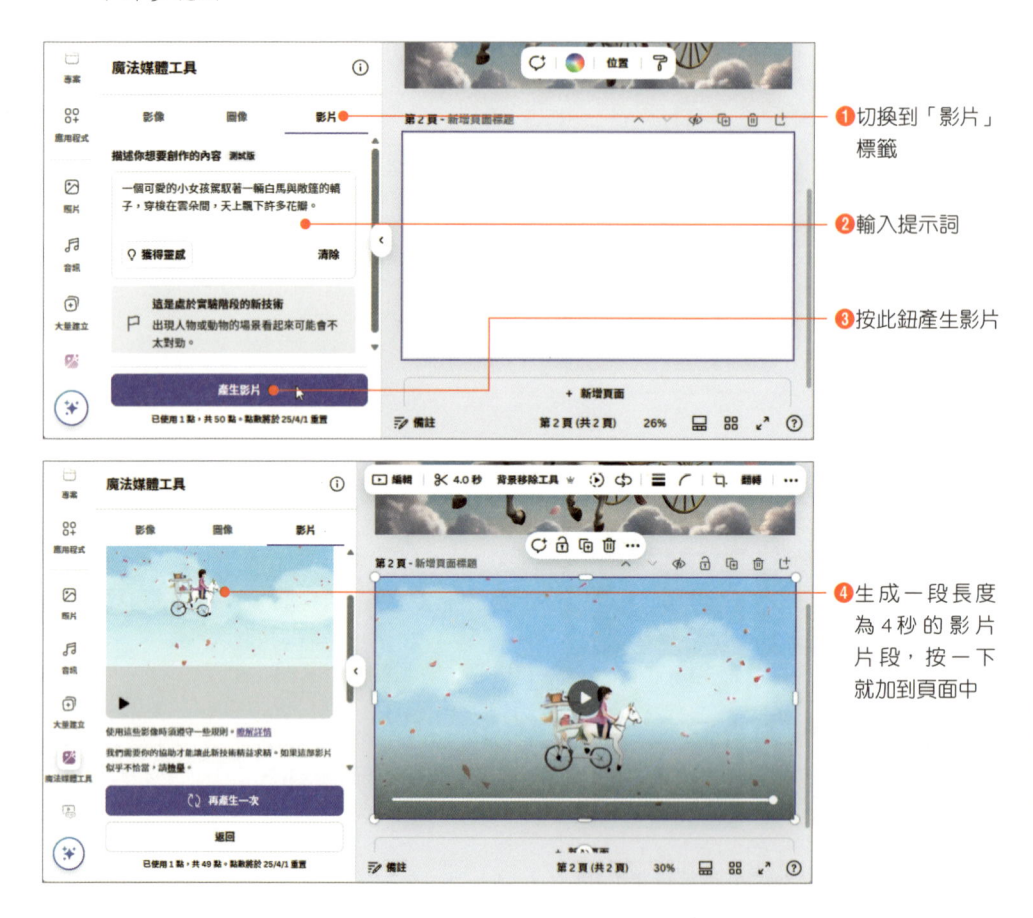

❶ 切換到「影片」標籤

❷ 輸入提示詞

❸ 按此鈕產生影片

❹ 生成一段長度為 4 秒的影片片段，按一下就加到頁面中

9-5 其他實用的 AI 工具

在 Canva 中，也可以將各種平台的 AI 功能加入進來，當你選擇某一 AI 工具時，它會直接連結到該網站並進行登入，以往一些需要付費使用的網站或平台，在第一

次註冊時，通常都會有點數給使用者試用，如果點數用完後，就會要求你購買點數才可以使用該工具。然而現在，越來越多的 AI 工具在一開始就要求你付費使用，否則無法將選用的 AI 工具應用到你的設計作品上。對於這些需要立即付費才能使用的工具，此章節只能概略介紹它的用途，以及如何從 Canva 連結到該應用程式的網站，而無法將 AI 工具展現在 Canva 的專案中。

目前 Canva 所連結的 AI 工具相當多，各位可以切換到「應用程式」鈕，然後切換到「採用 AI 技術」的類別，就能看到各種的 AI 工具。

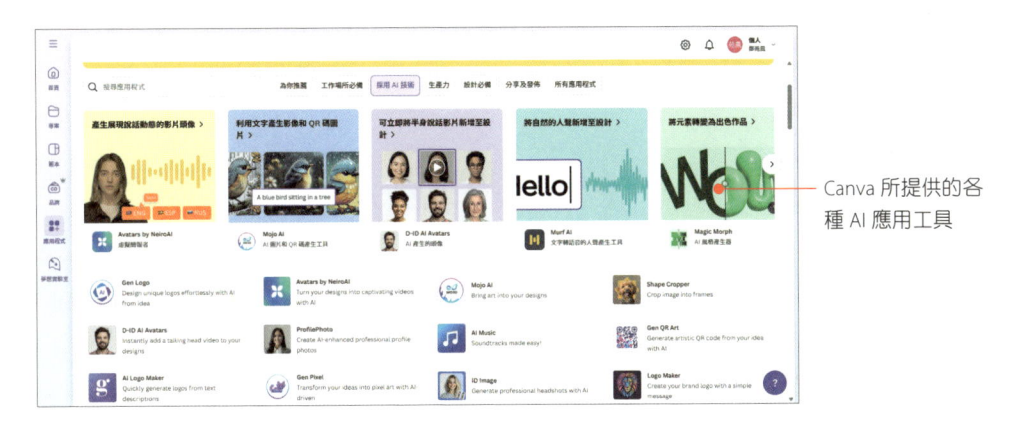

Canva 所提供的各種 AI 應用工具

9-5-1 文字轉語音 AI 工具

「文字轉語音」可以讓文字內容以自然流暢的語音呈現，適合用於影片配音、語音導覽、電子學習等場景。這裡要為各位介紹的是「Murf AI」，這款工具提供超過 120 種的 AI 聲音，涵蓋 20 多種語言和口音。使用者只要輸入文字，選擇適合的聲音，並調整音調、速度等參數，生成自然且專業的配音。它的連結方式如下：

❶ 開啟專案後,切換到「應用程式」

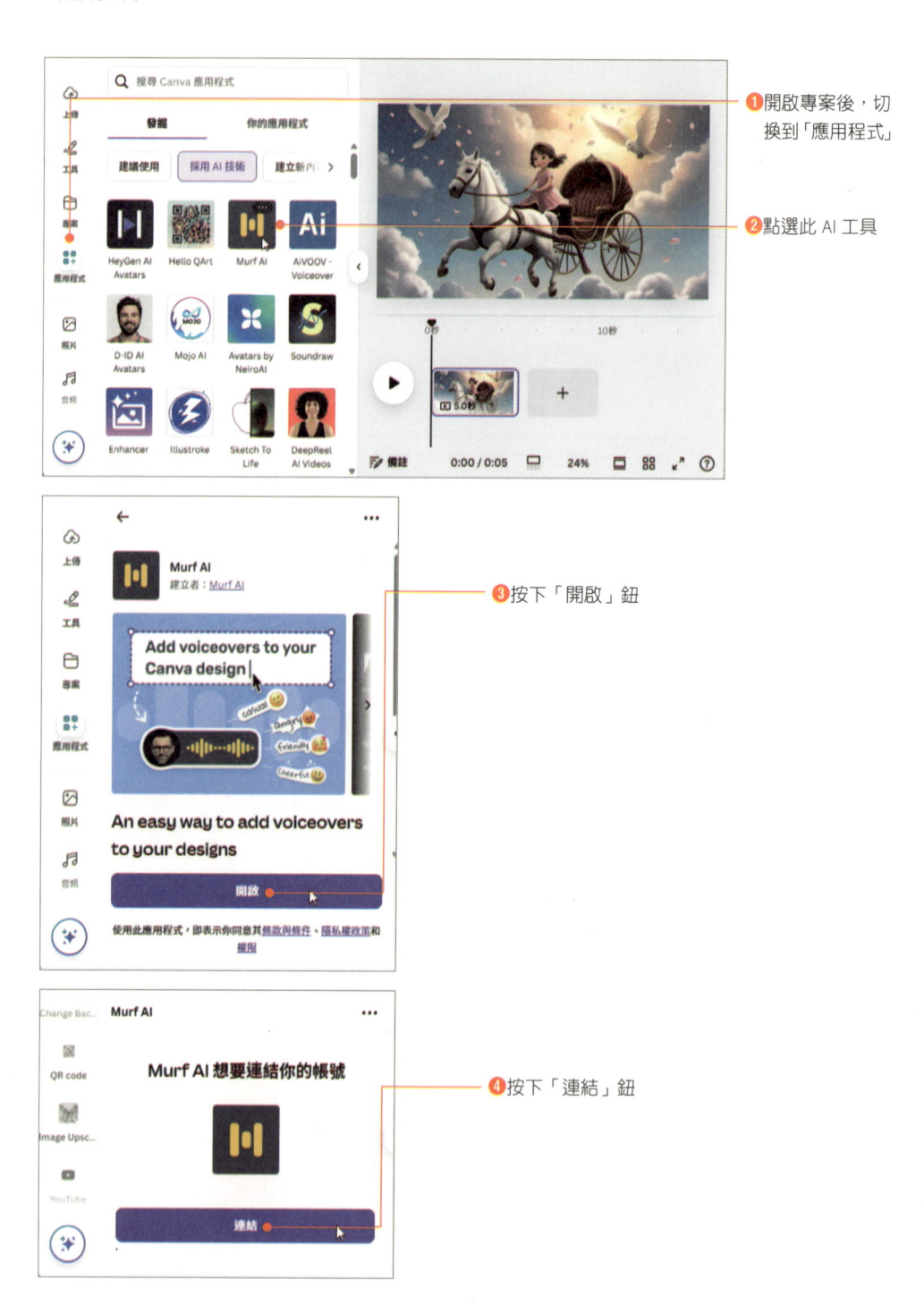

❷ 點選此 AI 工具

❸ 按下「開啟」鈕

❹ 按下「連結」鈕

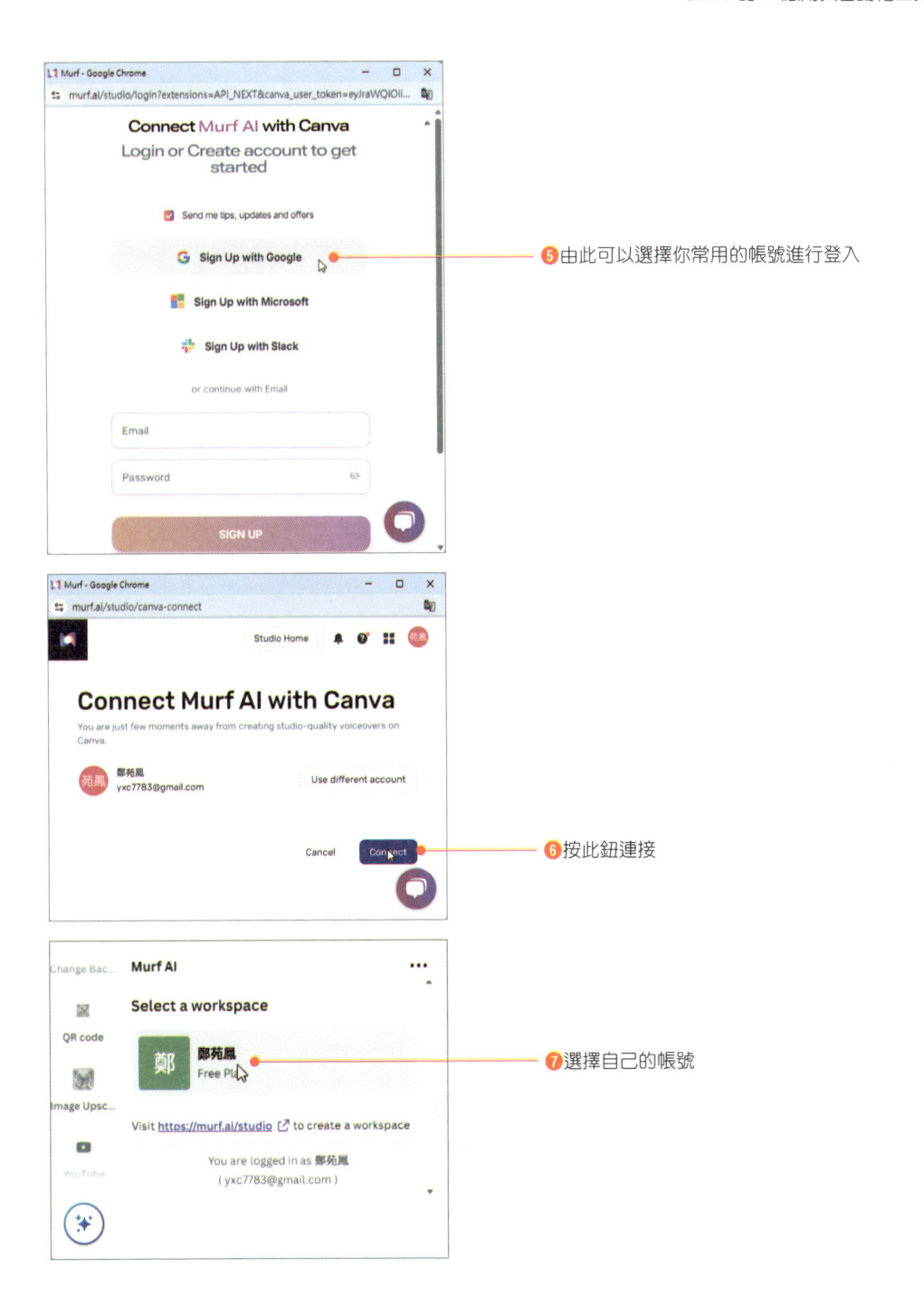

❺ 由此可以選擇你常用的帳號進行登入

❻ 按此鈕連接

❼ 選擇自己的帳號

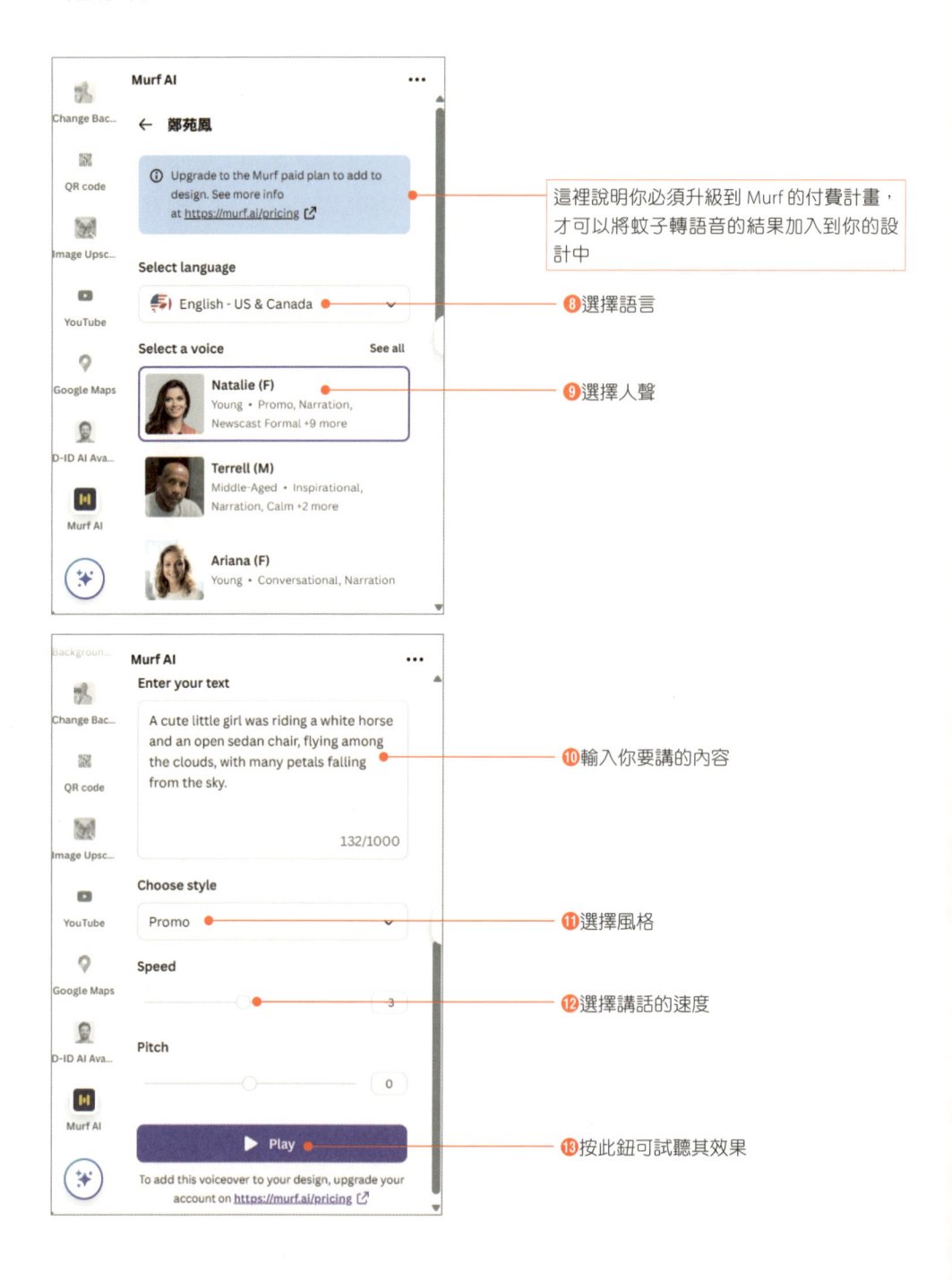

Murf AI 操作介面說明

Murf AI — 鄭苑鳳

Upgrade to the Murf paid plan to add to design. See more info at https://murf.ai/pricing

→ 這裡說明你必須升級到 Murf 的付費計畫，才可以將蚊子轉語音的結果加入到你的設計中

Select language：English - US & Canada ——❽ 選擇語言

Select a voice　See all

- Natalie (F) — Young • Promo, Narration, Newscast Formal +9 more ——❾ 選擇人聲
- Terrell (M) — Middle-Aged • Inspirational, Narration, Calm +2 more
- Ariana (F) — Young • Conversational, Narration

Murf AI

Enter your text

A cute little girl was riding a white horse and an open sedan chair, flying among the clouds, with many petals falling from the sky.

132/1000 ——❿ 輸入你要講的內容

Choose style：Promo ——⓫ 選擇風格

Speed：3 ——⓬ 選擇講話的速度

Pitch：0

▶ Play ——⓭ 按此鈕可試聽其效果

To add this voiceover to your design, upgrade your account on https://murf.ai/pricing

9-5-2　D-ID AI Avatars 虛擬主播

現今科技進步神速，我們經常能在網路上看到利用 AI 頭像技術製作的逼真人像影片，這些影片多半展示人像與語音同步，形成生動的對話場景。

「D-ID AI Avatars」這個應用程式可選擇人物頭像、解說的內容和講者的口音，通常新用戶有 20 個點數可運用，連結到 D-ID 網站後就可以進行影片的生成。其使用的技巧大致如下：

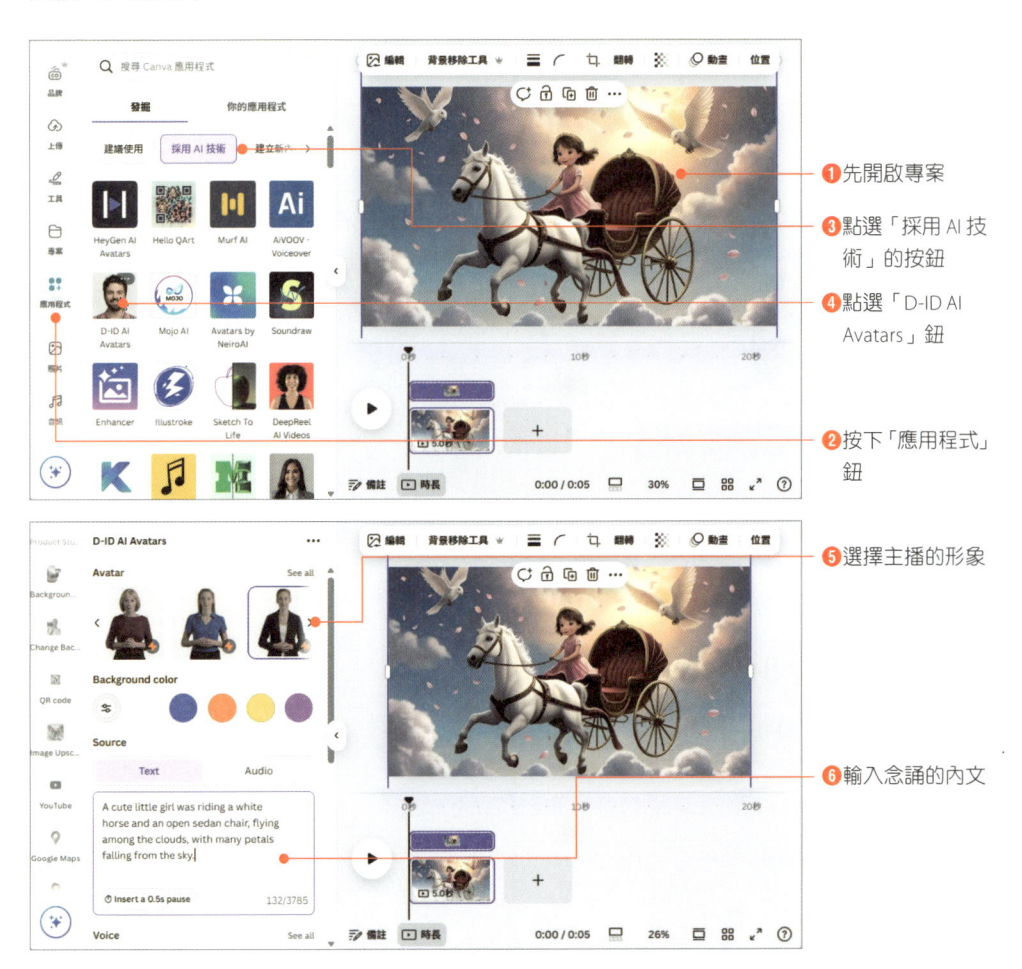

❶ 先開啟專案
❷ 按下「應用程式」鈕
❸ 點選「採用 AI 技術」的按鈕
❹ 點選「D-ID AI Avatars」鈕
❺ 選擇主播的形象
❻ 輸入念誦的內文

❼ 選擇講者的聲音

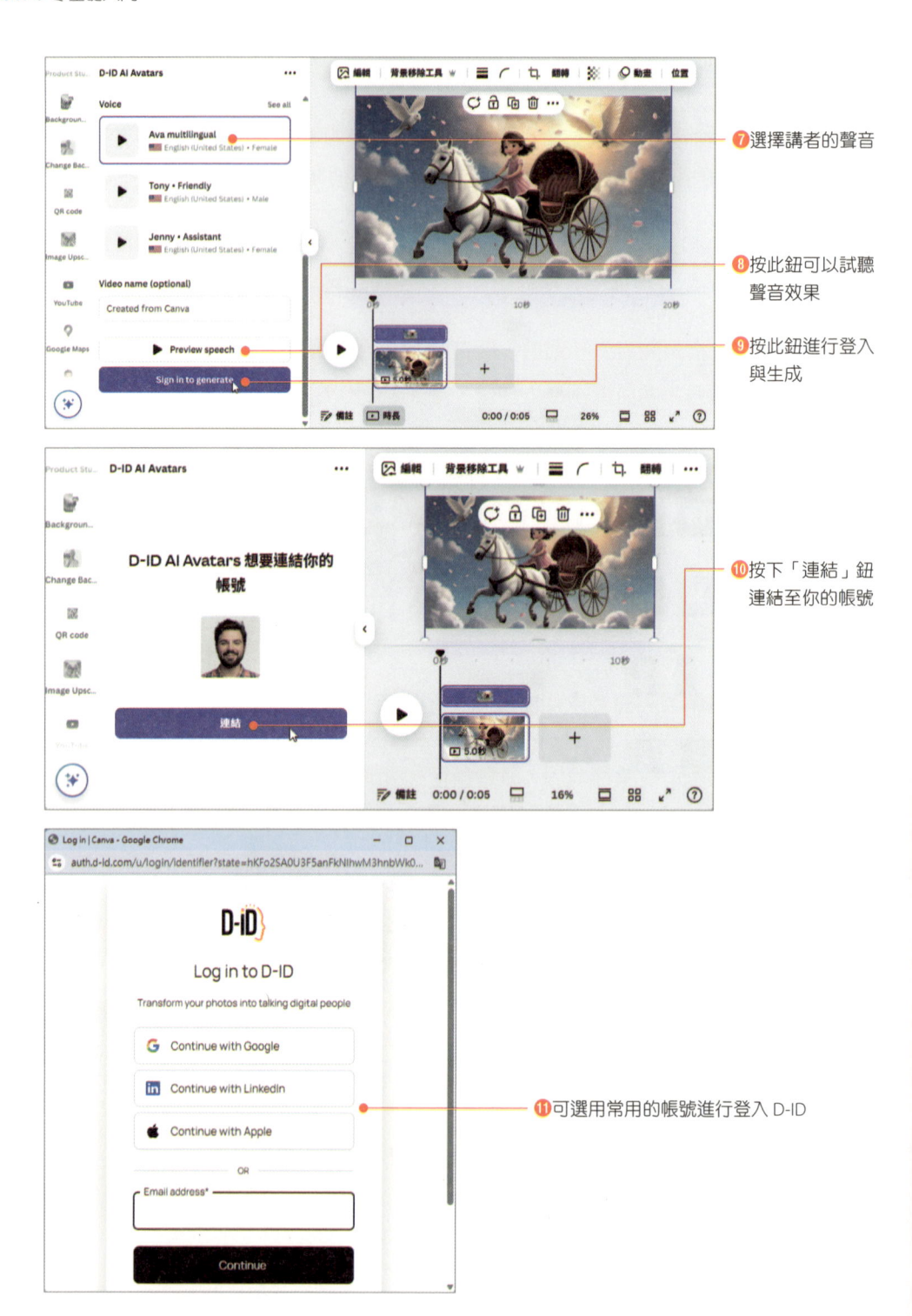

❽ 按此鈕可以試聽聲音效果

❾ 按此鈕進行登入與生成

❿ 按下「連結」鈕連結至你的帳號

⓫ 可選用常用的帳號進行登入 D-ID

9-5-3 Sketch To Life 將線條畫變實體化

在「應用程式」中有一項 AI 工具，可以將你的手繪草圖變成真實的畫面，因為畫面需求，想要無中生出畫面，就可以考慮使用「Sketch To Life」的 AI 工具，此功能目前是免費使用的。

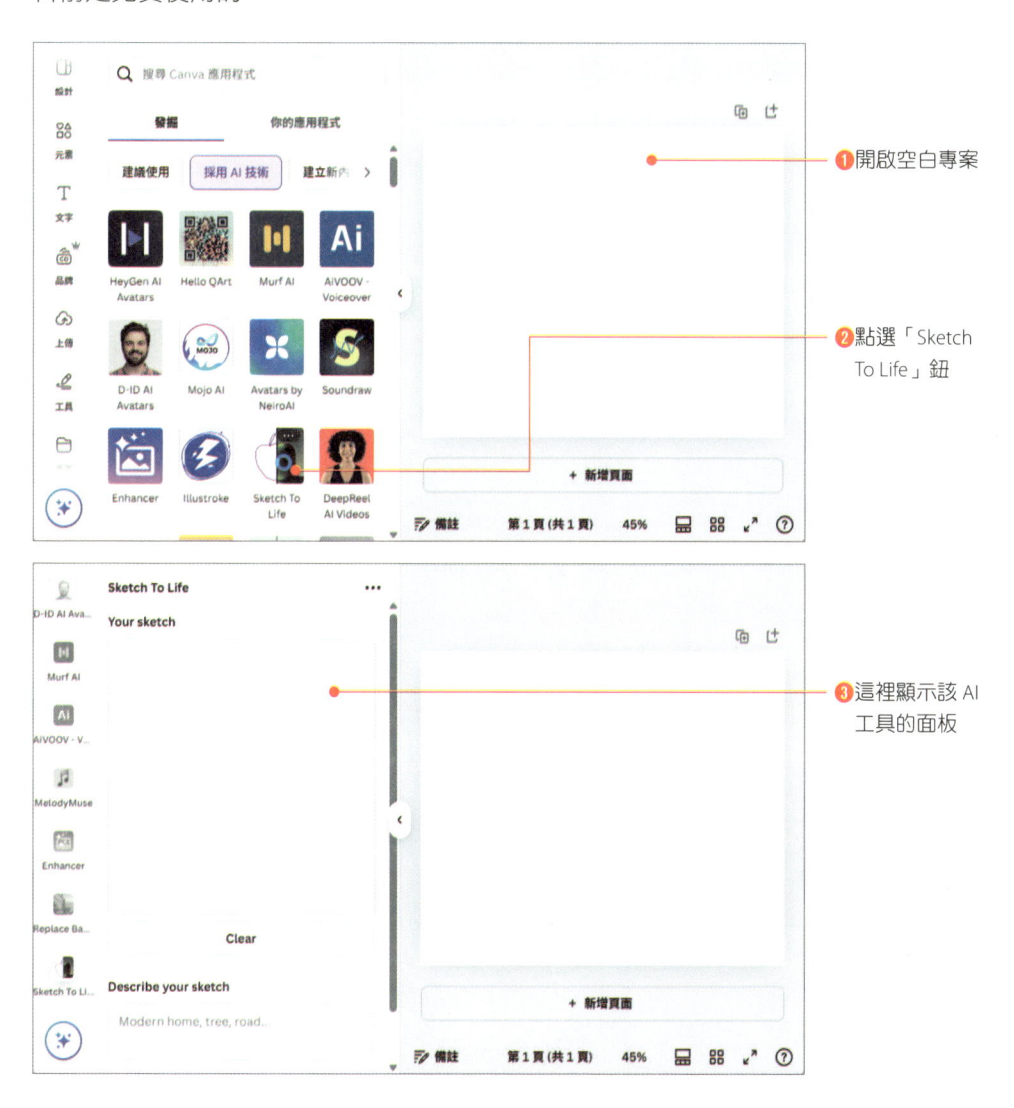

❶ 開啟空白專案

❷ 點選「Sketch To Life」鈕

❸ 這裡顯示該 AI 工具的面板

在這裡，你可以在「Your sketch」中以滑鼠畫出你的草圖，然後在「Describe your sketch」方框中以英文輸入你的描述詞即可，如果覺得英文不夠好，可以使用「Google 翻譯」來幫你翻譯成英文。

例如：我想要 AI 幫我畫出「一艘帆船在狂風巨浪中飄搖」。我可以先在「Google 翻譯」網頁中幫我進行翻譯。如圖示：

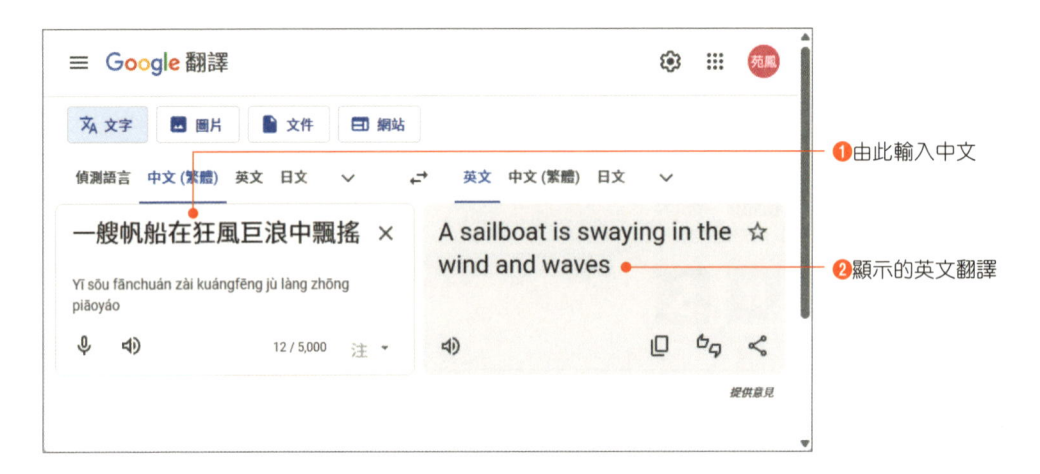

❶ 由此輸入中文
❷ 顯示的英文翻譯

接下來回到 Canva，請畫出草圖並貼入英文描述詞，即可開始生成畫面。

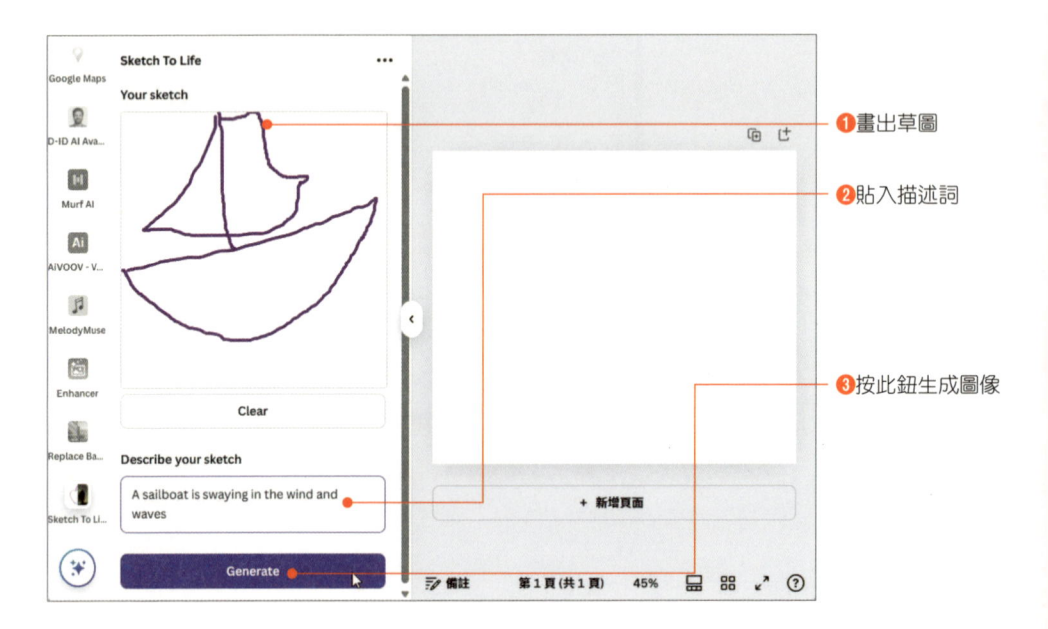

❶ 畫出草圖
❷ 貼入描述詞
❸ 按此鈕生成圖像

❹稍等一下,就可以在空白文件中看到生成的畫面了

9-5-4 Replace Background 替換背景

　　這項 AI 工具可以幫你將選定圖片的背景,替換成你要的場景。上傳的圖片格式可為 jpg、png 或 webp 格式,圖片上傳後,再以文字輸入你要生成的場景圖。此功能目前提供 9 個點數可供試用,生成一張畫面需要一個點數。

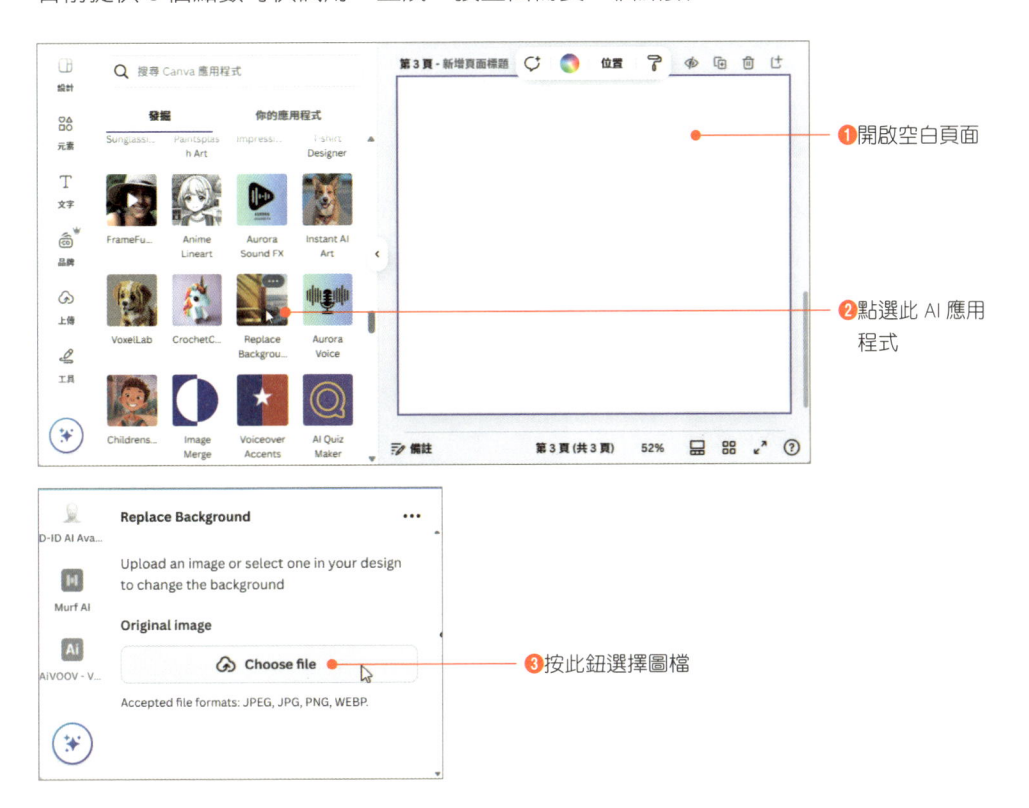

❶開啟空白頁面

❷點選此 AI 應用程式

❸按此鈕選擇圖檔

❹ 選取圖片

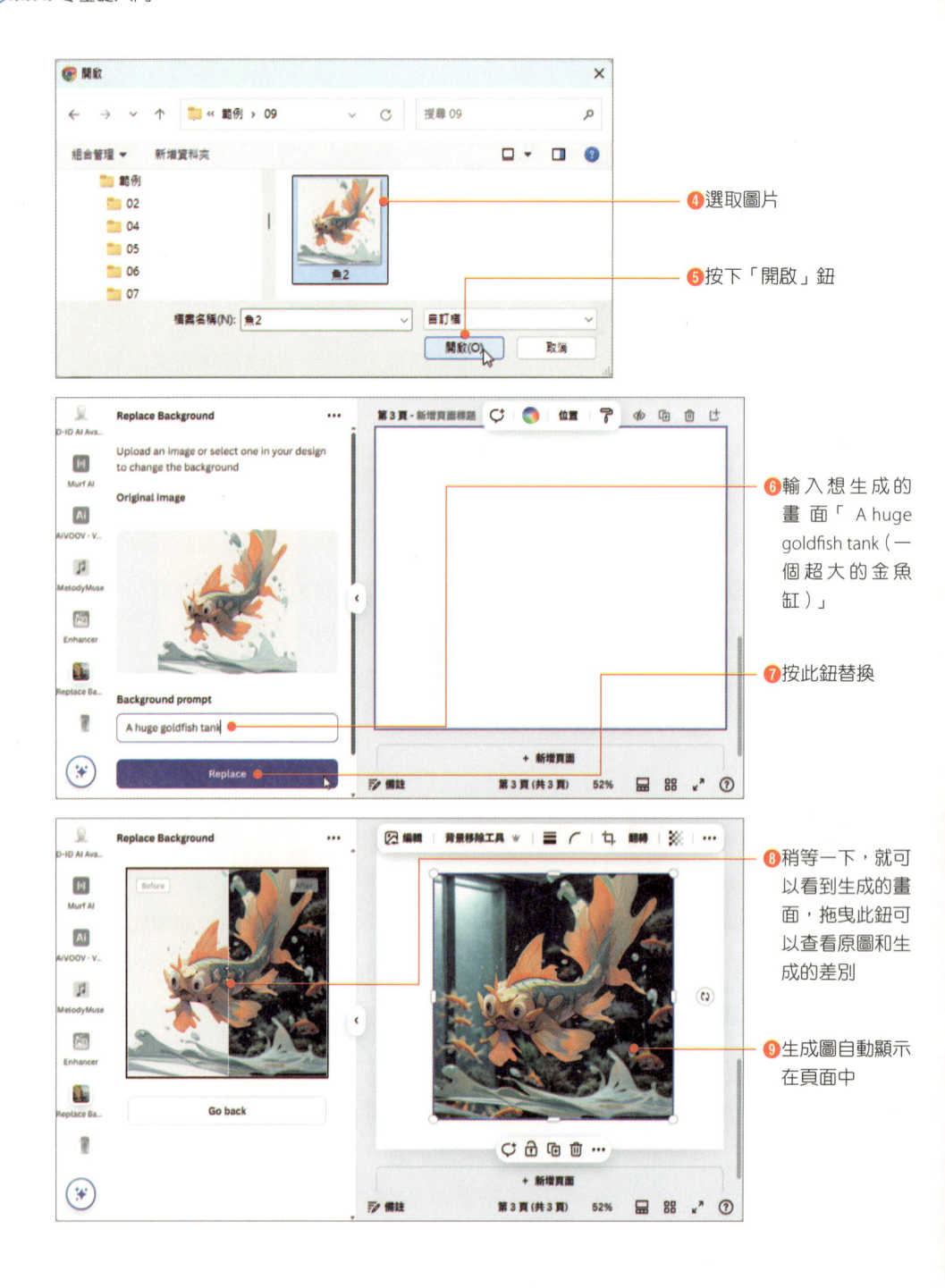

❺ 按下「開啟」鈕

❻ 輸入想生成的畫面「A huge goldfish tank（一個超大的金魚缸）」

❼ 按此鈕替換

❽ 稍等一下，就可以看到生成的畫面，拖曳此鈕可以查看原圖和生成的差別

❾ 生成圖自動顯示在頁面中

9-5-5 魔法變形工具

「魔法變形工具」也是在「AI 工具」之中，你可以從目前的設計中選取一個元素，然後再進行外觀的描述，就可以將選定的元素變成你期望的效果，另外它也提供多種範例可供套用，像是氣球、南瓜、木材、花卉、德國結麵包、氣球派對、珠寶等多種效果。這項新技術仍然在持續改良中，而且是免費使用的，目前建議選用的元素不可太複雜，才能生成較佳的效果。

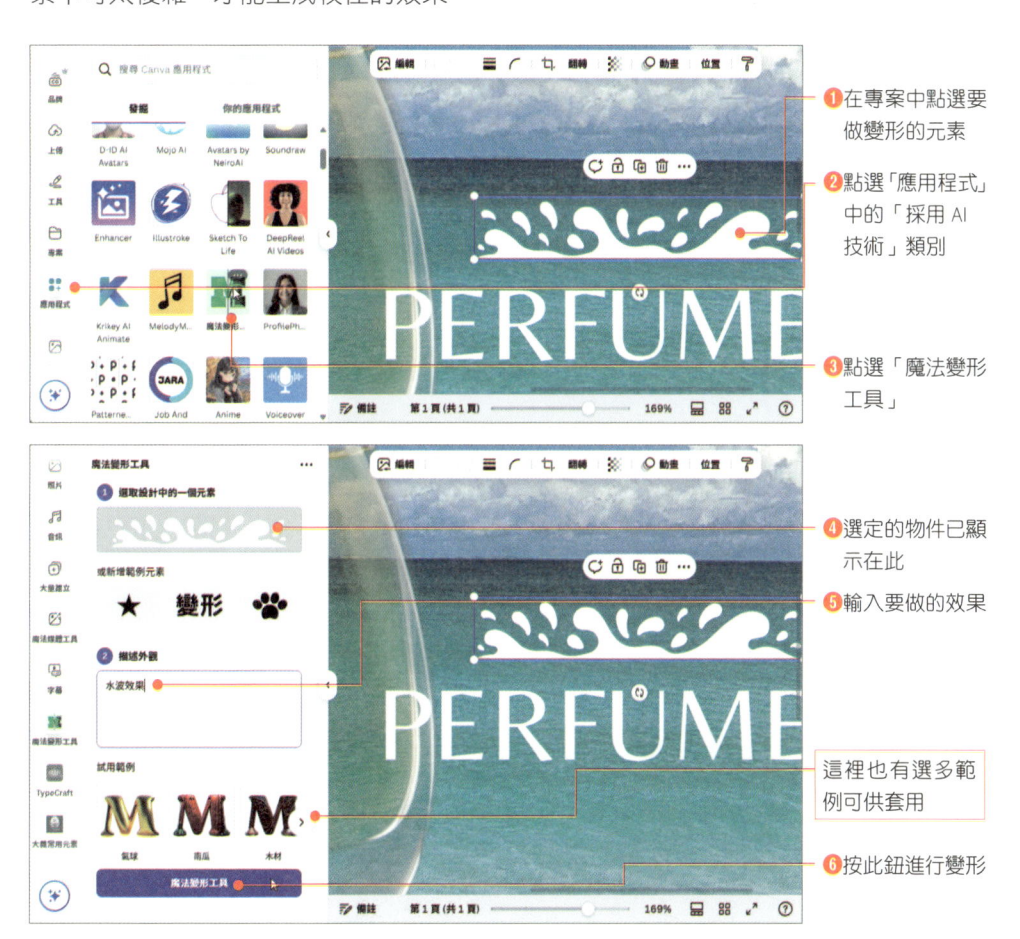

❶ 在專案中點選要做變形的元素
❷ 點選「應用程式」中的「採用 AI 技術」類別
❸ 點選「魔法變形工具」

❹ 選定的物件已顯示在此
❺ 輸入要做的效果
這裡也有選多範例可供套用
❻ 按此鈕進行變形

❼ 生成四組圖案，點選其中一個圖案，就可以將其加入至專案中

❽ 瞧！輕鬆加入水波紋的圖案

有關 Canva 的 AI 應用工具，我們就為您介紹到這兒，希望對各位的設計有所幫助，讓各位可以花最少的時間得到最佳的設計品質。

10

輸出與分享
設計成果

辛苦完成的專案設計，不外乎是為了展示、宣傳、印刷用或做分享，所以這個章節我們將獨立探討，讓各位可以更有效的將設計成果分享與輸出。

10-1 展示簡報與分享

不管你是在簡報編輯狀態，或是要上台展示簡報內容，Canva 和 PowerPoint 一樣，都有提供多種的簡報展示方式。這裡就先來熟悉各種的展示方式，讓你可以選擇最佳的方式來進行展示。

10-1-1 以全螢幕展示簡報

簡報編排完成後，想要觀看它的效果，有如下幾種方式：

- 由視窗右下角按下 ⬈ 鈕
- 按快速鍵「Ctrl」+「Alt」+「p」鍵
- 由視窗右上方按下「展示簡報」鈕，並選擇「以全螢幕顯示」鈕

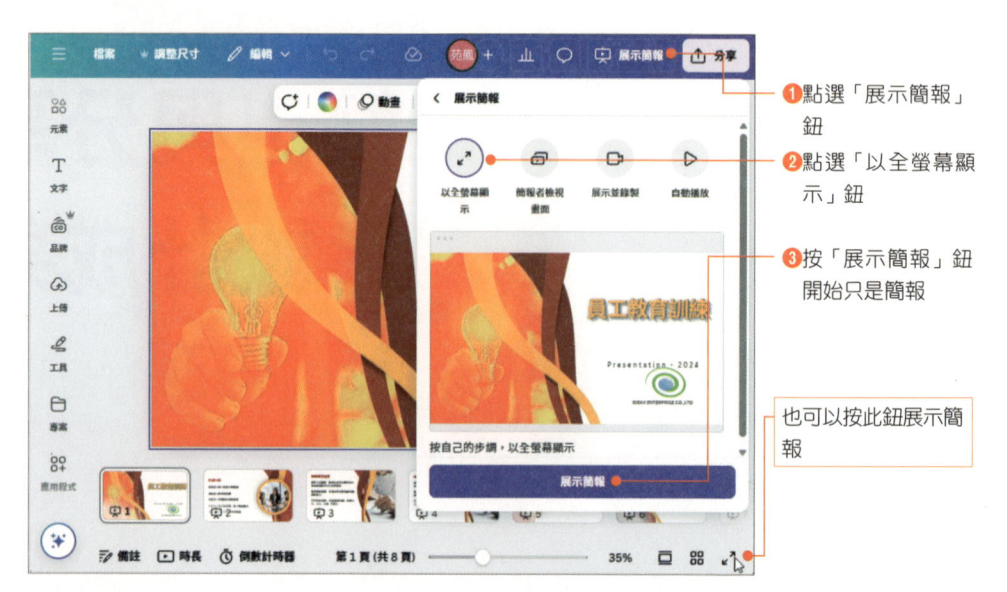

❶ 點選「展示簡報」鈕
❷ 點選「以全螢幕顯示」鈕
❸ 按「展示簡報」鈕開始只是簡報
也可以按此鈕展示簡報

進入全螢幕顯示狀態後，按滑鼠右鍵，或是按鍵盤的向下鍵、向右鍵，都可以播放下一張投影片，按鍵盤的向上鍵或向左鍵，則會往前一張投影片，如果要停止播放簡報則是按「Esc」鍵跳離。

10-1-2 自動播放簡報

當你有為每一張投影片設定播放時間時，你可以使用「自動播放」的方式來展示所有的投影片內容，簡報播放完後會自動循環播放。

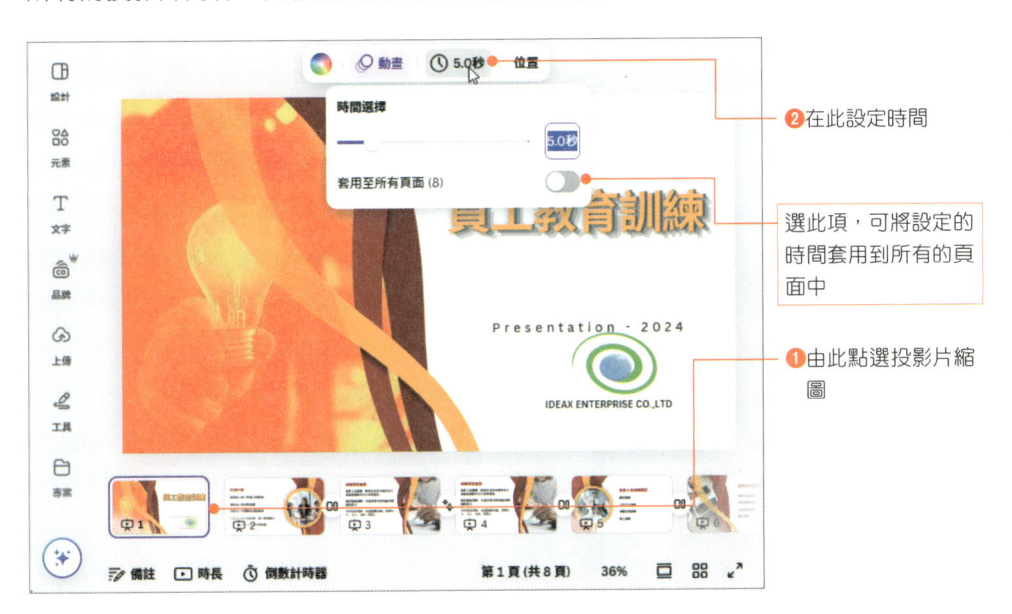

確定有設定時間後，由「展示簡報」鈕下拉選擇「自動播放」，再按下「展示簡報」鈕，那麼設定的時間一到，它就會自動跳到下一張頁面。

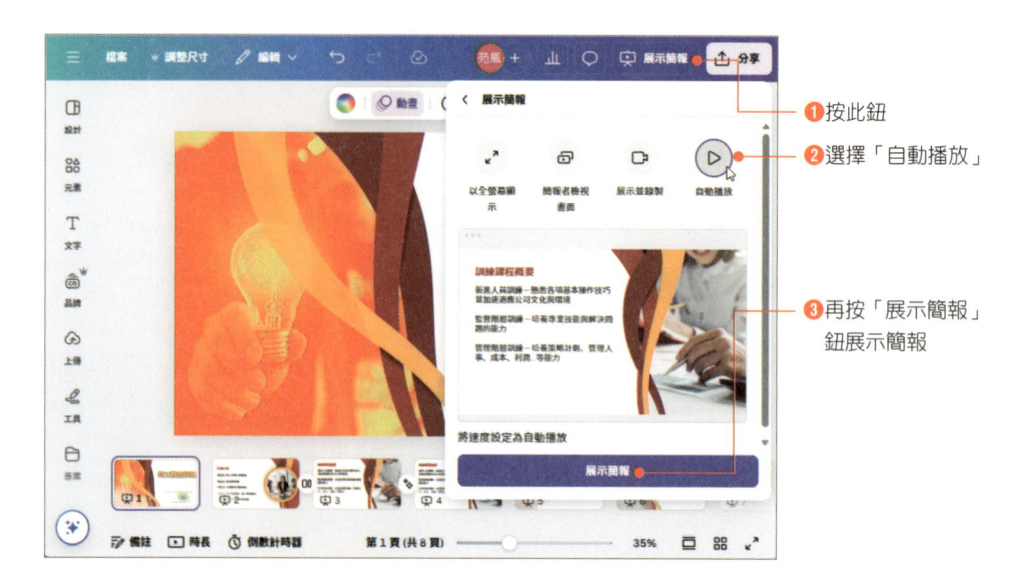

❶ 按此鈕
❷ 選擇「自動播放」
❸ 再按「展示簡報」鈕展示簡報

10-1-3　簡報者檢視畫面

當你從事線上教學，或在教室進行投影時，可選擇「簡報者檢視畫面」的展示方式。選擇此方式的人通常都是演講者，方便講者透過筆記型電腦或是後援監視器來查看備註與後續投影片。

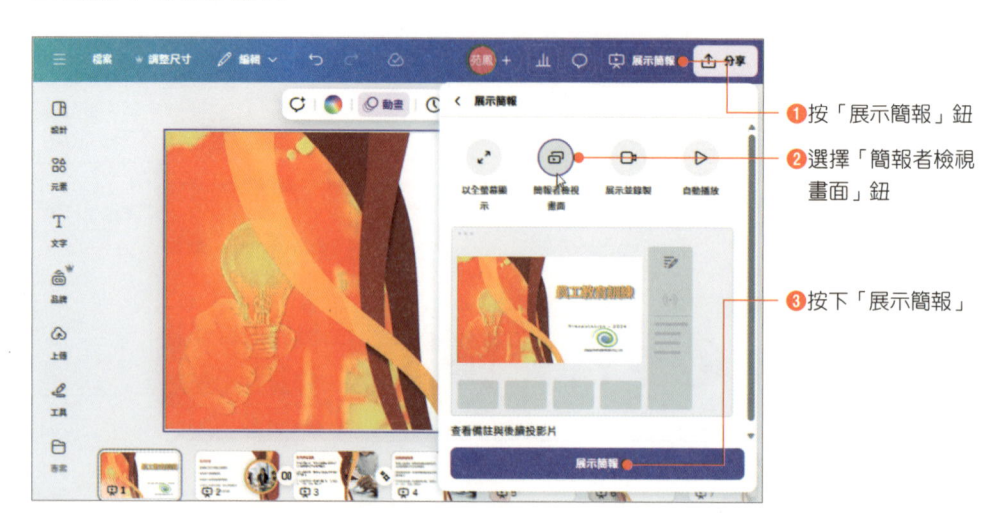

❶ 按「展示簡報」鈕
❷ 選擇「簡報者檢視畫面」鈕
❸ 按下「展示簡報」

❹ 說明此視窗只供你使用,按下「瞭解」鈕

❺ 進入簡報者視窗

此外,你還會看到另外一個網頁是顯示「觀眾視窗」,該視窗會顯示觀眾看到的內容。將視窗拖曳到觀眾看的螢幕,就會進入全螢幕模式。

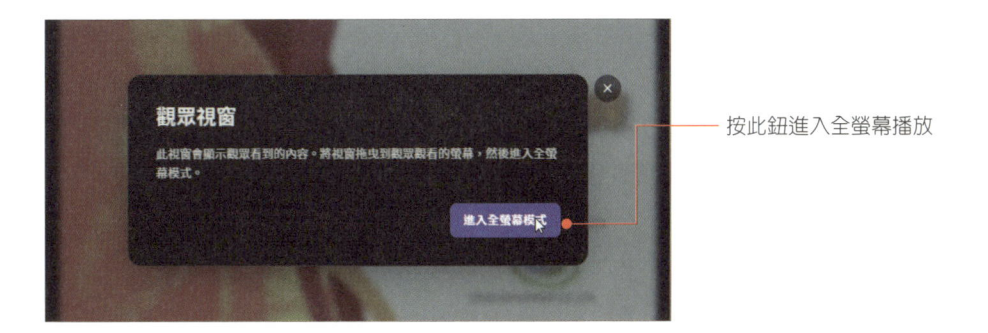

按此鈕進入全螢幕播放

10-1-4 展示並錄製影片

在簡報的過程中,演講者也可以同步錄下簡報者的影像和聲音,屆時完成的教學內容會輸出成 1920 x 1080 的 MP4 格式,也可以建立公開檢視連結,讓所有知道連結網址的人,都可以觀看到影片內容。

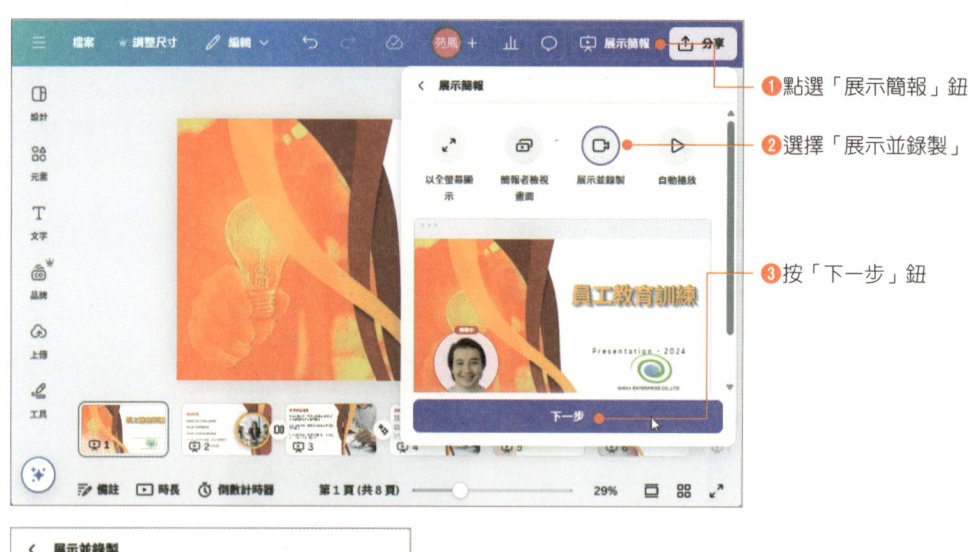

❶ 點選「展示簡報」鈕

❷ 選擇「展示並錄製」

❸ 按「下一步」鈕

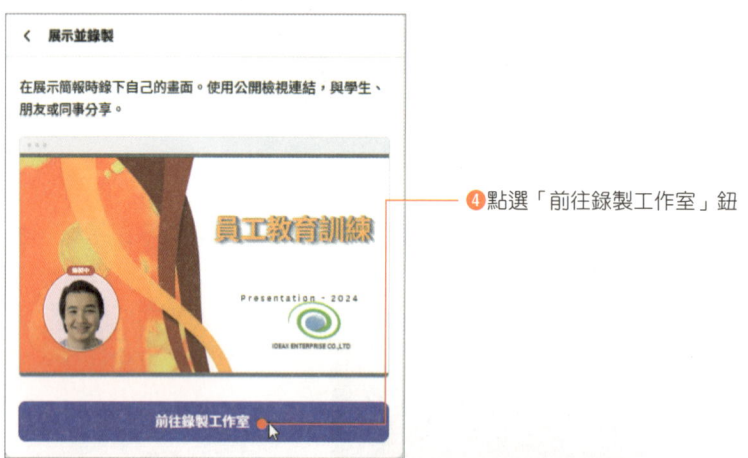

❹ 點選「前往錄製工作室」鈕

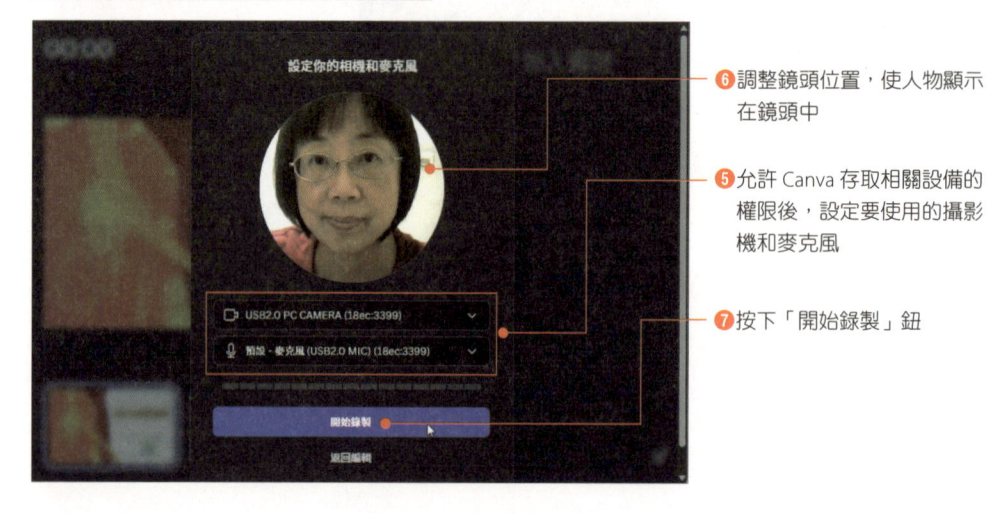

❻ 調整鏡頭位置,使人物顯示在鏡頭中

❺ 允許 Canva 存取相關設備的權限後,設定要使用的攝影機和麥克風

❼ 按下「開始錄製」鈕

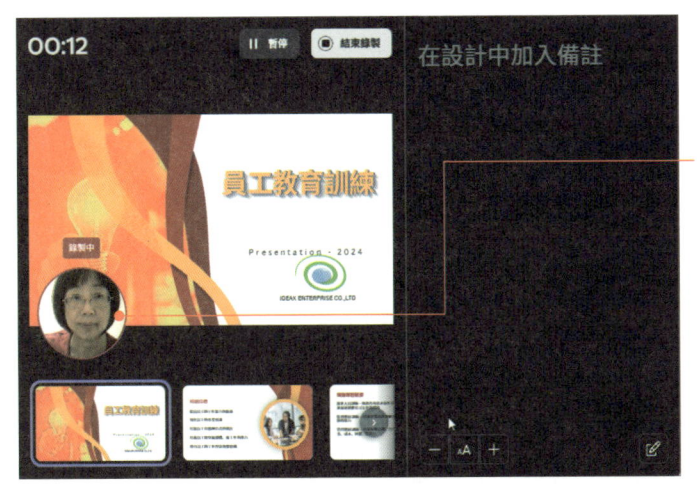

❽ 進入錄製畫面,開始對著簡報講解內容,同時注意左下角的大頭像是否顯示正常

❾ 簡報講解完,按此鈕結束錄影

❿ 顯示影片上傳中,影片上傳時,瀏覽器視窗需維持開啟狀態。講解的時間越長,需要的時間也越長

⓫顯示錄製連結已準備就緒，按此鈕可下載影片

影片下載需要一些時間，之後你會看到左下圖，按下「建立公開檢視連結」鈕，在從右下圖中按下「複製」鈕可複製連結網址，將此連結傳送給親朋好友，那麼任何人無須登入 Canva，也可以觀看你錄製的影片。

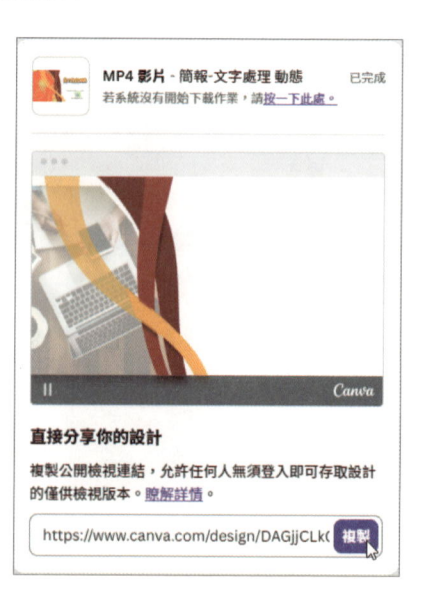

對於已展示並錄製的影片，下回想要再複製該網址，或是想要刪除錄製的內容，可按下「分享」鈕，透過以下方式進行複製連結、下載或刪除。

輸出與分享設計成果 **10**

❶ 按下「分享」鈕

❷ 選擇「展示並錄製」

❸ 選擇要執行的動作

10-1-5 簡報互動式工具

在進行簡報時，不管你是以全螢幕方式展示簡報，或是在簡報者檢視畫面，都可以透過「便利快捷鍵」 來和觀眾進行互動。它提供了多種有趣的動畫效果，例如：模糊化、保持安靜、泡泡、五彩紙屑、擊鼓、謝幕、放下麥克風等效果，而「清除」可清除上述的這些效果。

❷ 顯示各種互動的效果

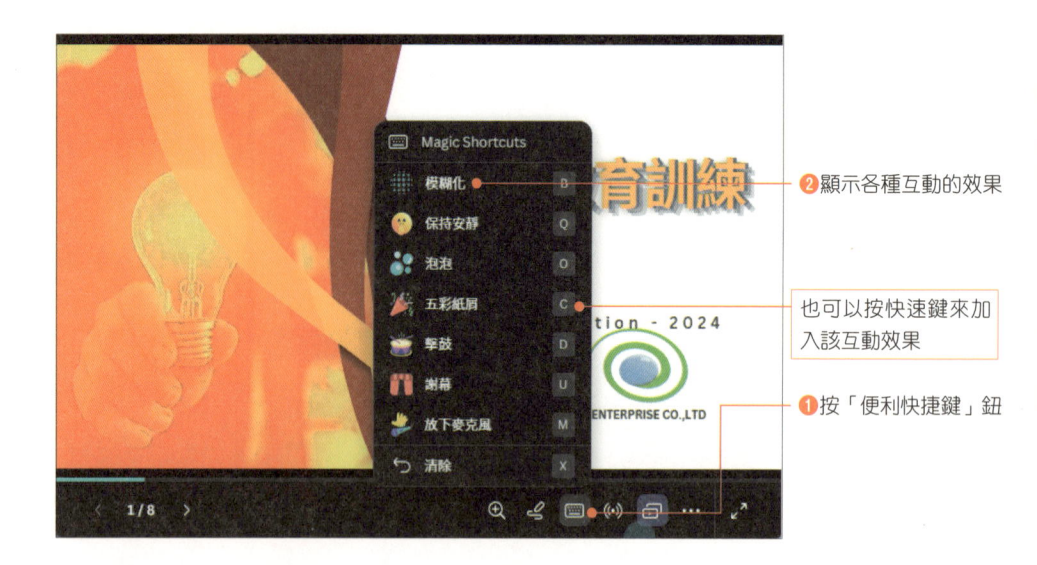

也可以按快速鍵來加入該互動效果

❶ 按「便利快捷鍵」鈕

透過這些有趣的互動工具，演講者就可以根據現場的氛圍來與觀眾互動。

▲ 模糊化

▲ 保持安靜

▲ 泡泡

▲ 五彩紙屑

▲ 擊鼓

▲ 謝幕

▲ 放下麥克風

10-1-6 分享遙控器

有時候簡報是由多人一同進行的，想要讓多人可以同時遙控簡報，可以利用「分享遙控器」的方式來處理。它可以讓你透過 QR Code 掃描方式，或是連結網址的方式，在遠端來遙控簡報，也允許簡報者暫停或繼續遠端的操控。

例如：當你進入「簡報者檢視」畫面，由上方按下「分享遙控器」 鈕，就可以看到掃描代碼或複製連結。

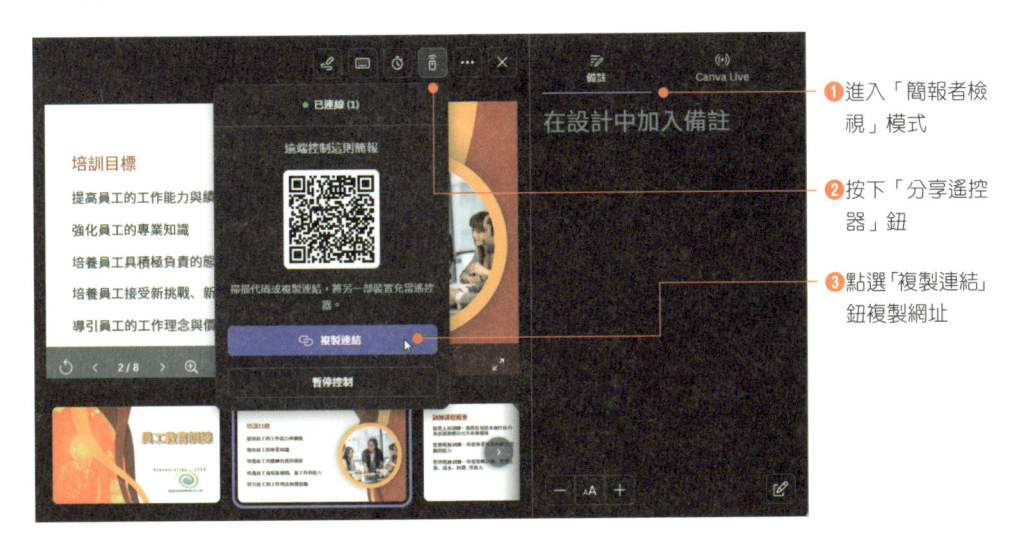

❶ 進入「簡報者檢視」模式
❷ 按下「分享遙控器」鈕
❸ 點選「複製連結」鈕複製網址

當你點選「複製連結」後，你可以將該連結網址利用電子郵件，或 LINE、Messenger 等通訊軟體傳送給他人，對方連結後，就可以透過瀏覽器進行頁面的切換。

❶ 在瀏覽器上貼入網址

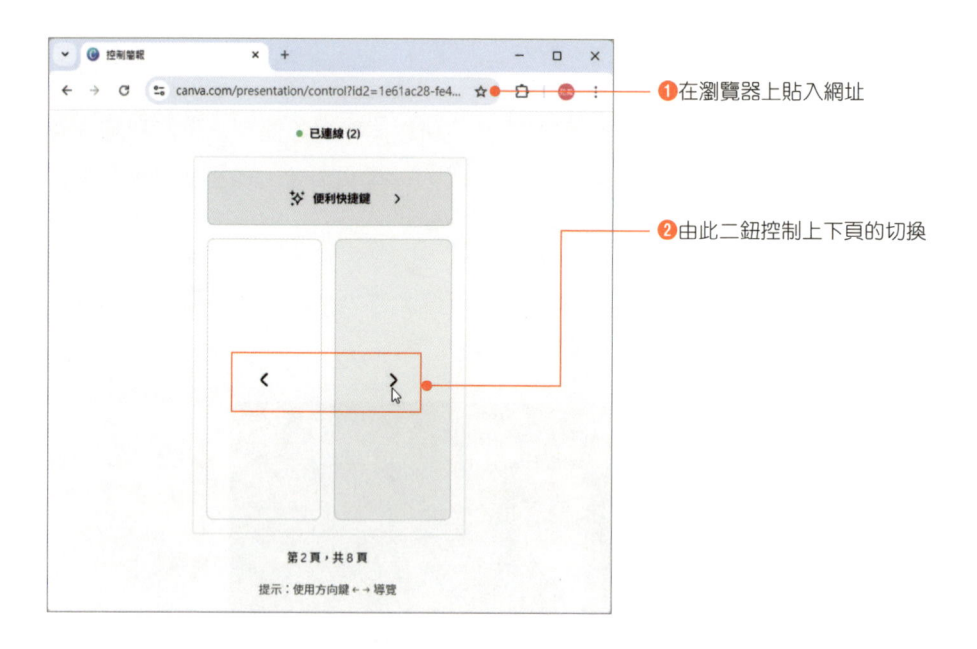

❷ 由此二鈕控制上下頁的切換

另外，如果有智慧型手機在手，只要以相機功能對著 QR Code 進行掃描，也會顯示如上的畫面來控制簡報的播放。

10-2 選擇正確的下載格式與尺寸

在 Canva 裡可以設計的類型相當多，舉凡文件、印刷品、社群行銷、簡報、影片…等，不同的媒體所相容的格式也大不相同。因此這裡來探討一下，各種格式的特點，方便各位在下載時，可以選擇正確的格式。

❶ 按「分享」鈕

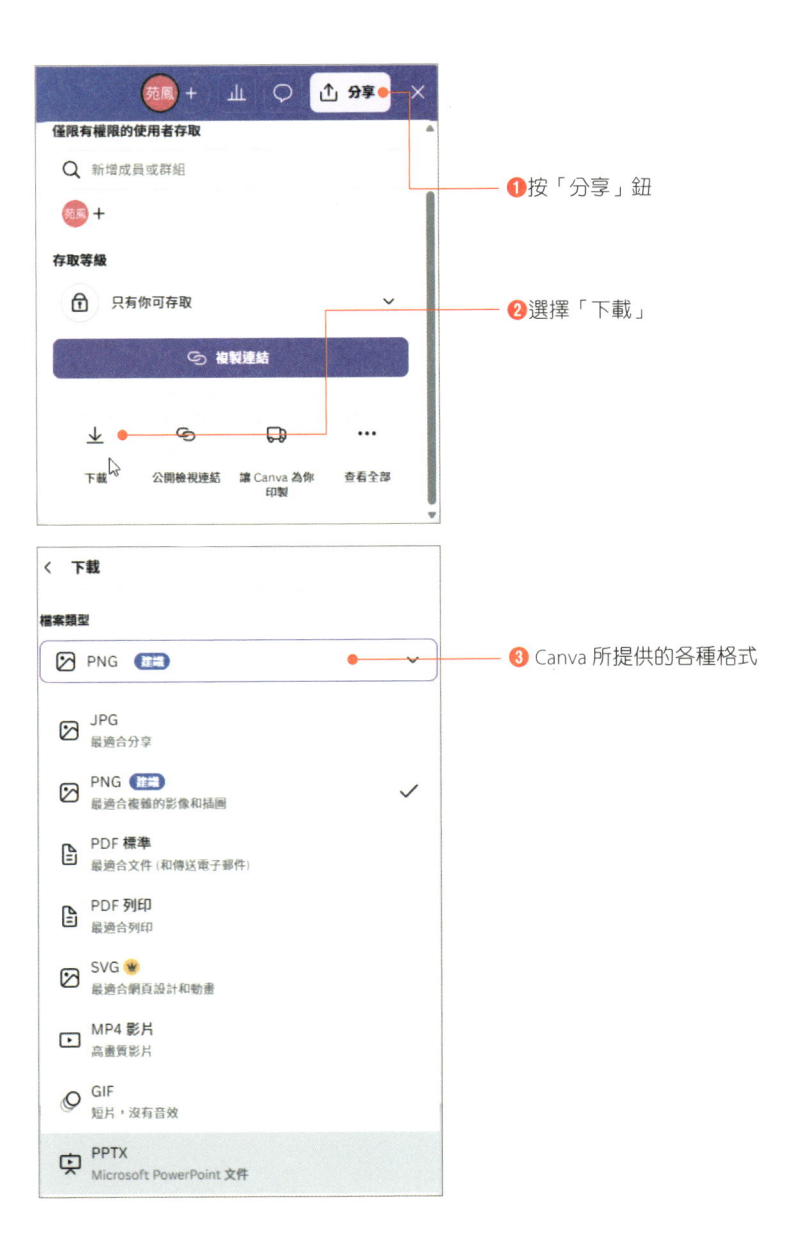

❷ 選擇「下載」

❸ Canva 所提供的各種格式

10-2-1　JPG 格式

　　JPEG 是由全球各地的影像處理專家所建立的靜態影像壓縮標準，可將百萬色彩（24-bit color）壓縮成更有效率的影像圖檔，屬於破壞性壓縮的全彩影像格式，採用犧牲影像的品質來換得更大的壓縮空間，所以檔案容量比一般的圖檔格式小，因此

適合在網路上作傳輸，不過它不支援透明背景，通常背景會以白色填充，適合用於照片、社群貼圖、網站圖片，或是不需要高畫質的情況下使用。

選用 JPG 格式進行下載時，選項視窗可設定尺寸與品質，而檔案量的大小會因為所設定的品質高低而差距甚大。

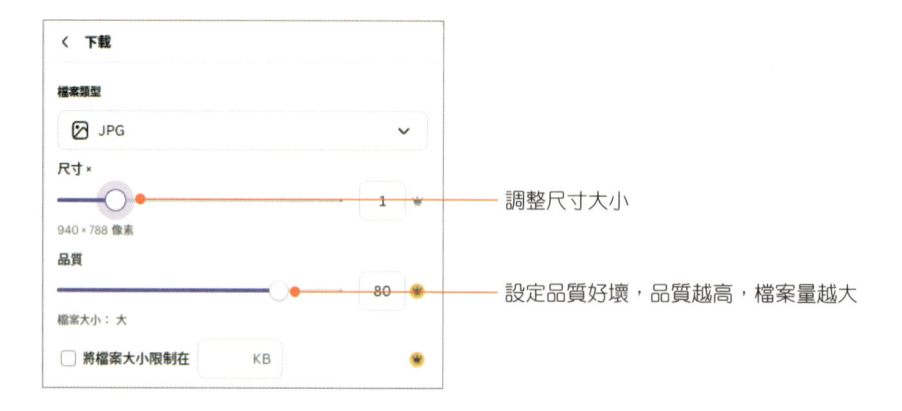

調整尺寸大小

設定品質好壞，品質越高，檔案量越大

10-2-2　PNG 格式

PNG 格式屬於一種非破壞性的影像壓縮格式，畫質清晰，檔案量會比 JPG 大，但它具有全彩顏色的特點，可製作透明背景的特性，因此網頁 UI 元素、Logo、或不規則的圖案等，大都選用 PNG 格式。

要做透明背景，需勾選此項

10-2-3 GIF 格式

GIF 圖檔為影像壓縮格式，目的是為了以最小的磁碟空間來儲存影像資料，以節省網路傳輸的時間。這種格式為無失真的壓縮方式，色彩只限於 256 色，支援透明背景圖與動畫。檔案本身有一個索引色的色盤來決定影像本身的顏色內容，適合卡通類小型圖片或色塊線條為主的手繪圖案。

10-2-4 SVG 格式

SVG 為向量圖形格式，所以放大縮小都不會失真，檔案量小，可透過程式碼修改顏色或大小，適用於網站、插畫、動畫、公司商標，但不適合儲存照片或複雜的點陣圖。

10-2-5 PDF 格式

PDF 為可攜式文件，能同時在文件中嵌入文字、點陣圖形、向量圖形，並以多頁的方式呈現。無論在印刷或數位展示上，或是在任何平台上，都能完美顯示設計原樣，不會因為設備的不同或軟體的差異而導致跑版。PDF 格式目前多應用在正式文件或設計稿的交付傳送。Canva 裡所提供的 PDF 有如下兩種類型，「PDF 標準」適合在網路上傳閱，而「PDF 列印」是專供印刷或列印使用，可包含裁切標記和出血的設定。

10-2-6　MP4 影片格式

　　MP4 是一種常用的影片檔案格式，用以儲存數位音訊和數位影片，也可以儲存靜止圖像或字幕，它的優勢在於其壓縮能力，能在不損耗過多品質的情況下，減少檔案量的大小。

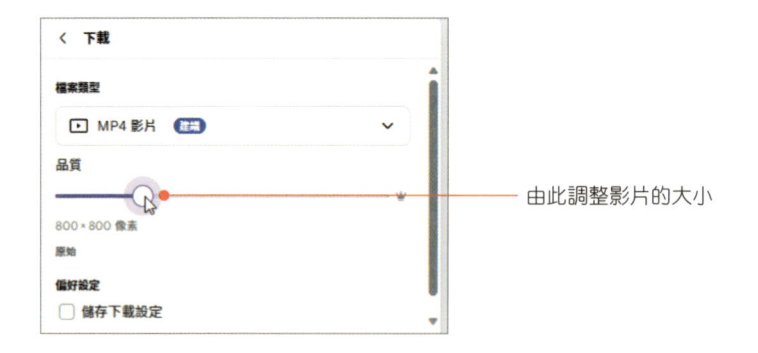

由此調整影片的大小

10-2-7　PPTX 格式

　　PPTX 是 PowerPoint 簡報軟體的檔案格式，可以同時儲存圖片、影片、聲音、文字、表格等內容，製作成互動式的簡報。Canva 所編輯的簡報，下載成 PPTX 格式，可在 PowerPoint 中開啟。

10-3　分享設計方式

在 Canva 中所設計的內容,要如何與他人分享呢?這裡提供幾種方式供各位參考。

10-3-1　以電子郵件分享

精心設計好的專案內容,如果需要傳送給客戶或主管看,可以直接輸入對方的電子郵件信箱。

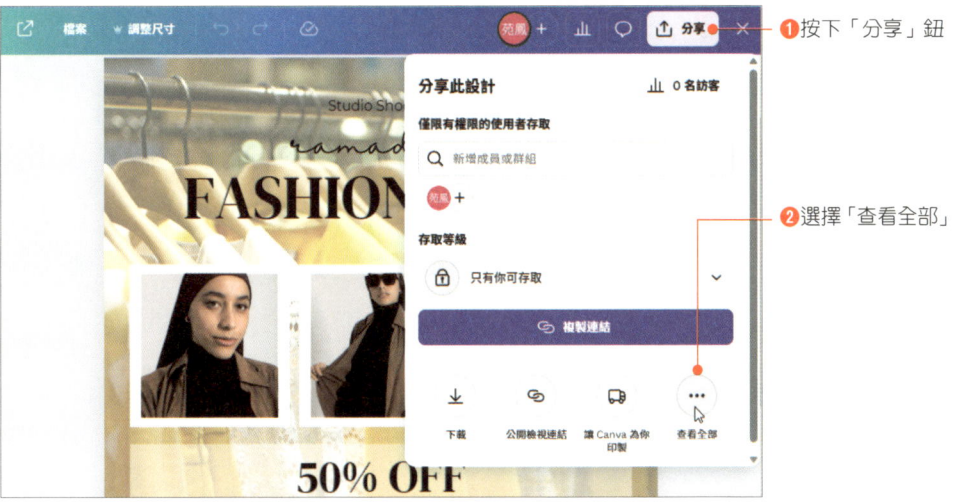

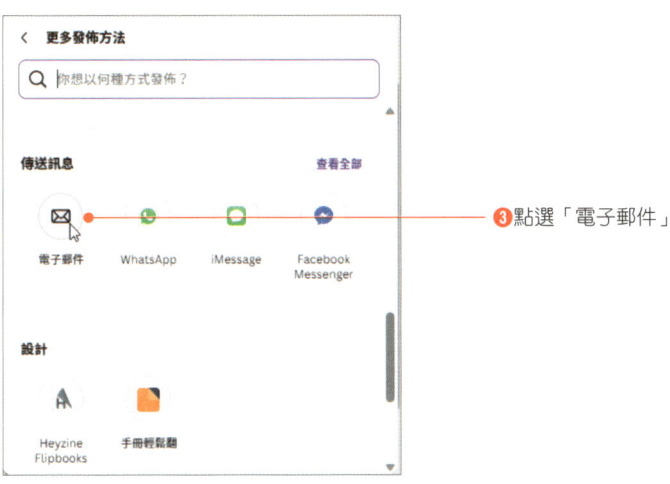

❶ 按下「分享」鈕

❷ 選擇「查看全部」

❸ 點選「電子郵件」

❹ 輸入收件人的電子郵件

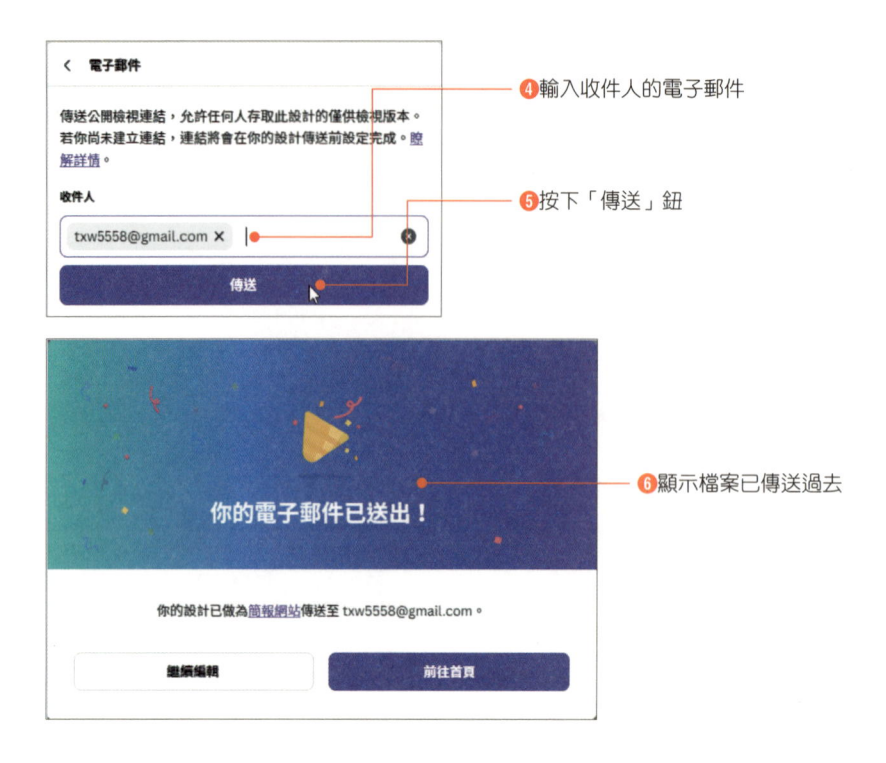

❺ 按下「傳送」鈕

❻ 顯示檔案已傳送過去

當對方收到電子郵件後,只要按下「在 Canva 中開啟」的按鈕,即可看到設計的畫面囉!

透過以上的方式，對方就可以檢視你的文件，如果你希望對方也可以編輯或做評論，就必須在「存取等級」的地方做設定。如下圖所示：

10-3-2 以連結分享設計

除了以電子郵件方式分享給特定人物外，你也可以使用連結的方式來進行分享，如此一來，只要知道此連結的人，都可以檢視設計的內容。設定方式如下：

❶ 按下「分享」鈕

❷ 點選「公開檢視連結」

❸ 按此鈕建立公開檢視連結

如要刪除該公開連結，可按此鈕，再選擇「刪除」指令即可

❹ 按此鈕複製連結

複製連結後，將此連結貼出，如此一來，知道連結的人都可以瀏覽該設計囉！

10-3-3 分享至社群平台

想要將設計的內容分享到 IG、FB…等社交媒體上，可以在開啟專案後，由右上角的「分享」鈕下拉，即可看到「社交」的類別。

按此鈕可看到更多社交平台

　　各位可以依照個人的需要選擇社群平台。以 Facebook 為例，你可以將設計分享到粉絲專頁上，但無法分享到個人帳號，同樣地，Instagram 只允許分享到商業帳號或粉絲專頁，如果你要在個人帳號上進行分享，建議先下載到個人電腦上，再開啟社群平台進行上傳。

MEMO

11

常見問題與
疑難排解

在使用 Canva 的過程中，無論是初學者還是資深使用者，難免會遇到各種問題與挑戰。這些問題可能來自設計排版的錯誤、帳戶訂閱的限制，甚至是系統效能或輸出印刷時的細節錯誤。本章將彙整常見的疑問與實務操作建議，並提供清楚的解決方法，協助各位排除設計路上的各種障礙，讓創作流程更順暢、更專業。

11-1 Canva 使用過程中的常見問題

Canva 是一套強大的線上設計工具，憑藉其直覺的介面與豐富的素材庫，廣受個人使用者、小型企業，甚至大型品牌的喜愛。隨著功能日益多元化，也有許多新手與進階使用者在使用過程中，會遇到各種疑問與技術層面的問題。本節將針對最常見的問題進行詳盡解說，協助各位更加熟悉 Canva，避免在使用中產生誤解或造成設計失誤。

11-1-1 帳戶與訂閱相關常見問題

使用 Canva 前，建立帳戶與選擇適合的訂閱方案是第一步。許多使用者常對免費版與付費版的差異感到疑惑，也可能在取消訂閱或退款申請的過程中碰到問題。本小節將針對帳戶管理、訂閱方案功能比較、付款與取消方式等常見問題進行整理，幫助您做出適合自己的選擇，並順利管理您的 Canva 使用權限。

Q：Canva 的免費版與付費版有何不同？

Canva 提供「免費版」以及「Pro 專業版」、「團隊版（Canva for Teams）」等訂閱方案。免費版已包含基本的設計功能與數千種範本，非常適合個人使用。如果你需要更多進階功能，譬如：移除圖片背景、儲存品牌套件、調整尺寸、檔案匯出成透明背景 PNG 等等，建議升級至 Canva Pro。Pro 版本還能使用超過 1 億張專業圖片與素材，對需要長期製作商用內容的使用者來說，是一筆划算的投資。

Q：如何取消 Canva Pro 訂閱？是否能退款？

　　如果您使用的是 Pro 版本，可以透過「帳戶設定」中的「帳單與訂閱」選項取消訂閱。取消後你仍可在目前計費週期內繼續使用 Pro 功能，期滿後才會自動轉為免費版。若在訂閱後不久後發現不符合需求，可申請退款，但須符合 Canva 的退款政策，例如七天內首次訂閱可申請全額退費。

Q：是否能離線使用 Canva？沒有網路能編輯嗎？

　　Canva 是雲端平台，設計內容會自動儲存在雲端，因此「離線編輯」並非其設計核心。目前僅有部分功能可在手機 App 上於離線狀態下簡單瀏覽或預覽先前設計，但不能進行完整編輯。建議使用 Canva 時保持網路穩定，避免編輯過程中資料遺失。

11-1-2　設計與素材使用常見問題

　　Canva 擁有豐富的設計資源與直覺式編輯介面，但在實際應用上，許多使用者仍對素材的版權範圍、匯出格式、印刷品質及字型使用等細節存有疑問。此外，商業用途的設計是否符合授權條款，也是常被詢問的議題。此處將深入說明這些實務操作層面的疑難雜症，協助各位安心且正確地使用 Canva 完成高品質設計。

Q：使用 Canva 範本與素材是否會有版權問題？

　　Canva 的設計素材大多可用於個人與商業用途，但需注意「免費資源」與「Pro 素材」在授權上的差異。所有使用者都必須遵守 Canva 的內容授權政策（Content License Agreement），例如：不能直接轉售 Canva 的圖片素材，也不能將設計範本原封不動上傳至素材販售網站。如果你是商業用途，例如：製作廣告、販售商品、包裝設計等，務必確認使用的素材來源為 Pro 素材且您擁有授權。

Q：我可以將 Canva 上的設計用於商業用途嗎？

　　可以，大多數 Canva 的範本與素材在取得適當授權的情況下都可以用於商業設計，例如：社群行銷、簡報、線上廣告或名片製作等。但如果涉及大量製作印刷品

或大量上架商品的情境，例如：衣服、杯子等，建議使用者先查閱「延伸授權」相關規定，或聯繫 Canva 客服確認具體使用範圍。

Q：Canva 支援哪些格式輸出？

Canva 支援多種檔案格式的匯出，包括：

- PNG：可選透明背景
- JPG：適合網頁使用
- PDF：標準或列印品質
- MP4：動畫與影片內容
- GIF：動態圖像

輸出時還可選擇畫質、頁數、壓縮比例等設定，方便配合實際用途調整。

Q：Canva Print 印刷服務有哪些注意事項？

Canva Print 提供名片、海報、T 恤等印刷服務，台灣地區目前雖然尚未全面開放所有商品印製，但部分印刷商品支援國際寄送。使用前建議確認是否支援您所在的地區，並留意運費與交期，一般為 5~10 個工作天不等。Canva Print 印刷品質整體評價良好，但請務必使用高畫質圖片與正確裁切設定，避免印刷失誤。

Q：如何加入自己的字型？

Pro 用戶可在「品牌工具包」中上傳自訂字型（支援 OTF、TTF、WOFF 格式），一旦上傳完成，即可在所有設計中使用。這功能對於品牌識別與設計一致性非常實用。

Q：我可以套用多尺寸的版型嗎？如何快速轉換？

Canva 的「尺寸調整」功能（Resize）允許你將一份設計快速轉換成多種尺寸，例如：從 Facebook 貼文轉為 Instagram 限時動態，只需點選工具列上的「調整尺寸」，並選擇所需版型即可。此功能僅限 Pro 版本使用。

11-1-3 進階操作與協作常見問題

隨著使用需求的提升，越來越多使用者會開始探索 Canva 的進階功能，如跨尺寸版型調整、多人協作、版本歷史、AI 工具運用等。但這些進階操作在初次接觸時可能會讓人感到不熟悉，甚至出現操作誤差。本小節將針對這些功能提供實用的說明與建議，讓你在 Canva 中不僅能獨立設計，也能與團隊無縫協作，充分發揮平台的強大潛力。

Q：如何與他人協作設計？是否能多人同時編輯？

Canva 支援即時多人協作，只要將設計分享連結設定為「可編輯」，並傳送給同事或團隊成員，大家即可同時在同一個設計頁面上編輯、留言與協作。這個功能在遠端團隊合作上非常實用，也能追蹤誰做了哪些修改。

Q：Canva 上傳的圖片容量有限制嗎？要如何壓縮圖片？

每個 Canva 用戶帳號有一定的雲端儲存上限，免費用戶的空間相對較少。如果圖片過大，建議先使用外部工具壓縮成較小檔案，或使用 Canva 自身的圖片壓縮功能（匯出時選擇壓縮選項）來減少檔案大小並維持清晰度。

Q：如何還原誤刪的設計或回到舊版本？

Canva 設計自動儲存，但若您不小心刪除檔案，可到「垃圾桶」中找回，刪除後 30 天內皆可復原。

此外，Canva Pro 提供「版本歷史」功能，能查看與還原先前的版本，這對於長期編輯或多次修改的專案尤其重要。

❶ 進入文件編輯狀態後，點選「檔案」

❷ 選擇「版本記錄」指令

Q：Canva 的 AI 工具有哪些？

近年 Canva 不斷加入 AI 功能，如：

- **魔法媒體工具**：輸入你想要創作的文字內容，就可以生成圖像。並可指定生成的圖像，來生出更多類似的圖片，甚至以文字來生成影片。
- **背景移除工具**：點一下即可去除照片背景。
- **設計小幫手**：根據版型內容，推薦合適顏色或版型搭配。
- **魔法文案工具**：描述你的寫作任務，可協助快速產出文案、標題等文字內容。

這些工具能大幅減少設計時間，讓創意工作事半功倍。

Q：是否可直接分享到社群平台？

是的，Canva 支援一鍵分享至 Instagram、Facebook、LinkedIn 等社群平台，只需連結帳號並授權即可。不過 Instagram 限時動態與 Reels 有些尺寸建議與格式限制，請確認匯出前選擇正確尺寸。

Q：有哪些功能僅能在桌面版使用？

雖然 Canva 的手機 App 十分方便，但部分進階功能仍建議使用桌面版，例如：

- 上傳自訂字型
- 導出透明背景 PNG
- 魔法寫作（Magic Write）
- 高階動畫設定
- 圖層鎖定與對齊工具更完整

如需進行精細的排版與輸出作業，建議使用桌面版操作。

透過上述常見問題的整理與說明，您是否對 Canva 的使用更有信心了呢？無論是帳戶設定、素材授權、匯出方式還是 AI 功能，每一項細節都是讓你的設計流程更加順暢的重要元素。建議各位可根據實際需求選擇是否升級 Pro，並善用協作功能與 AI 工具，進一步提升創作效率。若仍有疑問，也可隨時參考 Canva 的幫助中心或聯繫客服尋求協助。

11-1-4 Canva 常見問題 Q&A 一覽表

為了方便快速查詢與複習，本小節將以問答表格的方式整理 Canva 使用中最常出現的問題與對應解答。無論您是剛入門的新手，還是尋求特定功能說明的進階使用者，都能在這份 Q&A 表中迅速找到所需資訊。建議各位可將此節作為日後使用 Canva 時的常備參考工具，提升處理問題的效率。

問題類別	問題簡述	解答摘要
帳戶與訂閱	Canva 免費版與 Pro 差在哪？	Pro 版本有更多素材、支援背景移除、尺寸調整、自訂字型等功能。
帳戶與訂閱	如何取消 Pro？能退款嗎？	透過帳戶設定取消，部分情況可申請退款。
使用情境	可以商業用途嗎？	大多數素材皆可商用，但不可重製販售或再轉授權。
授權與素材	使用 Canva 素材會有版權問題嗎？	須遵守 Canva 授權條款，Pro 素材須確認授權範圍。
匯出與格式	Canva 可匯出哪些格式？	支援 PNG、PDF、JPG、MP4、GIF 等格式，並可選擇畫質與頁數。
印刷	Canva Print 有哪些注意事項？	印刷品質佳，部分地區提供服務，運費與交期視地區而定。
設計工具	如何上傳自己的字型？	Pro 用戶可於品牌工具包中上傳 TTF、OTF 字型。
版型轉換	設計可調整為不同尺寸嗎？	可使用「調整尺寸」功能（Pro 限定），快速轉換為不同版型。
網路使用	Canva 可離線操作嗎？	多數功能須連網，離線編輯有限。建議保持網路連線。
協作功能	如何多人共同編輯設計？	可分享可編輯連結，支援即時多人協作。
圖片處理	上傳圖片有容量限制嗎？	免費帳戶空間較少，建議先壓縮圖片或升級 Pro。
編輯還原	可以回復誤刪設計嗎？	可從垃圾桶復原，Pro 用戶可使用版本歷史功能。
AI 工具	Canva 有哪些 AI 功能？	包含文字生成、圖片生成、設計建議、自動背景去除等。

問題類別	問題簡述	解答摘要
社群分享	設計能直接分享到 Instagram 嗎？	可以！一鍵連結帳號，直接發佈。
裝置限制	哪些功能只能在桌機上使用？	包含字型上傳、透明背景輸出、完整動畫設定等。

11-2 排版錯誤與如何修正

　　設計不僅是美感的展現，更是一種溝通方式。良好的排版能幫助觀看者快速理解內容，建立視覺焦點，傳達專業形象。相對地，排版錯誤則可能讓資訊變得混亂、不清晰，甚至影響觀感與品牌印象。Canva 雖然設計門檻低、操作簡單，但若未善用內建排版輔助工具，還是容易在設計過程中犯下一些初學者常見的錯誤。

　　本節將深入探討三大常見排版錯誤類型：對齊不整、元素重疊與間距失衡，並教您如何透過 Canva 提供的各項工具進行修正，讓設計不再只是「看起來不錯」，而是真正「設計得好」。

11-2-1 常見排版錯誤解析

　　在設計視覺作品時，許多使用者往往專注於圖片美觀或文案內容，卻忽略了排版細節對整體觀感的重要性。無論是社群貼文、簡報頁面或行銷海報，若排版不當，容易造成訊息混淆、視覺疲勞，甚至讓觀看者失去閱讀的興趣。雖說 Canva 所提供的範本都很專業且精美，然而當使用者替換成自家的圖片及文案後，往往因為想要說明的內容很多，因此自行加入更多的圖案及文字方塊，而導致畫面混亂。

　　本節將針對幾種常見的排版錯誤類型進行分析，包括對齊不整、元素重疊、間距混亂與層次不清等情況，幫助各位認識這些經常被忽視但影響極大的設計問題，從根本提升版面結構的專業度與穩定性。

對齊不整與元素錯位

對齊不良是最常見的問題之一。當標題、內文或圖片未對齊時,整體設計會顯得凌亂、不穩定。即使只有幾個像素的偏差,也可能讓視覺上產生「歪斜感」,降低專業度。特別是在多欄排版或表格型設計中,錯位更容易被放大。

文字與圖形重疊

許多新手在放置標題與背景圖片時,常忽略對比與層次關係,導致文字與圖片重疊、難以辨識。舉例來說,在色彩豐富的圖片上直接放置白色細字,可能導致內容難以閱讀。

白色細字在色彩豐富的圖片上,閱讀性較差

間距不一致、留白不足

間距設計(Padding)與留白(White Space)也是影響視覺呼吸的重要元素。當段落與段落之間距離過近、圖片與邊界沒有留空、文字貼邊設計等,都會讓人感到壓迫、擁擠,導致閱讀疲勞。反之,過多留白又可能顯得空洞,缺乏重點。

字體大小與層次混亂

缺乏標題、副標、內文的視覺層級會讓設計內容缺乏組織性。若整頁都是相同大小與字重的文字,使用者在瀏覽時容易迷失方向,無法有效聚焦訊息。

11-2-2 如何利用 Canva 工具修正排版錯誤

知道排版錯誤會造成哪些視覺與溝通上的影響後，下一步就是學習如何有效地修正它們。Canva 提供了多項直覺化的輔助工具，協助使用者進行精準的排版。以下為幾項實用功能介紹與操作技巧：

使用智慧對齊線（Smart Guides）與格線顯示

當您移動物件時，Canva 會自動出現「對齊線」，協助您將元素對齊至頁面中線、邊界或其他物件。這能有效解決「看起來差一點點」的對齊問題。

拖曳物件時，所顯示的對齊線

如果想更進一步掌控排版，可以由上方的「檔案」下拉選擇「設定／顯示尺規和輔助線」指令，屆時就可以從上方或左側的尺規拉出輔助線了。

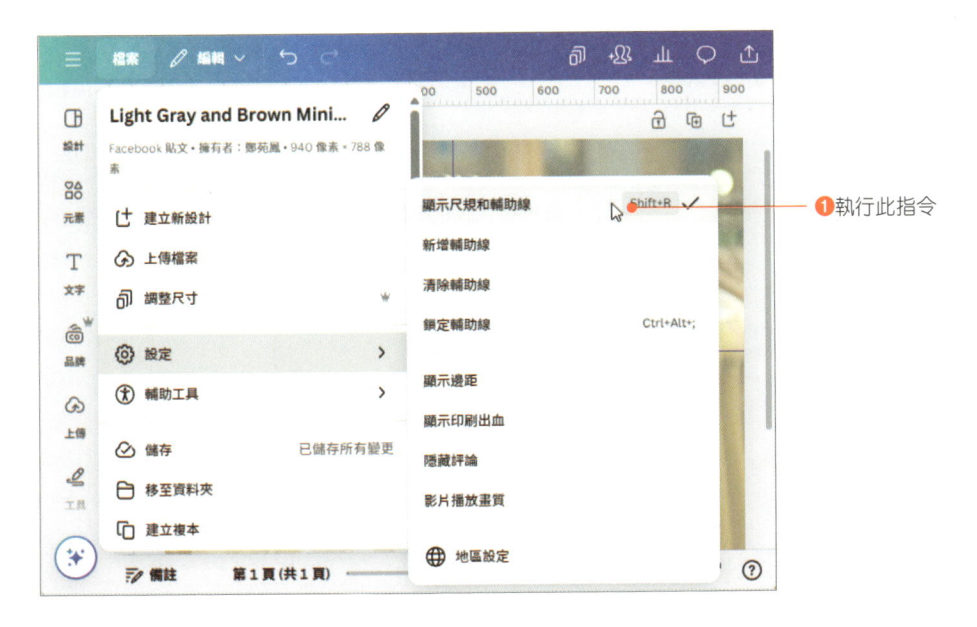

❶ 執行此指令

❸ 由左側尺規往右
   拉,可建立垂直輔
   助線

❷ 由上方的尺規往下
   拉,可建立水平輔
   助線

善用「間距工具」自動調整元素距離

在選取文字框後,Canva 會出現「間距」設定,讓你快速調整水平或垂直間距。這個功能非常適合處理多個標籤、選項卡、表格欄位等元素,讓它們看起來整齊一致。

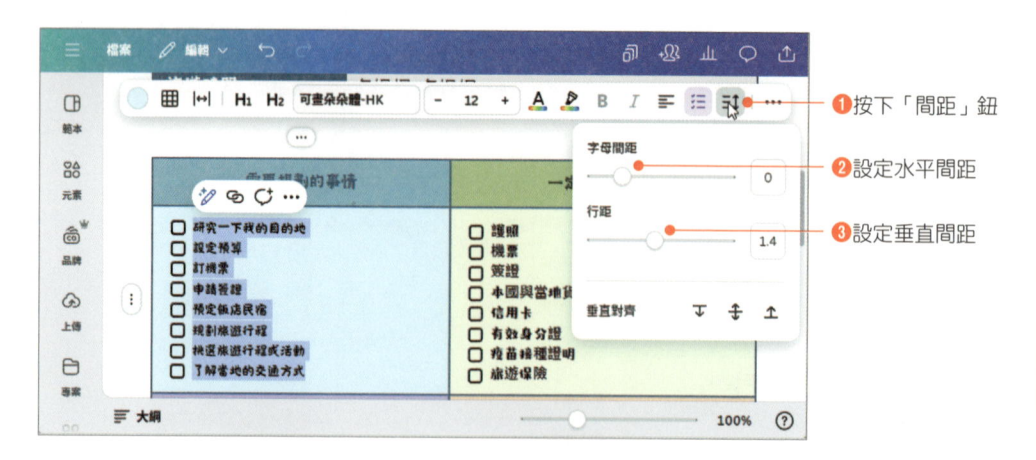

❶ 按下「間距」鈕

❷ 設定水平間距

❸ 設定垂直間距

使用圖層排列與透明度功能

若文字容易與背景混淆，可在背景圖片上加入一層半透明色塊或模糊遮罩，再將文字放置其上，提升可讀性。如左下圖所示，黑色的標題和副標題在背景圖上並不明顯。如果將背景圖的透明度設為 50，標題就變明顯了，而下方加入白色的色塊，透明度設為 50，副標題的折扣跟底下的公司網址也變得清楚。

▲ 背景圖透明度為 100　　　　▲ 背景圖和底下白色色塊的透明度為 50

另外，按下工具列上的「位置」鈕，可以透過圖層順序來調整前後層級，避免重要元素被蓋住。

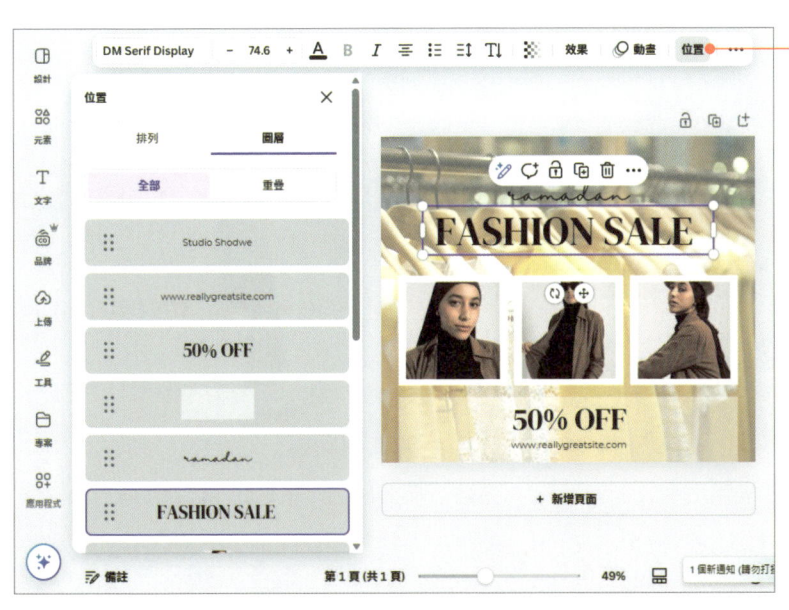

按此鈕顯示「圖層」標籤，可調整圖層順序

活用「群組」與「鎖定」元素

多個物件可選取後進行「群組」，確保在移動時保持排版一致。也可以使用「鎖定」功能固定位置，避免誤觸打亂排版。

選取多個物件，上方即可選擇「建立群組」或「鎖定」功能

排版的一致性

透過「複製樣式」功能，可將一段文字的字體、大小、顏色一鍵套用至其他段落，避免樣式不一致問題。

❷ 執行「複製樣式」指令，可複製格式

❶ 按右鍵於文字上

另外，在設計多頁簡報時，也可以在簡報縮圖的右上角按下「選項」鈕，執行「複製頁面」指令，使產生相同的版面編排，除了加快簡報的設計的速度，也能保有排版的一致性。

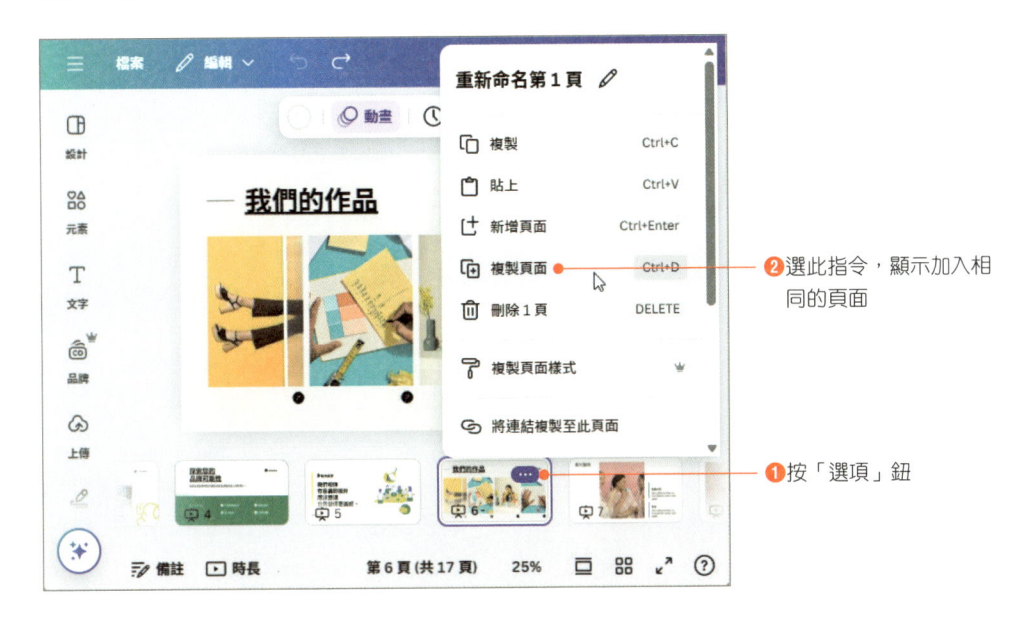

❶ 按「選項」鈕
❷ 選此指令，顯示加入相同的頁面

11-2-3　設計實例與進階排版建議

除了基本的排版錯誤修正與工具操作，進一步學習實務應用與美學原則，更能讓您的作品從「可看」提升到「好看又有效」。本節將以具體情境為例，說明如何在社群貼文與簡報設計中正確處理排版問題，並延伸介紹建立視覺層次的方法與一致性維持的重點。透過這些進階建議與實戰範例，各位將能更靈活地運用 Canva 的設計工具，打造具有吸引力與專業感的排版作品，讓每一份設計都具備清晰結構與視覺焦點。

社群貼文排版範例

在製作 Instagram 貼文時，建議將主標題置中對齊，下方附上副標或簡短說明文字，兩者之間留足夠空間，避免視覺擁擠。圖片與文字應保持明暗對比，例如在亮色背景上使用深色文字。

▲ 大小標鮮明清楚，留白要充足

簡報設計常見錯誤與修正

很多使用者會將整段文字填滿整張投影片，導致閱讀困難。建議每張幻燈片僅保留一重點訊息，搭配大標題＋簡短說明文字的方式呈現。內容過多時，可善用多頁分段設計。

每張幻燈片僅保留一重點訊息即可

建立視覺層次，提升閱讀引導性

使用 Canva 的「樣式」或「品牌工具組」，為標題、副標、段落文字分別設定不同字體與大小，建立視覺階層。再透過顏色或圖案引導視線方向，讓使用者自然閱讀至關鍵資訊。

如左下圖所示，在「設計」鈕中切換到「樣式」標籤，透過「調色盤」可整合所有頁面的顏色，「字型集」可統一所有頁面的大小標字體，而「配色與字型組合」則幫你調配最佳的色彩與字型，這些都是可多加運用的工具。另外，「品牌工具組」可進行品牌標誌、顏色、字型、口吻、照片、圖像、圖示等設定，如右下圖所示：

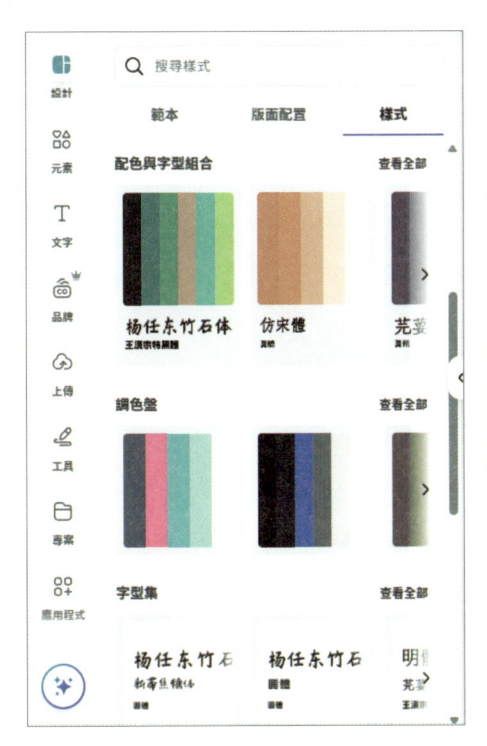

一致性是設計的靈魂

請盡量避免在同一份設計中使用過多不同字體、顏色或風格。Canva 的品牌套件功能可儲存常用顏色與字型，建議建立品牌風格指南，以確保每次設計都維持一致性。

排版錯誤是 Canva 使用者最常遇到卻最容易忽略的問題。透過本節的說明，希望各位已能掌握幾項實用工具與設計原則，從對齊、間距到視覺層級的建立，都能有更清晰的操作概念。別忘了，設計是一種需要練習與反覆修正的過程，多使用 Canva 的智慧工具，並養成定期檢查排版細節的習慣，將能大幅提升作品的專業度與吸引力。

11-3 速度與效能優化技巧

Canva 是一套以雲端為基礎的設計工具，操作直覺、資源豐富，適合用於快速完成多種視覺設計任務。然而，當您的設計專案變得越來越複雜、素材越來越多時，是否曾遇過以下情況：畫面載入變慢、拖動圖形時卡頓、匯出速度明顯下降，甚至設計儲存失敗或編輯時延遲？這些問題不僅會降低您的工作效率，也可能影響整體創作體驗。

11-3-1 常見效能問題與成因解析

在深入優化技巧之前，首先我們要了解 Canva 效能變慢的常見原因。由於 Canva 是透過瀏覽器連接網路進行操作，任何一項環節出現瓶頸都可能導致整體反應遲緩。

設計內容過於繁複

當設計畫面中包含大量高解析度圖片、動畫元件、多頁面或重複素材時，會造成系統資源負荷增加。Canva 必須同時渲染這些元素，可能導致畫面操作延遲或轉場卡頓。

未整理的素材與圖層

長期未清理的專案容易堆積大量未使用素材或複製過的圖層，這些看似無害的內容實際上會加重載入時間與儲存負擔。

瀏覽器相容性與記憶體不足

使用舊版或不相容的瀏覽器，也會影響 Canva 的效能。特別是當瀏覽器同時開啟多個分頁或外掛程式過多時，容易造成 Canva 頁面反應變慢。此外，如果裝置本身的記憶體容量不足，例如：RAM 低於 4GB 時，也會限制 Canva 的順暢執行。

網路不穩或斷線

Canva 所有的設計、儲存與素材加載都依賴網路進行，當網速不穩或斷線時，儲存設計可能失敗、圖片無法載入，甚至發生整個畫面無回應的情況。

11-3-2 提升 Canva 使用效能的實用技巧

幸好，大多數 Canva 的效能問題都可以透過簡單的操作調整與習慣養成來改善。以下是我們針對 Canva 使用者整理出的幾個實用技巧：

簡化設計內容與分頁數量

若設計內容超過 20 頁以上，或每一頁都包含大量動畫與高解析圖像，建議分為多個專案進行。例如簡報可以每 10 頁為一個設計，完成後再下載合併。設計時也可以適當使用壓縮圖片，避免使用過大檔案的原始圖。

定期清理未使用元素與素材

Canva 支援多頁設計，設計過程中可能不小心留下一些用不到的圖層或舊版本素材。請善用「圖層」功能檢查是否有多餘物件，適時刪除。這不僅可減少雜亂，也能降低畫面執行負擔。

選擇適合的瀏覽器與更新版本

Canva 官方建議使用 Google Chrome 或 Microsoft Edge 最新版本。這些瀏覽器相容性高、執行效能佳。同時，請定期更新瀏覽器並清除快取檔案，以避免殘留錯誤造成 Canva 無法正常執行。

避免同時開啟過多設計檔或分頁

多開設計檔會消耗大量記憶體與 CPU 資源，建議一次僅開啟當前正在編輯的設計。其他參考用的頁面可另開瀏覽器視窗，減輕 Canva 頁面的執行壓力。

調整圖片大小與格式

若您自行上傳的圖片解析度過高，例如超過 4000px，可在上傳前先使用外部工具先壓縮圖片體積，不影響畫質，但可減少加載時間與儲存空間。

開啟或關閉動畫預覽時機要掌握

若各位的設計包含動畫或影片元件，請避免在尚未完成設計前頻繁開啟預覽模式，避免系統反覆載入造成緩慢的現象，可考慮將動畫設定留到最後編輯階段再做處理。

確認網路品質與儲存習慣

使用 Canva 時請盡量連接穩定的 Wi-Fi 網路，尤其在大量下載或上傳素材時更要留意。也建議每完成一段設計即點選「儲存」或手動匯出為副本備份，以避免突發斷線導致資料遺失。

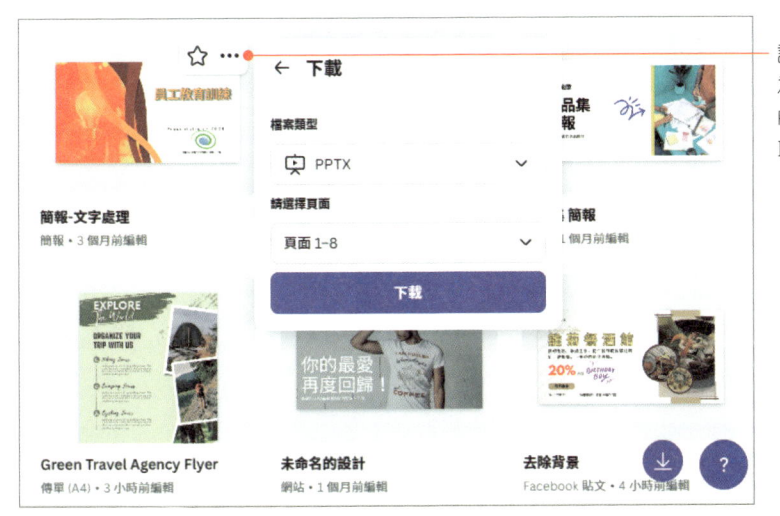

設計的簡報可以下載成為 pptx 格式，Microsoft PowerPoint 軟體即可讀取

11-3-3　硬體與系統層面的優化建議

除了內容與工具層面，裝置本身的環境與效能也會直接影響 Canva 的順暢度。以下為幾點系統與硬體方面的建議：

選擇效能適中的裝置

雖然 Canva 不需下載安裝軟體，但若您使用的裝置 RAM 小於 4GB，或 CPU 過於老舊，仍會影響設計流暢度。建議使用筆電或桌機時，至少配備 8GB RAM、Intel i5 或以上處理器，以確保 Canva 平台可順利執行。

定期重啟瀏覽器與電腦

長時間未關機或未重新啟動瀏覽器可能導致記憶體佔用過高。建議至少每週重開機一次，並定期清除不必要的應用程式與背景程式，避免系統資源被分散。

使用 Canva App（行動裝置）時的注意事項

在手機或平板使用 Canva App 雖然方便，但若裝置儲存空間不足，或背景程式太多，也會造成閃退與卡頓。建議保留至少 2GB 的可用空間，並適時關閉背景應用。

Canva 雖然以「輕鬆上手」著稱，但要長期穩定且高效地使用這套工具，仍需注意效能優化的細節。從內容簡化、瀏覽器選擇、圖片處理，到裝置管理與網路穩定性，每一項都可能成為設計流程順暢與否的關鍵。

此節針對 Canva 使用過程中常見的「效能問題」進行深入分析，並提供具體可行的改善建議。從內容簡化技巧、素材管理方法，到裝置與瀏覽器的設定建議，協助您打造一個更流暢、穩定的設計工作環境。

11-4　專業設計師的常見建議

在使用 Canva 解決了功能、操作與排版上的常見問題後，若你希望進一步讓設計更有質感、更有系統，那麼從專業設計師的實務建議中學習，會是提升設計層次的重要關鍵。本節將彙整來自 Canva 高階用戶與設計師群的經驗分享，內容涵蓋設計流程規劃、色彩與字型搭配、品牌一致性建立，以及與客戶或團隊的協作技巧，協助各位不只「會做」，更能「做得好」。

透過這些實用建議，無論您是個人創作者、小型品牌經營者，或是負責企業視覺的設計人員，都能逐步建立更完整的設計思維，從而創作出兼具美感與功能性的視覺作品。

11-4-1　建立正確的設計流程與思維模式

多數設計新手在製作作品時，常會陷入「先選範本、再套文字」的流程，雖然能快速完成設計，但往往缺乏結構邏輯與視覺策略。專業設計師則習慣在動手操作前，先釐清目標、定義觀眾、規劃資訊層次，甚至繪製草圖或制定版面邏輯。本小節將帶您了解專業設計師如何思考每一項作品背後的邏輯與目的，建立從需求分析到視覺呈現的設計流程，協助您養成更具策略性的創作習慣。

從目標開始，而不是從範本開始

許多初學者習慣一打開 Canva 就開始翻找範本，但專業設計師會先確認設計目的是什麼。例如：這份設計是為了銷售？推廣活動？還是純粹品牌曝光？當目的明確後，整體版面架構與視覺焦點才會有所依據，而不是憑感覺擺放元素。

草圖與規劃不可少

雖然 Canva 提供許多現成素材與佈局，但在開始操作之前，仍建議先用紙筆或簡單草圖軟體，如：FigJam、Miro 等，進行初步布局規劃。這有助於掌控資訊層次、排版順序，也可節省後續不斷調整設計的時間。

設計不只是「看起來好看」，而是要「有效傳達」

專業設計師會從使用者角度出發，思考這份設計是否容易閱讀、是否能快速吸引注意力、是否符合目標觀眾的習慣與需求。例如在行銷海報中使用搶眼大標語，而不是放滿長篇文字；或是針對手機觀看優化字體大小與段落間距。

11-4-2 掌握色彩與字型搭配的技巧

在視覺設計中，顏色與字型的選擇往往是影響觀感的第一要素。即使版面排列工整，若色彩過於雜亂、字型搭配失當，整體質感仍會大打折扣。專業設計師會運用色彩心理學、視覺層級與風格一致性等概念，讓畫面不只是「美觀」，更具「設計感」與「辨識度」。此節將整理實用的配色原則與字型搭配技巧，讓各位在 Canva 中更有信心選用合適的視覺元素，設計出高質感又易於閱讀的作品。

選用不超過 2～3 種主色系

過多顏色會讓畫面顯得混亂、不專業。專業設計師建議維持兩種主色（例如：品牌主色 + 補色）與一種強調色，用來吸引注意力或區分重要訊息。在 Canva 中可使用「品牌工具組」儲存並統一使用配色方案。

學會運用色彩心理學

每種顏色都有其情緒與意義，例如藍色代表專業與冷靜，紅色代表熱情與緊急，綠色象徵自然與安心。在設計促銷、健康、科技等不同主題時，適當搭配色彩能提升傳達力。

避免同一設計中混用太多字型

字型也是視覺風格的一部分。專業設計建議一份設計中最多使用兩種字型：一種作為標題（可略有裝飾性），另一種作為內文（強調可讀性）。Canva 提供許多經過搭配推薦的字型組合，你可以從中挑選相符的風格。

注意字體大小與行距一致性

很多非設計出身的使用者會忽略這一點，導致整體畫面看起來雜亂。專業建議每個標題層級（如主標、副標、段落）設定固定的字體大小與行距比例，並保持全頁一致。例如標題使用 36px、內文 16px、行距為 1.5 倍等。

11-4-3 維持品牌一致性與高效協作

無論是經營個人品牌還是企業團隊，長期創作設計作品時，最常見的挑戰之一就是「風格不一致」與「溝通成本過高」。專業設計師會透過建立品牌標準化規範、建立可重複使用的模組，以及有效運用設計平台的協作功能，確保每一份輸出的作品都能符合品牌形象並快速完成。此處將介紹 Canva 中的品牌工具組、協作分享與版本管理等實用功能，幫助您在個人與團隊設計中，兼顧一致性與效率。

善用品牌工具包功能

Canva 的 Pro 用戶可以建立「品牌工具組」，事先儲存品牌的 LOGO、配色、字型與圖像樣式。這對於需要經常產出設計的公司或品牌來說，是維持一致性的好幫手。品牌工具組能一鍵套用預設樣式，節省修改時間，也能降低不同人設計時風格不一致的風險。

設計元件模組化，方便多次使用

將常用的元件組合（如社群貼文格式、CTA 區塊、報價版型）儲存為「模板」，未來不需從零開始設計，也能確保風格統一。這也是專業設計師提升效率的常用策略之一。

與客戶或團隊進行清晰的協作溝通

專業設計往往不是一個人完成，而需要與客戶、同事密切合作。Canva 的「分享」功能可以設定權限（僅檢視、可編輯、可評論），協助你更安全地讓他人參與設計流程。善用「留言」功能，在設計頁面上標註修改建議，能避免反覆溝通失焦。

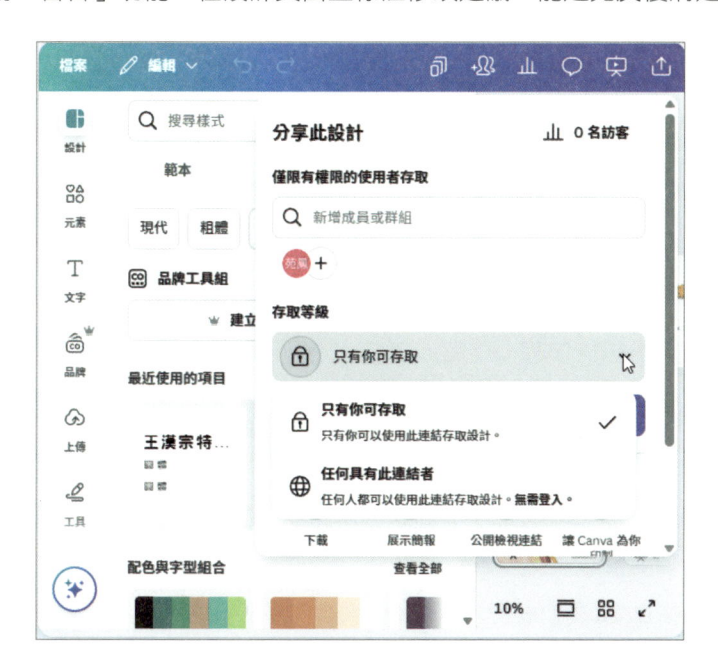

多版本儲存與版本管理

不論你是為自己設計或幫客戶製作，設計的修改與版本演進是常態。Canva 的「檔案／版本記錄」功能（Pro 用戶專屬）可讓你查看、回復舊版本，避免誤刪或修改錯誤。此外，也可使用「複製設計」功能保存不同版本進行測試。

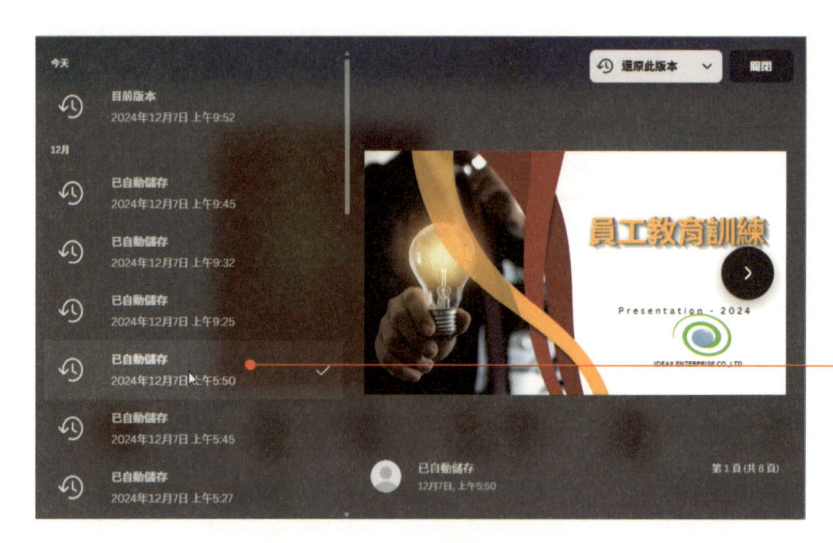

點選時間,即可還原到該階段的畫面

小結:設計,不只是排版,更是策略

專業設計師之所以被稱為「專業」,不只在於美感與技巧,更在於他們對設計流程、品牌邏輯與溝通方式的掌握。此節整理的這些設計思維與技巧,正是 Canva 使用者在技術熟練之後,邁向更高階創作能力的關鍵。

只要養成良好的設計流程、精簡而清楚的版面風格、具備策略性的色彩與字型搭配,再加上 Canva 強大的雲端協作與品牌管理工具,即使各位不是職業設計師,也能創造出令人驚艷、具備說服力的設計成果。